食品ものづくり学講座

浅田和夫

幸書房

はじめに

　手作業で食品の物づくりが行われていた時代は，その技術はカンやコツという経験によって伝承されてきた．

　近代的食品産業が誕生するようになると，食品製造の機械化，大規模化が進み，工学的な知識と技術が欠かせないものとなり，物理，化学，生物，機械などといった工学を基礎として，それまで伝承されてきた食品づくりの経験は科学的に見直され，今日の大量生産に結びつく技術的なものに置き換えられてきた．かつてのカンやコツの経験は，今日，学際的な食品工学という学問にその伝承の形を変えたのである．

　そして，日本の食品産業は，おいしく，食べやすく，安全で，身体によい食品を消費者に提供するという役割は，ますます大きくなっている．

　著者は，日本の食品産業の創生期に立ち会い，40年余り食品製造を間近に見てきた．その発展はめざましいものであり，未だに進化を遂げている．

　今は現場を離れて教壇に立つ身であるが，永年の現場での経験から，いわゆる従来の食品工学の範囲にとどまらず，より総合的な幅広い知識・考え方が重要であることを，痛感している．

　世界中から食材を集め，商品化し，広域で安全に販売する今日の食品製造は，関連する巨大なシステムの上に成り立っており，食べ物づくりに携わるときには，この巨大なシステムへの理解が欠かせない．

　また，最近では商品の寿命も短期化し，食品産業を取り巻く環境の変化も激しく，個々の断片的な知識だけに頼っていたのでは対応を誤る恐れもある．

　こうした変化の激しい時代に対処していくためには，広い視野と一つのフィロソフィーを持って一貫した対応をすることが大切である．

　そのような思いから，本書は，これからの食品の「ものづくり」に携わる，あるいは関係する人や食品関連教科を学ぶ学生を念頭に，現場の経験から必要と思われる，総合性に重点をおいた入門書，教科書としてまとめてみたも

のである．

　したがって，個々の事象については詳しくは述べておらず概略にとどめている．これを手引きにして必要に応じて，それぞれの分野の専門書で深く勉強してもらえれば，本書の入門としての役割も果たせるように思う．

　また，バイオテクノロジーについては，今後の食品分野への応用がこれまで以上に期待されるので，関連する内容について特に頁を割いた．

　なお，最近の学生は，「工学」と聞いただけで何か難しいという先入観を持っているようなので，本書では数式や計算は，できるだけ省き物理の原理を理解し，論理的な理解を深めることができるように努めた．

　このような理由から，本書は食品づくりに関わる多分野からの文献を参考とさせていただき，また図表の引用をさせていただいた．ご了解を頂いた著作者の方々や参考とさせていただいた著作者の方々に，この場を借りて深く感謝の意を表します．

　最後に，本書の出版に際し大変お世話になった幸書房　夏野雅博出版部長に厚くお礼を申し上げる．

　2004年盛夏

　　　　　　　　　　　　　　　　　　　　　　　　　　浅田　和夫

目　　次

I．序　　論 …………………………………………………………… 1

1. 工学・エンジニアリングについて ………………………………… 2
    1.1 科学（science）とは ………………………………………… 2
    1.2 「技術」と「工学」 …………………………………………… 4
2. 食品産業の概要 ……………………………………………………… 6
    2.1 戦後50年の食生活の変化 …………………………………… 6
        2.1.1 敗戦直後（1945年）から1950年代前半まで－戦後復興期 … 6
        2.1.2 1950年代後半から1970年代前半－高度成長期 ………… 6
        2.1.3 1970年代後半 ………………………………………… 7
        2.1.4 1980年代 ……………………………………………… 7
        2.1.5 1990年代 ……………………………………………… 8
        2.1.6 2000年代 ……………………………………………… 8
    2.2 食生活が変化した原因 ……………………………………… 9
        2.2.1 社会的な面 …………………………………………… 9
        2.2.2 技術的な面 …………………………………………… 11
        2.2.3 今後の食生活の変化に影響を与えそうな因子 ………… 12
    2.3 食料の供給構造と特徴 ……………………………………… 13
    2.4 食品産業の規模 ……………………………………………… 17
    2.5 食品の物流・配送 …………………………………………… 18
    2.6 今後の課題－食糧安全保障問題 …………………………… 21
        2.6.1 食糧確保と地球環境悪化 …………………………… 21
        2.6.2 食料生産の不安定さと、低い日本の食糧自給率 ……… 21
3. 工業化への道 ……………………………………………………… 25
    3.1 研究室から工業生産へ ……………………………………… 25

3.1.1　製品開発システム …………………………………25
　　3.1.2　評価の方法（VE） ………………………………27
　3.2　生産工程と工程図 ………………………………………28
　　3.2.1　生産工程について …………………………………28
　　3.2.2　工程図の理解 ………………………………………30
　3.3　コストについて …………………………………………30
　　3.3.1　物づくりと価値の創出 ……………………………30
　　3.3.2　コストの構成 ………………………………………33
　　3.3.3　原　単　位 …………………………………………35
　　3.3.4　原　価　計　算 ……………………………………36
　　3.3.5　スケールメリット …………………………………37
　　3.3.6　原価管理の方法 ……………………………………37
　　3.3.7　生産性指標－能率の係数 …………………………38
　　3.3.8　設備投資採算 ………………………………………39
　　3.3.9　限界利益，損益分岐点 ……………………………40
　3.4　スケジュール管理手法 …………………………………41
　　3.4.1　PERT（Program Evaluation and Review Technique）法　41
　　3.4.2　CPM（Critical Pass Method）法 …………………42
　3.5　単　　　　位 ……………………………………………43
　　3.5.1　SI 単　位 …………………………………………43

II．食品加工技術 ……………………………………………45

1．調　理　加　工 ………………………………………………46
　1.1　食品工業における加工の特色 …………………………46
　1.2　流体について ……………………………………………46
　　1.2.1　粘　　　性 …………………………………………47
　　1.2.2　流れの解析とレイノルズ数（Reynold's number） ………48
　　1.2.3　エネルギー損失 ……………………………………49
　1.3　粉　粒　体 ………………………………………………50

1.3.1　粉粒体とは ……………………………………………50
　1.3.2　造　　　粒 ……………………………………………51
　1.3.3　粉体用機器 ……………………………………………52
　1.3.4　粉体特有のトラブル …………………………………53
1.4　調理加工機器 …………………………………………………54
　1.4.1　サニタリーパイプ ……………………………………54
　1.4.2　流体搬送ポンプ ………………………………………54
　1.4.3　カッター類 ……………………………………………55
　1.4.4　ミキサー ………………………………………………56
　1.4.5　かき取り式熱交換機（ボテーター，オンレーターなど）……57
　1.4.6　乳　化　機 ……………………………………………57
　1.4.7　焼き機，炒め機 ………………………………………58
　1.4.8　蒸　し　器 ……………………………………………59
　1.4.9　成　型　機 ……………………………………………59
　1.4.10　フライヤー ……………………………………………60
　1.4.11　機器のスケールアップ ………………………………60
2．反応操作とバイオリアクター …………………………………62
2.1　反応について …………………………………………………62
　2.1.1　化学反応と反応の場 …………………………………62
　2.1.2　活性化エネルギー ……………………………………62
　2.1.3　触　　　媒 ……………………………………………63
　2.1.4　反応速度式（アレニウスの式）………………………64
2.2　反　応　器 ……………………………………………………66
　2.2.1　操作法による分類 ……………………………………66
　2.2.2　熱処理方式による分類 ………………………………68
　2.2.3　形状による分類 ………………………………………69
　2.2.4　反応時間による反応器の選択例 ……………………71
2.3　反応器容量の算定 ……………………………………………72
　2.3.1　物質収支（マテリアルバランス）……………………72
　2.3.2　反　応　率（転化率）…………………………………73

| 2.3.3 反応器容量の計算 …………………………………………74
| 2.4 バイオリアクター（生物化学反応器）………………………………75
| 2.4.1 酵　　素 ……………………………………………………76
| 2.4.2 酵素の固定化法 ……………………………………………77
| 2.4.3 ミカエリス・メンテン（Michaelis-Menten）の式と反応時間 …80
| 2.4.4 撹拌型通気培養槽 …………………………………………82
| 2.5 バイオプロセスの適応……………………………………………89
| 2.5.1 微生物の培養によるアミノ酸の製造 ………………………89
| 2.5.2 固定化酵素による異性化糖の製造 …………………………91
| 2.5.3 納　　豆 ……………………………………………………92
| 2.5.4 L-アラニンの生産－加圧系操作 …………………………92
| 2.5.5 アクリルアミドの製造－バイオ合成法 ……………………93
| 2.5.6 インターフェロン β の製造－マイクロキャリアー法 ……94
| 2.5.7 リパーゼによる光学分割 …………………………………94

3. プロセスの制御 …………………………………………………………97
   3.1 制御とプロセス特性 ………………………………………………97
   3.2 自動制御の仕組み …………………………………………………100
       3.2.1 フィードバック制御 …………………………………………101
       3.2.2 ファジィ（fuzzy）制御 ……………………………………102
       3.2.3 シーケンス（sequence）制御 ………………………………105
       3.2.4 コンピューター制御 …………………………………………105
   3.3 測定項目とセンサー ………………………………………………106

4. 分　離　技　術 ………………………………………………………110
   4.1 分離の必要性について ……………………………………………110
   4.2 分離に利用される物質の特性 ……………………………………111
   4.3 細胞の破壊方法 ……………………………………………………114
   4.4 目　視　分　離 ……………………………………………………115
   4.5 機械的分離法 ………………………………………………………115
       4.5.1 沈　降　分　離 ………………………………………………115
       4.5.2 遠　心　分　離 ………………………………………………116

4.5.3　ろ　　過 …………………………………………118
　4.6　輸送的分離法 ……………………………………………119
　　4.6.1　膜　分　離 …………………………………………119
　　4.6.2　逆浸透膜 ……………………………………………120
　　4.6.3　イオン交換膜 ………………………………………121
　　4.6.4　電気泳動 ……………………………………………122
　4.7　拡散的分離法 ……………………………………………124
　　4.7.1　吸着分離剤，イオン交換樹脂を用いる分離 ………124
　　4.7.2　クロマトグラフィー ………………………………126
　　4.7.3　晶　　析 ……………………………………………128
　　4.7.4　抽　　出 ……………………………………………130
　　4.7.5　蒸留による分離 ……………………………………133
　　4.7.6　ガス吸収 ……………………………………………136
　4.8　物質移動速度とヘンリーの法則 ………………………136

III. 保存技術 …………………………………………………139

　1. 加熱殺菌 ……………………………………………………140
　　1.1　食品の変質 ……………………………………………140
　　　1.1.1　食品の変質原因と保存技術 ………………………140
　　　1.1.2　水分活性と保存食品 ………………………………141
　　1.2　微生物の加熱殺菌 ……………………………………143
　　　1.2.1　微生物の種類と耐熱性 ……………………………143
　　　1.2.2　微生物の耐熱性に影響する因子 …………………144
　　　1.2.3　耐熱性指標（D 値，Z 値，F 値）……………144
　　　1.2.4　微生物の加熱温度と死滅時間 ……………………146
　　　1.2.5　加熱殺菌法 …………………………………………147
　　　1.2.6　缶詰，瓶詰 …………………………………………149
　　　1.2.7　レトルト食品 ………………………………………150
　　　1.2.8　レトルト殺菌設備 …………………………………151

2. 熱交換器，濃縮・乾燥 ……………………………………154
2.1 熱移動現象 ……………………………………………154
2.1.1 エネルギー保存の法則 …………………………154
2.1.2 エンタルピー ………………………………………155
2.1.3 定常流れ系のエネルギー収支（energy balance）…………156
2.1.4 伝 導 伝 熱 ………………………………………156
2.1.5 総括伝熱係数 …………………………………………157
2.1.6 流れに伴う対流伝熱 ……………………………159
2.1.7 熱 放 射 …………………………………………159
2.1.8 熱移動現象のまとめ …………………………160
2.2 熱 交 換 器 ……………………………………………160
2.2.1 多管式熱交換器 ………………………………………160
2.2.2 プレート式熱交換器 …………………………160
2.2.3 熱交換器の設計 ………………………………………161
2.3 濃縮，乾燥による水分分離 ……………………………164
2.3.1 濃　　縮 ………………………………………………164
2.3.2 乾　　燥 ………………………………………………166

3. 冷蔵，冷凍 ………………………………………………171
3.1 化学反応速度と温度 ………………………………………171
3.2 冷蔵と予冷 ……………………………………………172
3.3 冷　　凍 ………………………………………………173
3.3.1 凍 結 法 ………………………………………………173
3.3.2 凍結所要時間の推定 …………………………174
3.3.3 冷凍保存中の品質変化 …………………………175
3.3.4 T.T.T.（time temperature tolerance）の概念 …………176
3.3.5 冷凍の原理 ……………………………………………177
3.3.6 各種食品凍結装置 ……………………………………178
3.3.7 解　　凍 ………………………………………………180
3.4 冷凍技術を応用した食品 ………………………………181
3.4.1 調理冷凍食品 …………………………………………181

3.4.2　氷温技術 …………………………………………………182
3.4.3　ソフトフリーズ製法によるエッセンシャルベジタブル …182
3.5　その他の物理的保存方法 …………………………………………182
3.5.1　雰囲気ガス制御（CA：controlled atmosphere）貯蔵 …182
3.5.2　紫外線（UV）殺菌 ………………………………………182
3.5.3　放射線殺菌 …………………………………………………183

IV. 包装技術 …………………………………………………………185

1. 包装について …………………………………………………………186
1.1　包装技法の特質 ……………………………………………………186
1.2　包装の定義 …………………………………………………………186
1.3　包装の機能 …………………………………………………………187

2. 包装容器と材料 ………………………………………………………191
2.1　包装容器材料 ………………………………………………………191
2.2　金属容器 ……………………………………………………………192
2.3　ガラス瓶 ……………………………………………………………194
2.4　プラスチック ………………………………………………………195
2.4.1　プラスチック材料単体の特性 ……………………………195
2.4.2　複合フィルム ………………………………………………198
2.5　包材の衛生安全性 …………………………………………………199

3. 各種食品包装技法と包装システム …………………………………201
3.1　各種食品包装技法 …………………………………………………201
3.1.1　脱酸素剤封入包装 …………………………………………201
3.1.2　無菌包装（aseptic packaging） …………………………202
3.1.3　ホットパック ………………………………………………203
3.2　包装機械と包装システム …………………………………………203
3.2.1　包装システムの特徴 ………………………………………203
3.2.2　包装機械 ……………………………………………………204

V. 品質と安全性 ………………………………209

1. 品質について ………………………………210
1.1 品質について ………………………………210
1.1.1 品質の中身 ………………………………210
1.1.2 生産と品質 ………………………………211
1.2 品質事故 ………………………………212
1.2.1 食品・薬品事故の特性と事例 ………………………………212
1.2.2 品質事故の与える影響の事例−牛乳加工品による集団食中毒事件 …215

2. 食品・包材の安全性 ………………………………217
2.1 包材の安全性と内分泌撹乱化学物質（EDCs）………………………………217
2.2 遺伝子組換え（GM）農産物 ………………………………217
2.3 安全性の確認 ………………………………220
2.3.1 毒性試験，安全性試験 ………………………………221
2.3.2 組換えDNA技術工業化指針 ………………………………221

3. 品質管理技術 ………………………………224
3.1 食品の品質管理に対する制度 ………………………………224
3.1.1 管理体系 ………………………………224
3.1.2 GMP ………………………………226
3.1.3 HACCP ………………………………228
3.1.4 ISO ………………………………231
3.1.5 表示制度 ………………………………234
3.1.6 原料・生産履歴（トレーサビリティ）システム ………………………………236
3.2 科学的管理・解析 ………………………………239
3.2.1 QC（Quality Control：品質管理）7つ道具 ………………………………239
3.2.2 新QC 7つ道具 ………………………………242
3.2.3 その他の解析法 ………………………………245
3.3 改善活動（カイゼン，KAIZEN）………………………………245
3.3.1 5S ………………………………246
3.3.2 TQC（Total Quality Control）………………………………247

　　　　3.3.3　JIT (Just In Time) ……………………………………247
　　　　3.3.4　TPM (Total Productive Maintenance) …………247
　　　　3.3.5　活動の方法 ……………………………………………247
　　3.4　基本の実践 …………………………………………………………249

Ⅵ. 工場施設 …………………………………………………………………251

　1. 施設を考えるにあたり ……………………………………………………252
　　1.1　工場の使命 …………………………………………………………252
　　1.2　レイアウト …………………………………………………………253
　2. 工場建物 ……………………………………………………………………256
　　2.1　建築物の区分と作業区域の衛生規範 ……………………………256
　　2.2　建物各部の構造 ……………………………………………………257
　3. 生産設備 ……………………………………………………………………262
　　3.1　食品生産設備の特徴 ………………………………………………262
　　3.2　機器設備の洗浄 ……………………………………………………263
　　3.3　異物混入対策 ………………………………………………………264
　　3.4　バイオ関連施設の安全性 …………………………………………265
　4. 付帯設備 ……………………………………………………………………267
　　4.1　エネルギー設備 ……………………………………………………267
　　4.2　保安設備 ……………………………………………………………268
　　4.3　倉　　庫 ……………………………………………………………268
　　4.4　廃棄物処理施設 ……………………………………………………268
　　　　4.4.1　廃棄物集積所 ………………………………………………268
　　　　4.4.2　廃水処理設備 ………………………………………………268
　　　　4.4.3　その他の施設 ………………………………………………270
　5. 設備管理 ……………………………………………………………………272
　　5.1　設備保全 ……………………………………………………………272
　　5.2　修復保全作業 ………………………………………………………273
　　5.3　設備資産管理 ………………………………………………………274

VII. プロセスシステムと環境対応 ……275

1. プロセスとその評価 ……276
- 1.1 事業計画企画段階 ……276
- 1.2 プロセス設計段階 ……278
  - 1.2.1 設計の手順 ……278
  - 1.2.2 生産システム ……279
- 1.3 ITの活用 ……281
  - 1.3.1 情報化社会 ……281
  - 1.3.2 個人対応生産システム ……281
  - 1.3.3 卸・流通 ……282
- 1.4 プロセスの経済性評価 ……282
- 1.5 工場立地 ……283
  - 1.5.1 立地要件 ……283
  - 1.5.2 海外立地 ……285

2. 環境対応・廃棄物 ……287
- 2.1 国際的な視点からの地球環境をめぐる取り組み ……287
- 2.2 二酸化炭素排出規制 ……287
- 2.3 ISO 14000 ……288
- 2.4 生産フローと廃棄物 ……288
- 2.5 廃棄物への対応 ……291
- 2.6 食品リサイクル法 ……292
- 2.7 ゴミ・廃棄物の活用例 ……293
- 2.8 燃料電池 ……295
- 2.9 容器包装リサイクル法 ……298
- 2.10 生分解性プラスチック ……299

■ 索引 ……301

I. 序　　論

1. 工学・エンジニアリングについて

　数千年も前の，未だ科学技術とか工学とかの言葉も無かったであろうエジプトやギリシャの時代でも，巨大な建造物が造られていた．科学技術の生み出される遙か昔に，人間の物づくりは現代人から見ても驚異と思われる偉大な人工物を作り出している．

　現代の科学技術は，自然の諸現象や，人類の歴史を科学的に解明しようとしてきたが，表 1.1 が示しているように，ほんのここ数百年の歴史しかなく，未だに日々新しい発見と壁に直面していといえる．

　原子力，宇宙開発などでは，技術の集中・巨大化が進む一方で，物質の分子，原子レベルでの解明が進み，それとともに遺伝子工学，ナノテクノロジーなど対象の微小化・分散化が始まった．そして次第に分子生物学，環境，医学などをはじめ各分野での専門化，細分化が行われた．

　新しい知見の多くは，化学と物理，あるいは生物学と化学・医学など，それぞれの分野の発展を基礎にして，それらの分野の融合から生まれている．分野の壁・垣根を越えた境界領域は創生の宝の山であることを銘記する必要がある．

　こうした科学技術の新しい知見は，コンドラチェフの波（図 1.1）によれば，ある周期をもってリーダー役となる基幹技術や産業を生み出しているのがわかる．科学技術の革新は，新しい産業の勃興に大きなインパクトを与えるが，その実用化には多くの困難と時間を要するのである．この実用化，物づくりこそ「工学」「エンジニアリング」と呼ばれるものである．

1.1 科学 (science) とは

　一般に科学とは，現象を観察し，仮説を立て，実験などで仮説を実証する

食品ものづくり学講座
正誤表 (幸書房)

頁	行	図 表	誤	正
2	7		してしといえる	しているといえる
65	24		x=ln y	y=ln x
132		図 4.22	7.8	7.39
159	19		T_4	T^4
163		図 2.6(b)向流	↓t_1	↑t_1
183	6		安全性を確認されたジャガイモ、タマネギの	安全性を確認されたジャガイモの
283	2		排水量	廃水量
292	2		循環型社会形成法	循環型社会形成推進法
292	3		2002	2000
303	3		KJ法 241	KJ法 242

1. 工学・エンジニアリングについて 3

表 1.1 20 世紀の科学技術進歩

年代	全般	物理	電子	化学	生物	環境
1800	明治維新(1868) ダイムラーガソリン車(1886)	X線(1895)	電磁誘導(1831) 白熱電球(1878)	人造絹糸特許(1884) MITに化学工学コース(1888)	メンデルの法則(1865)	
1900	ノーベル賞(1901) ライト兄弟初飛行(1905)	相対性理論(1905)		ベークライト(1907)		
1910	第一次世界大戦(1914) ロシア革命(1917)	超伝導現象(1911) ボーア原子構造論(1913)		石油熱分解(1912) アンモニア合成工場(1913) アンモニアから硝酸(1914)	モーガン遺伝子説(1910) ミカエリス・メンテンの式(1913)	
1920	関東大震災(1923)	量子力学体系(1924) 陽電子発見(1932)	5極真空管(1927) 高性能電子顕微鏡(1939)	CO_2/NH_3尿素合成(1922) ポリエチレン発見(1933) ナイロン(1938)	ペニシリン発見(1928) DDT殺虫効果(1938)	
1930	エンパイヤステートビル(1931) ナチス政権成立(1933)					
1940	第二次世界大戦(〜1945)	原子爆弾(1945)	真空管式コンピューター(1946) トランジスター(1948)	東工大、京大に化学工学科(1940)	ペニシリン単離精製(1940) 〜ペニシリン量産(1943) 〜通気撹拌深部培養法	
1950	人工衛星打上げ成功(1957)	原子力潜水艦(1954)	NHKテレビ放送開始(1953)	東レ、デュポンからナイロン(1951) チーグラー法ポリエチレン(1954) 日本最初の石油化学工場 丸善石油下津工場(1959)	DNAの二重らせん構造発見(1953) 生体制御発酵MSG*製法(1955)	水俣病原因結論(1959)
1960	アポロ11号月面着陸(1969)	超伝導マグネット(1961)	インターネット(1961)		タンパク質合成(1961)	公害対策基本法(1967)
1970	大阪万博(1970) 石油ショック(1973)	敦賀原子力発電所(1970)		導電性プラスチック(1976)	制限酵素単離(1970) 遺伝子組換え技術(1973) 遺伝子組換え技術でインシュリンの合成(1979)	光化学スモッグ(1970) 米国マスキー法(1970) 環境庁設立(1971)
1980	イラン・イラク戦争(1980)					
1990						地球環境サミット(1992) 京都会議(1997)
2000					ヒトゲノム解読(2000)	
	宇宙開発	ナノテクノロジー	IT	新素材,燃料電池	医療	環境

* MSG:グルタミン酸ナトリウム

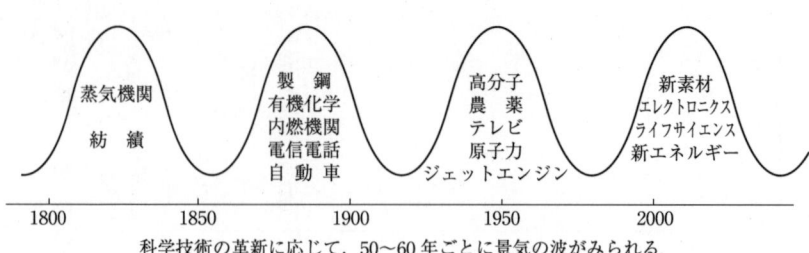

科学技術の革新に応じて，50～60年ごとに景気の波がみられる．

図 1.1　コンドラチェフの波[1]

ことにより，新しい物質，現象，機構などの発見が行われる，体系的で，経験的に実証可能な知識であるとされる．

しかし，科学を現実に適用する場合，未だに現代科学が解き明かせる現象は限られており，現実の自然や人間が関与する社会，生産のシステムでは，厳密に諸条件を管理された実験室のように，ある結論の再現性を得ることはできない．したがって，**現実の複雑な要因の絡み合う事象を解析する場合は，「科学的方法でやったことだから絶対正しい」とか「絶対安全」だとかまでは言い切れないことが多い**．現実の事象には，未だ解明されていない世界が隠されている．科学は万能ではなく「人間は人間が経験し予測できることしか事前の検討ができない」ということを忘れてはならない．

ものを作る場合など特に科学的理論だけでは通用しない場面に遭遇することがある．そうしたときは，より現実を見定めることが必要で，現在ある知見だけに頼りすぎてはならない．

1.2　「技術」と「工学」

「技術」(technology) とは，科学の理論を実地に応用して事象の具現化を図ることである．

「工学」(engineering) とは，「技術」を組み合わせて現実に有用なものを作り出す仕組みである．しかし，そこでは**理論的には分からないところがあっても，工夫し，なんとしてもうまく実現する**という取り組み姿勢も要求される．ここでも分野の壁・垣根を越えた取り組みが宝の山であることは

論を待たない．

「工学」には，具現化・実用化，それを実現するためには相反する条件などとの整合を取る総合性が求められる．したがって「工学」では常に作り出すものについての現実的なイメージや，最適性（資源，コスト），生産計画などを頭に置き，次の3点を満たしていることが必須である．

① 機能に対し，華美でなく必要で十分な出来映えである．
② 経済性にかなっている．そのためには必要で十分なコストでできる．
③ 必要な納期に間に合うスケジュールを守る．

参考文献
1) 高塚　透他：試験管からプラントまで，初版，p.1，培風館（1997）

2. 食品産業の概要

2.1 戦後50年の食生活の変化

　食品は保守的で変化が少ないと言われるが，10年程度のスパンで見ると，時代の変化によるニーズへ対応するために，それに応じた他分野の周辺技術をも活用して，新しい食品が生まれてきた．また一方では，その食品の変化が，時代の変化にも影響を与えてきた．

　今後，食品がどのように変化してゆくかを考える上でも，今までの変化の歴史と，それにもとづく今の時代の位置づけの把握は有意義である．そこで10年単位でそれぞれの時代の変化の特徴を考察する．

2.1.1 敗戦直後（1945年）から1950年代前半まで——戦後復興期

　飢餓からの脱却が第一で，食料配給の安定と改善による栄養充足の時期であった．

　1950年には味噌・醬油の統制が解除され，1955年にはダイニングキッチン（DK）付き公団住宅が出来て，1956年の『経済白書』には「もはや戦後ではない」とうたわれるようになった．

　1957年にはスーパーダイエーが設立された．配給から小売店での販売へと市場も自由化された．

　1958年にはインスタントラーメンが発売され，インスタント食品の先駆けとなった．

2.1.2 1950年代後半から1970年代前半——高度成長期

　この時代は，洋風化が進むとともに，インスタントコーヒーなど簡便な即席食品が台頭した．

1964年の東京オリンピックの選手村では，大量調理に対応するための切り札として冷凍食材が使用された．

1967年にはラーメン「どさん子」がチェーンの展開を始めた．

洋風化により，畜産品・油脂の消費が伸び，穀類の消費は減少を始めた．

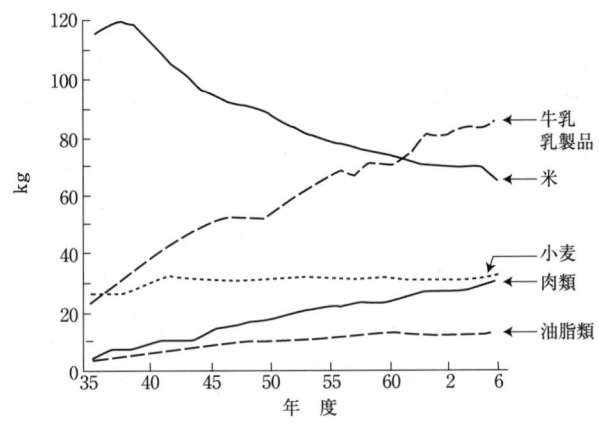

図2.1 供給純食料の推移（1人1年当たり）[1)]
資料：農林水産省「食料需給表」

2.1.3 1970年代後半

高度成長期から安定成長期に入り，オイルショックなどに見舞われながらも，社会の重点は，工業化から消費へ移り始める．

この時期，食事内容の多様化が進み，有配偶者女子雇用比率が50％を越え，外食の浸透，調理簡便化指向が進んだ．

カップヌードルが発売され，調理冷凍食品も発売された．

スカイラーク，ケンタッキーフライドチキン（KFC），マクドナルド，セブンイレブンなどが1号店を開店したのもこの時代である．

2.1.4 1980年代

引き続き安定成長期で，コンビニエンスストア（CVS：convenience store）は急成長し，流通温度帯の多様化など流通インフラの整備が進む．

CVS 向けの総菜的商品を作るベンダーを大手食品企業が開設するようになった．

有配偶者女子雇用比率は 60％近くなり，食事の形態は個・孤食化，外部化が進んだ．一方，グルメ志向が進む．

2.1.5　1990 年代

1990 年代は一転してバブル崩壊となった．

食事の内容がほぼ安定化し，実質食料支出額の停滞と熱量供給量の頭打ち，価格破壊が進む．

規制緩和が始まり，地ビールの生産が開始され，海外からは低価格ビールが輸入された．食関連製品・サービスの，使い分け・多様化・高度化が進み，健康志向が高まる．図 2.2 に供給熱量とその供給源の変化を示す．

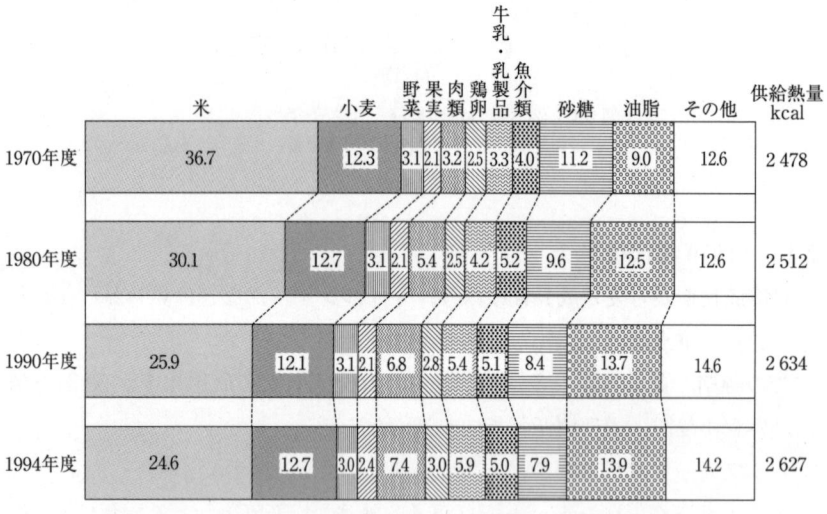

図 2.2　供給熱量とその供給源の変化（国民 1 人 1 日当たり供給量）[2]

2.1.6　2000 年代

2000 年代に入ると，それまでの高度成長は崩壊，一変してデフレ経済となり，食品も低価格指向が高まった．規制緩和などもあり輸入依存度の増大は低価格化に拍車をかけた．

2. 食品産業の概要

一方では，消費者の安全・安心に対する関心の高まり，ヘルシー志向，あるいは高品質に対応した商品が開発され，選択枝が益々豊かになった．

「保健機能食品制度」による「特定保健用食品」* である飲料，油脂などの商品が健康ブームにのり急成長をしている．

BSE（牛海綿状脳症）が日本では起きないと言われていたにもかかわらず発生し，大手優良食品企業といわれた所で品質事故・虚偽表示問題などが多発し，食品に対する消費者の不信感が高まる．これらがもとで食品衛生法の改定はじめ食品行政の大幅な変更が行われた．

企業は分社化，企業間の提携などを行い，再編成が進み，勝ち組と負け組の2極分化が進む．

このように，どちらかと言えば保守的といわれる食生活も，10年単位で見ると大きく変わっていることが分かる．

2.2 食生活が変化した原因

今まで述べてきた食生活の変化の原因を，社会的な面と技術的な面に分けて考えてみる．

2.2.1 社会的な面

特に大きな理由として次の6点に着目できる[4]．

① 経済の発展による所得の変化（1970年と1990年を比較すると1人当たり実質GNP＝2倍，エンゲル係数の低下（34→25％））が食生活の高級化，多様化を導く直接の要因となる．

② 高度経済成長を支える労働力として地方から出てくる人の単身所帯の増加，あるいは女性の高学歴化と就業機会が増えたことによる働く女性の増加は，食の簡素化の大きな要因となった．

---

* 個別に審査してその有効性や安全性が科学的に証明され認可されると，具体的に「血圧を正常に保つことを助ける」などの表示ができる．

10　　　　　　　　　　　　　　　　　I.　序　　論

表 2.1　食の世界の時代による変化

年　　代	1950 年代	1960 年代	1970 年代	1980 年代	1990 年代	2000 年代
時代背景	戦後復興期	高度成長期	安定成長期 工業化社会→消費社会 73, 78：オイルショック	→	バブル崩壊 規制緩和	デフレ
市場変化	マス市場（平均値）	→	セグメント 細分化・タイプ分け	→	コンセプト市場	
食のトレンド	飢餓からの脱却 栄養充実指向	食の洋風化 インスタント食品店頭 東京オリンピックに冷食採用	食生活の多様化 外食の浸透 調理簡便化指向	グルメ志向 食の外部化の進行 個食化の進行	価格破壊 健康志向（有機食品，O157）	低価格品成長 00：マクドナルド低価格化 品質・表示問題多発（BSE，添加物，米など）
加工食品の動向 （発売時期など）	50：味噌・醤油統制解除 58：チキンラーメン	60：インスタントコーヒー 67：ボンカレー	71：カップヌードル 72：味の素冷凍食品 78：味の素 CookDo	81：缶ウーロン茶 88：デリカエース発足（7-11用弁当生産）	94：低価格輸入ビール 95：地ビール 99：花王健康エコナ	
サービスの変化動向	配給から小売店へ 57：ダイエー設立	スーパー急成長 67：札幌ラーメンどさん子1号店	外食産業の発展 70：スカイラーク，KFC 71：マクドナルド 74：セブンイレブン各1号店	CVS 急成長 7-11 東証1部上場 流通インフラ整備 流通温度帯多様化	中食の成長 多様化 卸売業再編成	総菜・回転ずし成長 企業再編成（分社化，提携） 00：ダイエー経営困難 西友，ウォルマートと提携
家庭動向	55：公団住宅 DK 55：電気自動炊飯器	69：2ドア冷凍冷蔵庫				
電子レンジ普及率		2.70 %	7.90 %	33.60 %	69.70 %	>90 %
単身所帯比率	3.50 %		13.50 %	18.10 %		
有配偶者女子雇用比率			51.30 %	59.20 %	58.20 %	

（参考文献 3）に追加）

表 2.2　消費支出に占める食料費の割合（エンゲル係数）の推移[5]

(単位：％)

昭和40年	45	50	55	60	平成2	7
38.1	34.1	32.0	29.0	27.0	25.4	23.7

③　ダイニングキッチンに代表される台所のガス化・電化は，電子レンジ（2→70％）に代表される簡便な調理法を可能にした．

④　食品メーカーによる広告，技術革新による新製品，外国からの新しい輸入食品の影響で，消費者の嗜好が変化した．

⑤　中食が発展し種類も豊富になり，家庭で作ることに比較して相対的な価格低下があった．

⑥　国内外の流通が，交通網の整備，多温度帯への対応などの点で劇的に改善され，鮮度の良い安い原料素材の入手が可能となった．

2.2.2　技術的な面

①　凍結乾燥，レトルト加熱殺菌技術の進歩：品質が大幅に向上した．

②　ビニール袋に始まる包装保存技術の普及：漬物，味噌などの伝統的な食品，あるいは牛乳，飲料など，従来持ち運びに不便な商品の流通が一変した．

③　化学工業などで進歩した自動制御技術の適用：大型工場の無人化，省人化に貢献した．

④　自動車産業に端を発した多品種生産技術とコンピューターによる管理技術：多品種少量生産化などに応用された．

⑤　冷蔵・冷凍技術を中心とした貯蔵・コールドチェーンの形成：鮮度に敏感な商品の広域の移動が可能になり，市場が拡大する素地となった．

⑥　半導体産業で進歩したクリーンシステム技術の適用：クリーンルーム設備や衛生面での徹底した考え方などが工程管理に導入されつつある．

⑦　ISO，HACCPなどの品質管理手法の導入：市場規模が拡大すると，一朝事が起きたときの社会的な影響は大きく，従来の家内工業的なセンスでは，近年の社会的な要請には応えられないためにシステム的な考えが導入された．

以上の技術的な進歩が食品産業の巨大化を支えたといえるが，これらの技術は米国航空宇宙局（NASA：National Aeronautics and Space Administration）による膨大な研究の成果や，その後の他産業の技術の応用などが大きく影響した．しかしこのあと，近年まで食品について革新的な新技術が余り生まれたとは言えない．これは他の先進分野に比し，食品開発に対して研究資金投入が少ないこともその一因かもしれない．

資金という点から見ると，国も支援して研究投資が積極的になされようとしている，バイオテクノロジー，ナノテク技術，例えば遺伝子組換え，タンパク質科学，バイオセンサー技術などは有望であり，その成果を積極的に活用し，新技術の開発につなげてゆくような共同研究が重要になろう．

また，これらの技術的な進歩にもかかわらず，製品の品質は，必ずしも未だ旧来の手作り製品の品質を上回っているとは言えない．その解決も重要な課題である．

社会環境の変化と技術の進歩を受けて，食品ひいては食生活が変わると共に，逆にこれらの変化が，周りの社会環境の新たな変化を誘っているともいえる．

2.2.3　今後の食生活の変化に影響を与えそうな因子

今後さらに変化してゆくことに影響を与える要因としては，**高齢化・少子化，情報化・国際化，開発途上国の発展**などがあげられる．

少子・高齢化による人口構成の変化は，国内需要の量的減少をもたらす．海外生産の増大は国内生産技術を衰退させ，生産の国内空洞化をもたらす．

2002年，国立社会保障・人口問題研究所は，2000年の国勢調査結果に基づいて，将来推計人口を改訂した．この推計によれば，2001年の出生率は1.33と過去最低で，日本の総人口は2006年を境にして減少し始め，2050年にはほぼ1億人と予想されている．現在この出生率は更に低下している．

したがって農業や工業生産部門において，若年労働者は減少し，労働者の老齢化が進む．これは労働生産性向上の阻害要因となり対応が必要である．長期的には外国人労働者が必要と見られている．

高齢化は基礎代謝の減少から低カロリー化をもたらすなど食品の内容の変

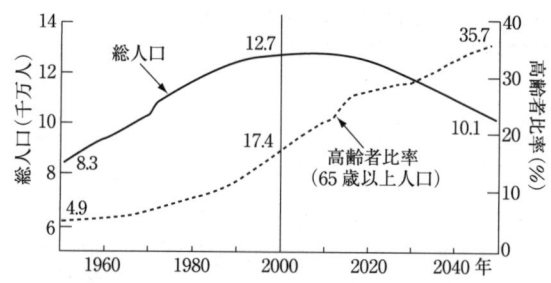

図 2.3 日本の人口動向（総人口と高齢者比率）
資料：国立社会保障・人口問題研究所「日本の将来推計人口（平成14年1月推計）」(2002年)

化を伴うであろう．

米については，農業従事者が老齢化により減少しても，未だ過剰は続くかも知れないが，その他の農産物については，現在の状況のままでは国内供給量は依然不足であり，自給率を高めるためには，米から他への作物の転換が必須である．また都市への一層の人口集中，農村部の過疎化が進めば，農地の管理にも影響が出る．

つまり人口の構成と地域での分布状態は，今後の日本の食糧供給事情を大きく支配する重要な因子となっている．加えて食品の海外生産，国内生産の空洞化は，生産技術の衰退を招く恐れがあり，今後**どうしたら物づくりで日本の優位性が保つことができるか**も大事な点として指摘しておきたい．

以上を総合して，食生活を支援する要素の現在と今後の流れを表2.3にまとめてみる．

2.3　食料の供給構造と特徴

食料の供給はどのような構造になっているかについて，図2.4にモデルを示した．

「川上」ともいえる原料生産段階（農業・水産業），原料流通段階（食品製造原料の流通業）から食品製造工業段階（原料処理・加工），「川下」の食品流通段階（食品卸・小売業）を経て，最終食品消費段階（消費者）に至る各段

表 2.3 食生活を取りまく要素の変化

項　目	一昔前	現　在	これから
年齢構成	若年		少子・高年齢
食事の仕方	家庭で家族同時，3食		個食・時間，回数が非定型
食事内容	家庭で調理		外部調理品比率大
商品特性	製品寿命長い	製品寿命短期化	鮮度，安全性，低カロリーの要望高い 製品寿命短期化
オーダー方法	メーカー主導で見込み発注	流通主導で見込み発注	顧客主導 個別発注(eメール)
商品の受取り	顧客が身近で購入 出前・ご用聞き	顧客が遠方まで買いに行く（車で）	顧客に届ける 宅配
販売店領域	小地域	広域	居住地
販売店形態	中小地域小売店	大型量販店	地域CVS
マーケティング	新聞広告	マスマーケティング TVCM	インターネット ホームページ
物流	問屋卸店	品揃え配送センター	宅配
製品在庫	集中在庫	集中在庫	無在庫
生産方式	大量見込み生産	多品種切替え生産	個別少量多頻度生産
生産立地	国内生産		海外生産比重大
生産設備	規模大，集中生産型		小規模・規格化・多拠点 非ライン型

階[6]，「川上から川下」への流れとしての"フードシステム"が存在する．そして食料品の販売金額に占めるその各部門の割合は，「川下」が「川上」に対して圧倒的に大きくなってきている．

　供給体系は，食料群ないしは食料ごとにそれぞれ特徴的な段階を持っている．概括的にいえば，原料生産段階と最終消費段階は，それぞれ個別である場合と逆に複合的である場合があるが，この中間段階は個別的に専門化されている．以下個別に述べる．

2. 食品産業の概要

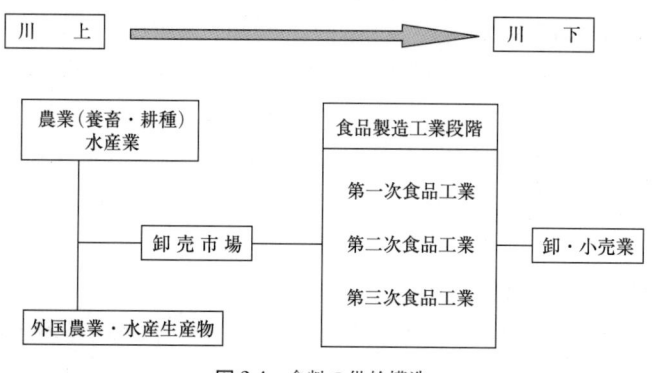

図 2.4　食料の供給構造

(1) 農業について

土地の直接利用による耕種生産物（農業一次生産物）と，土地利用により得られた産物を飼料とする畜産物（農業二次生産物）に分かれる．

(2) 外国産農・水産物

1985 年 9 月，米国ニューヨークのプラザホテルに先進 5 か国（日・米・英・独・仏＝G 5）の大蔵大臣（米国は財務長官）と中央銀行総裁が集まり，会議が開催されドル安が容認され（プラザ合意），これを契機に急速な円高となった．この円高により海外からの原料輸入と海外生産の増加があり，その結果日本の食糧自給率は大変低くなっている．特に畜産関係では種子，飼料を海外に依存するようになっている．

(3) 第一次食品工業[7]

農産物および水産物を原料とし，最終消費形態としての家庭用製品ならびに第二次食品工業への原料製品の製造供給を行う．

副産物は第二次食品工業原料（例えば搾油した大豆かすを醬油製造）および農業二次生産である畜産飼料用に供給する．

製品としては，小麦粉，畜産食品（乳加工，食肉加工など），水産物加工食品，油脂（搾油，加工油脂），植物性たん白，調味料（味噌・醬油醸造），嗜好食品（茶，コーヒー），酒類（ビール，酒，焼酎）などがある．

(4) 第二次食品工業[7]

第一次食品工業において生産された各種製品を素材とし,新たな食品を製造する領域である.製品としては,パン・菓子,めん,即席めん,マカロニ,製糖・糖液,加工油脂食品(マーガリン・ショートニング),調味料(マヨネーズ,酢,ソース,アミノ酸調味料)などである.

(5) 第三次食品工業[7]

第一次,第二次食品工業において製造された各種の製品を原料として,さらに加工度を高めた全く別個の新しい食品の製造,あるいは各種製品の組合せによる製品製造の分野である.

従来家庭内ないしは手工業的に行われていたものが,次第に工業化されつつある分野でもある.パッカー,ボトラー的な食品工業の分野も含まれる.

これら製品は,生活様式と直結し,その変化と共に変化する現代性を持っている.製品としては,調理食品,冷凍食品,レトルト食品,持ち返り弁当・総菜,菓子・ケーキ類,嗜好缶飲料(茶,コーヒー,炭酸飲料),缶・瓶詰類などである.

(6) 最近の傾向

畜産食料品は食料消費における割合が低下しないとはいえ,停滞状態である.従来減退傾向であった飲料・酒類,調味料,農産食料品などにおいて,昭和60年以降にその割合を若干上昇させていることや,「その他食料品」の占める割合が大幅で急速な増大傾向を示していることがあげられる.

特に嗜好飲料(ミネラルウオーター,コーヒー飲料,ウーロン茶,茶類缶詰飲料),酒類(焼酎,ビール・発泡酒),調味料(ドレッシング,各種たれ),調理冷凍食品,レトルト食品(カレー,米飯,合わせ調味料類),テークアウト調理食品(総菜,すし・弁当,調理パン・サンドイッチ)などは生産増大が注目されてきた.いずれも食生活の簡便化あるいは外部化と密接な係わりを持っている.

調理食品,総菜など,今まではまだ工業化されないで,家庭あるいは食堂などで手作りで作られていたものが,次第に工業化され工場生産化されつつ

ある過程とも言える．

また，流通の進歩は，鮮度の良い原料の供給を可能とし，デパ地下での総菜，回転ずしなどが大きく伸び，加工食品の市場と競合してきている．

食品工業生産の特徴のまとめとして，食品製造の段階ごとの特徴を表2.4に示す．

表 2.4　食品工業の段階による特徴

	品　質 (Q)	デリバリー (D)	コ ス ト (C)
一次食品工業	原料の可食化〜バルク単一特定原料製品の機能品質が明確	単品多量・大規模自動化量産工場が多い	製品単価安い 副製品の活用 整備費比率高い
二次食品工業	一次食品の加工	〜	〜
三次食品工業	多種複数原料のアセンブル(乾燥・冷蔵・冷凍など併用)商品は流行的で変化激しく，見掛けの品質のウエイト高い	多品種少量生産 女性パートなど人手対応で人的生産性が低い 委託生産多い	製品単価高い 人件費率高い

2.4　食品産業の規模

表2.5に金額規模を示す．食品産業として統一された統計が無いために，集計の仕方も同一とは言えず，また末端は零細企業も多いことなどから，数

表 2.5　食品産業の規模[8]

	製造品出荷額等（兆円）			出荷額増減率(%)		食品製造業計に占める割合(%)		
	昭50	60	平5	60/50	5/60	50	60	5
基 礎 素 材 型	2.3	3.8	3.2	68.2	▲16.2	16.3	14.4	10.0
加　工　型	11.7	22.6	28.7	94.0	27.1	83.7	85.6	90.0
冷凍調理食品	0.1	0.4	0.8	265.4	89.7	0.7	1.4	2.4
総　　　菜	…	0.3	0.6	…	93.5	…	1.0	1.8
食品製造業計	13.9	26.4	31.9	89.8	20.8	100.0	100.0	100.0
全 製 造 業 計	127.4	268.5	314.8	110.7	24.1	—	—	—

資料：通商産業省編「工業統計表」から作成．
注：食品製造業には，飼料・有機質肥料製造業，たばこ製造業を含まない．

字は目安としたい．

2.5 食品の物流・配送

原料・製品を貯蔵・移動させる配送機能と，直接消費者へ販売する食品流通の二大機能の変化や進歩は，食生活にとどまらず生産メーカーにも大きな影響を与える．

物流・配送は，メーカーと小売りの間の「品物と品数」，「在庫と需要」の調整変換装置の役割を担っている．

必要な量の商品を，必要なときまでに迅速・確実に，品質を損なわず配送するためには，それに対応できる物流とそれを支えるための情報システムの装備が必要である．物のない時代にはメーカー側つまり川上側から物を流す流れが強かったが，近年品物を選ぶ消費者の情報を持つ川下側の方が優位に立つようになった．そこで川下からの要望に合わせるための，卸店ないしは小売店のセンターの品揃え機能が重要になってきた．こうした食品流通における卸店の機能の変化に伴い，卸店の再編成も進んでいる．

流通過程を模式的に示すと図2.5のように，各段階が鎖のようにつながっている（supply chain）．この流れを効率よく管理するニーズが高まっている．

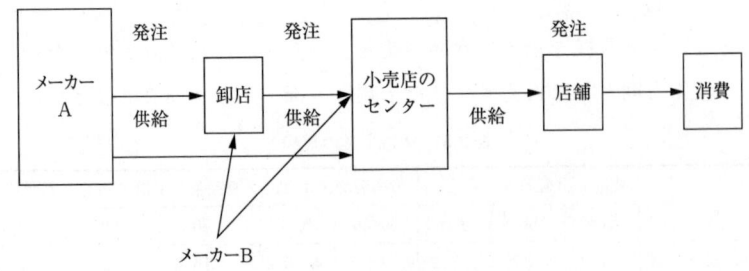

図 2.5 流通過程模式図

配送に要求される条件はサービスとコストである．
(1) サービスで要求されることは
① 店舗などでは，1日24時間，365日フルにサービスが受けられ，それも欠品を起こさず，必要な品物について荷揃えをし，just in time で

お客の要望に合わせた時間に正確に届けられることが要求され，特に弁当・総菜など，商品の特性によっては，生産・販売との関係によって，1日3回配送などの高頻度配送の対応がいる食品もある．

② 製品の品質保持に欠かせない要求される温度帯（常温，定温，低温）が正確に保たれること．

③ 在庫管理・受注情報などのきめ細かい迅速な管理情報の要求に応える．近年POS（point of sales：販売時点管理）などの販売情報の活用も始まっている．

国内道路網，グローバルな航空網・海運など物流手段の発達は，産地直送による生鮮品の鮮度向上が進むこととなった．これは食品原料調達の手段の変化や，今まで加工保存食品に頼っていた商品に生鮮食品がとって代わるなどの変化をもたらしている．

(2) 安いコストを実現するために

① 保管・在庫：適正在庫量の保持．

② 輸送頻度，積載率，搬送経路，帰り車稼働率が決め手．他社との相乗りによる共同配送や，衛星通信を活用した配車管理などで効率を上げる．

③ 店舗に送る商品の品揃え：ピッキング（荷物の取り出し）作業の効率化．

④ 商品に合わせた輸送形態の変更．

⑤ 受注業務の省力化：ピーク時，休日・時間外の対応．

サービスとコストは相反する関係にある．高いサービスは高いコストにつながる．これは最終的には消費者に転嫁される．消費者にとって必要なサービスとそうでないサービスの区別が必要である．最近の動きとして，例えば配送回数を減らすことにより，1回当たりの配送数量を上げることで配送費を下げ，そのメリットは値下げで消費者にも還元されるような取り組みも，メーカーと卸などで始まっている．

(3) 配送コストを構成する内訳

在庫（常温，定温，冷蔵，冷凍など），ピッキング・ハンドリング，輸送などであるが，その内訳の構成比の一例を表2.6にあげる．

(4) 流通消費市場の優位化はこれまでの流通と生産の関係を逆転させた．流通消費市場の中においても，外食産業の発達の他に，食料品小売業，大型

表 2.6 製品単価に占める輸送費の大雑把な割合

		常温ドライ品		冷凍品	
倉庫	在庫	30 %	65 %	40 %	60 %
	ハンドリング		35 %		40 %
輸送		70 %		60 %	
計		4～6 %		6～8 %	

スーパー・CVS のシェアが大きく拡大しその構造変化が起こっている．

以前は生産者中心で，物の供給が上位にあったが，近年はコンピューターの発達による販売情報を持つ流通つまりソフト上位の体制となってきたといえる．「供給者の論理」でなく「顧客の視点」がポイントになっている．それにつれ商品の規格はメーカーが決めるのではなく，流通側がメーカーに指示するようになり，それに従い価格の主導権も持つようになってきた．流通側にとって，メーカーは自ら要望する一定の基準を満たしていればどこでも良い．流通自体のブランド，プライベートブランド（private brand：PB）を持つ者も現れた．この場合はメーカーのブランドと競合することも起こる．

野菜など生鮮品もスーパーマーケットでの購入比率が急激に伸びている．こうした量販店による取扱率が上昇することで，納期，量，価格はもちろん，そこの販売方針に合わせた，野菜の小袋詰め，トレーにパックするなどの個装作業を産地側に要請してくる．その野菜の規格などもこれに合わせて決められる．そして流通網の発達と共に産地直送による朝採り新鮮野菜の供給，有機野菜の生産などを，契約栽培で行うなど産地との結びつきにも変化が見られる．

外食産業など，自分では工場・製品在庫を一切持たず，生産工場に生産を委託し，トヨタ生産方式のように配送もカンバン方式で，1日数回の配送を要求する企業も現れている．当然生産形態もそれに対応できるように合わせる必要がある．メーカーの方が選ばれることになるので，独自の強みを付けてゆかないと，メーカーとしての優位性や存在意義が無くなる．

2.6 今後の課題—食糧安全保障問題

2.6.1 食糧確保と地球環境悪化

　食糧の確保には地球環境との調和の視点が欠かせない．しかも日本は食糧自給率が低く食糧資源を海外に大きく依存している．「今後，**食糧をどのように獲得し，どのように食べてゆくか？**」は，食品産業の基本的なことで，それはまた生産面を支配する重要なテーマでもある．

　将来の人口増に対応して，十分な量の食糧をどのように生産供給していくのかが大きな課題となっている．

　工業生産化によっても耕作地が減少しているが，食糧を増産するために森林を伐採して無闇に農地化することは，砂漠化が拡大するなどで好ましくない．食糧の増産は，環境汚染・非再生資源など，**地球環境との調和**の問題としてもとらえる必要がある．

　人口が非常に多く，1人当たりの資源がわずかなわが国が，発展の中で環境保護に注意せず，生態系を損ねれば，取り返しのつかない損失が生じる．エビの養殖の例では，台湾では過密養殖の結果，今はエビがとれなくなってしまった．次にエビの養殖地となったベトナムでは，マングローブの林を切り，池を作り養殖が始まったが，これも過密養殖が問題になりだした．環境容量を越えれば駄目になる．住民は当面の現金の収入源として養殖を始めるが，永い目で見ると結局問題が起こる．

　日本はそこで新しい供給漁場をインドに求めるが，インド最高裁は「大規模なエビ養殖は環境破壊につながる」として，海岸から500 m以内の陸地でのエビ養殖を禁じ，そこにある養殖場を閉鎖するよう命じる判決をだした．これは経済的な被害の大きさを深刻視する政府との間で波紋を呼んだ．つまり経済と環境が両立できていない．

2.6.2 食料生産の不安定さと，低い日本の食糧自給率

　(1)　食料生産には気候変動や病気の感染による不安定さがある．例えば1996年には，米国における2年続きの日照りによるトウモロコシの不作で，穀物の価格高騰が起きた．米国が不作の一方で，中国では経済の発展と共に

購買力が増え，食肉の消費が増大し，今までの穀物輸出国から輸入国に立場が逆転した．この結果，穀物の世界的な需給バランスが崩れ，原料を輸入に頼る日本の飼料価格が暴騰した．ただでさえ輸入肉増加で価格が低落している牛肉は採算が悪化して，農家は牛の生産頭数を減らした．

また養鶏も同時期飼料代を減らすために減産し，この結果卵の価格は大幅に上昇した．食用油，製粉業などでは絞りかす，ふすまなどを飼料メーカーに売っていたが，飼料の需要が減り，減産せざるを得なくなり採算が悪化した．

しかし中国では，その後に農作物の豊作が続き，価格が下落し，中国農民経済に打撃を与えた．

(2) 動物の感染症などの問題もある．台湾産の豚肉，EU産の豚肉や豚肉加工品の輸入が家畜伝染病の口蹄疫*（こうていえき）の発生で禁止されたり，タイ産鶏肉から，ほとんどの抗生物質が効かないバンコマイシン耐性腸球菌（VRE）が検出されたなど幾つもの例があげられる．

さらに，牛のBSEや鶏のインフルエンザなど食肉において次々と大きな問題が発生している．これらの例は特に輸入に頼る日本の食糧事情の危うさを示すと共に1つの警告と受け止められる．

日本の食糧自給率は，国の保護下にある1000万トンの米の生産はともかくとして，全体としては，2001年度のカロリー換算では40％と世界の先進国では最低である．飼料用を含む穀物の自給率も，1998年度で27％と世界178か国・地域のうち130位前後である．

自給率の高いとされる米も，これを作るための農薬・肥料を作るのに必要な輸入石油などを自給率計算に考慮すると，本当に日本が独自に供給できる量はずっと少なくなるだろう．

食糧自給率低下の原因の7割近くは，食生活の欧米化が進み，自給率の低い食物の消費が増えていることによる．例えば農水省が20年ごとに調べた駅弁のメニューの変化を見ると，ご飯の量が2～3割も減る一方，おかずが

---

* 口蹄疫：牛，豚，羊など，蹄が偶数ある動物がかかるウイルス性伝染病で，かかると高熱を出してやせ細って行く．感染力が強く，ウイルスは人や車，風でも運ばれる．汚染された肉を食べても人間には移らないとされる．

2. 食品産業の概要

表 2.7　食用農水産物の自給率の推移[9]

(単位：%)

		40年度	50	60	2	3	4	5	6（概算）
主要農水産物の自給率	米	95	110	107	100	100	101	75	120
	小麦類	28	4	14	15	12	12	10	9
	豆類	25	9	8	8	7	6	4	5
	野菜	100	99	95	91	90	90	88	86
	果実	90	84	77	63	59	59	53	47
	鶏卵	100	97	98	98	97	97	96	96
	牛乳・乳製品	86	81	85	78	77	81	80	73
	肉類	90	77	81	70	67	65	64	60
	砂糖類	31	15	33	33	36	35	33	29
	魚介類	109	102	93	86	86	83	76	73
供給熱量自給率		73	54	52	47	46	46	37	46
主食用穀物自給率		80	69	69	67	65	66	50	74
(参考)	穀物（食用＋飼料用）自給率	62	40	31	30	29	29	22	33
	飼料自給率	55	34	27	26	26	26	24	25

資料：農林水産省「食糧需給表」
注：1）各自給率の算出は次式による．
　　　品目別（主食用穀物，穀物）自給率＝（国内生産料／国内消費仕向量）×100（重量ベース）
　　　供給熱量自給率＝（国産供給熱量／国内総供給熱量）×100（熱量ベース）
　　　　ただし，畜産物については，飼料の自給率を考慮して算出した．
　　2）平成5年度は，未曾有の冷害による異常年である．
　　3）飼料自給率は，飼料用穀物，牧草等を可消化養分総量（TDN）に換算して算出した
　　　自給率（純国内産飼料自給率）である．
　　4）魚介類は，飼料向けを含む．

洋風化している．それに対応して，麦や大豆は海外品に対して価格競争力がないため，肉類，野菜や果物など付加価値の高いものの生産に，農家が力をいれてきたことも原因に挙げられる．

自給率についてもう1つの問題は，**自給率が低いにもかかわらず廃棄量が多いこと**である．現在供給量に対して，実際に消費される割合は，熱量ベースで8割前後しかないといわれる．食料を作る人々の苦労や努力などは一顧もされず捨てられているといえる．

まず，国民は，**食物を無駄にしないで大事にすることに努め，これら食料の廃棄を減らすこと**である．

参考文献

1) 鴨居郁三監修:食品工業技術解説,p.332,恒星社厚生閣(1997)
2) 同上書,p.328.
3) 高橋正郎編著:わが国のフードシステムと農業,p.88,農林統計協会(1994)
4) 同上書,p.58.
5) 鴨居郁三監修:前掲書,p.329.
6) 小沢国夫:食品業界,p.73,教育社(1996)
7) 同上書,p.81.
8) 鴨居郁三監修:前掲書,p.334.
9) 同上書,p.333.

3. 工業化への道

本節では商品を生み出すための過程，1節で述べたエンジニアリングの3要件を具現化するための手法など，工業化に対して共通な事項について述べる．

3.1 研究室から工業生産へ

3.1.1 製品開発システム

製品開発を行うについて，ナイロンなどの開発が端緒となり，開発に必要な項目を，企画・研究など（上流）から生産・販売（下流）へつなげた，「リニアーモデル（linear model）」といわれる方法が考案された．

研究開発は，その進行に従い，規模が大きくなるとともに順次スケールアップ（scale up）しながら展開される．化学品などの開発では，従来は① フラスコレベル，② 研究室の連続実験，③ ベンチプラント，④ パイロットプラント，⑤ 商業化プラントのようなステップを経ていた．

昨今は，プロセスによっては，コンピューターを駆使してシミュレーション（simulation：模擬実験）を行うことによりあらかたの所は実験を省略し，ポイントの所だけ実験で確認をして，一気に商業プラントに進むことも可能になっている．自動車などでも，従来はモックアップといわれる実物大の模型で確認をして設計を行ってきたが，コンピューターシミュレーションでこの模型の作業をすませてしまうことも行われている．

食品の開発では，レストランのシェフの動作，手さばきなどをセンサーやCCDで解析し，温度管理などと合わせて調理の勘所を見極めて，シミュレーションで最適な製造条件を探ることも行われる．

しかし，このリニアーモデル手法は，上流が下流より上位と考えがちで，

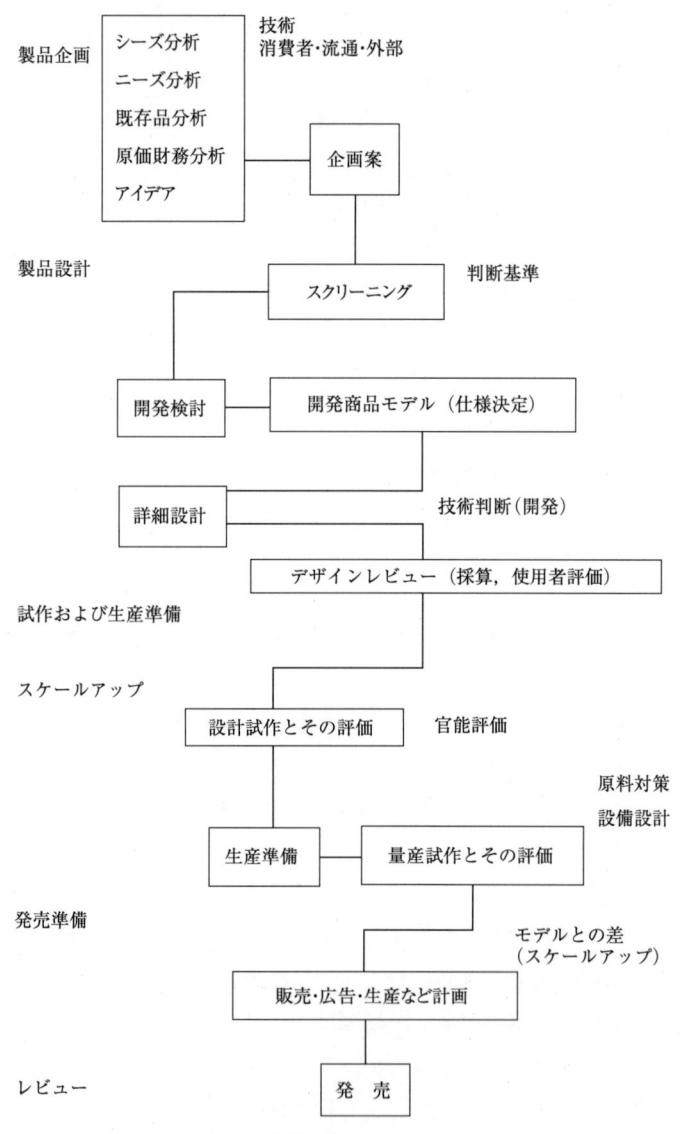

図3.1 開発のリニアーモデル

```
製品企画        シーズ分析        技術
               ニーズ分析        消費者・流通・外部
               既存品分析
               原価財務分析
               アイデア    → 企画案

製品設計              ↓
                  スクリーニング        判断基準
                      ↓
         開発検討 ― 開発商品モデル（仕様決定）
                      ↓
         詳細設計 ― 
                      ↓         技術判断（開発）
                  デザインレビュー（採算，使用者評価）

試作および生産準備     ↓

スケールアップ
              設計試作とその評価        官能評価
                      ↓                原料対策
                                       設備設計
              生産準備 ― 量産試作とその評価

発売準備               ↓
                                    モデルとの差
                                    （スケールアップ）
              販売・広告・生産など計画
                      ↓
レビュー          発 売
```

自分の仕事がハッキリ先の見えるまで，次の部門へ情報を流さない秘密主義，自分の所だけで何でも解決しようとする自前主義の色彩が強くなりがちで，どうしても顧客情報から遠くなる欠点がある．

最近は商品の寿命が短くなり，いかに早く新商品を開発して市場に出せるかが，大変大きなテーマとなっており，「コンカレント (concurrent) エンジニアリング＝この指止まれ方式」による開発が行われる．

コンカレントエンジニアリングは，従来は川上から川下の関係にあった，製品開発と生産・保守，さらにはマーケティングなどの「関連した開発のプロセスを，同時に並行して展開するシステマチックなアプローチ」である．開発設計者が，製品開発の初期段階からアイデアを，顧客も含めて必要な人に公開し，マーケティング，ユーザー側の開発も同時に進行させるので，発売時にはマーケティングも既に完了している．

コンカレントエンジニアリングの目的は，創造から廃棄までの製品サイクルの全般にわたって，品質，コスト，納期や顧客ニーズを考慮に入れることで，より確かに，早く製品の開発・導入をすることである．そのため設計から生産準備への展開，機械設計，作業設計，コスト設計，物流設計，生産管理に及ぼす影響なども，事前に検討される．したがって生産に入ってから作業ができないために手直しをするなどといったことが起きなくなる．これにはネットワークの進展と活用も大きく寄与した．

もちろん，この場合でも「リニアーモデル」での種々の項目は，必要に応じてそれぞれ検討が行われる．

医薬品，食品添加物などに使用される化学合成品，生物化学的製品などについては，人体や環境に対する安全性の試験が重要である．これには多くの時間と費用がかかる．

3.1.2 評価の方法（VE）

開発においては，その評価の方法が非常に重要であり，幾つかの手法がある．ここでは VE（value engineering）について述べる．

顧客の期待感，満足感に関する，製品企画から設計・製造，販売・サービスまでの4段階において，顧客の要求，設計機能，部品機能，コストの関連を明らかにすることによって関連部門の体系的な情報の共有化が可能となる手法である．ユーザーが重視する評価因子を選びその定量化・重み付けをする．実際には，評価因子をどのように選び，どのように定量化するか，測定

表 3.1 評価因子と内容の定量化

評価因子	内容の定量化
基本機能	製品本来の働き
弊害機能	設置・稼動で与える悪い影響
経済性	消費・維持にかかる費用
操作性	使用・調整のしやすさ
安全性	人・物に対する危険の少なさ
保守性	掃除・補修など手入れのしやすさ
設置性	スペースの小ささ・据付けのしやすさ
快適性	音・振動による不快感の少なさ
嗜好性	色彩・形状の美しさ，感じのよさ
弾力性	変更・拡張のしやすさ
環境性	環境に与える影響，負荷

パネルやその構成などが結果を左右することになる点に留意しなければならない．つまり**客観性を重んずると言っても，当然そこには携わる人間の意向や判断が入ってくることは避けられない**[1]．

商品の価値の大きさ

$$= \frac{（顧客の期待する品質・納期に適合する度合い）}{（顧客が取得・維持するための費用）}$$

製品価値改善度＝貢献値／売値係数

貢献値＝製品評価因子ウエイト×技術項目の改善度（＝開発目標値／現状値）

3.2 生産工程と工程図

3.2.1 生産工程について

生産工程は機能的には「**加工，検査，移動，停滞**」の4つに大きく分けられる[2]．そのなかで，品質を作り上げ，**真に付加価値を上げるのは「加工」工程**である．したがって加工以外の検査，移動，停滞の3つの工程は，短く簡単なほど良い．

化学的，生化学的なプロセスにおける「加工」工程は，原料を製品に変換する反応工程と，そこで得られた粗製品を，要求される規格や品質に仕上げる分離精製工程とから成り立つ．

食品生産の場合の「加工」工程は，醸造などのように生化学的な反応を伴う場合を除くと，合成などのいわゆる化学反応を伴うものは少なく，物性変化や形状変化などの操作が多い．

　加工工程で作られるものは，無検査（工程内自動検査）で合格品が作られることで，「検査」は保証のためのみに行うことが好ましい．

　「移動」では製品の付加価値は何も上がらず，エネルギーを消費するのみであり，これは極小化する．工場を見学すると，パイプやコンベアーが張り巡らされているのを目にすることがあるが，実はこれらは少ない方が良い．近年工程内のコンベアーを撤去する改善活動が行われていることはうなずける．

　よくある例は，工場が手狭になったために新設し，見掛けは広々とゆったりして大変良くなったように見えるが，移動という観点から言うと，新設前の工場は人が右から左に，簡単に物を移動できたのが，新設の工場では，コンベアーやフォークリフトで物を運ぶことが必要となり，この分の費用がアップしたなどである．

　「停滞」（在庫だけでなく工程での詰まり・よどみなども要注意）は品質の面でも，コスト面からも好ましくないことが多い．トヨタ生産方式（JIT）はこの在庫の極小化を軸にする生産管理システムである．一般に生産量のコントロール，生産管理は在庫量を必要最低限に保つことを眼目に行われる．

　工程は，それを司る人の立場で作られている．その工程を流れる製品が，もし人間のような感情を持っていたら，この工程を丁度人が旅をするように動いてゆくときに，製品はどのように感じるだろうか，と考えてみるとよい[3]．

　生産メーカーは消費者の視点で物事を考える必要があるが，生産においては生産される物の立場で工程を見直すとどうであろうか．擬人的な見方になるが，相手の視点，あるいは今までと違う視点で見ると，それまで見えなかった色々な問題がよく見えてくるというわけである．

　原料が工場に入るときには関所があって，伝票という手形でチェックされ，しばらく倉庫という，なにか薄暗い居心地の悪い場所で待たされる．ひどいときは何か月も放っておかれる．やっと中に通されるが，工程によっては，これから通過する設備が，実は自分にとっては大変劣悪な環境であることを

後に思い知らされる．自分の身が柔らかなか弱い身であることなどなどは少しも考えてはくれず，時には殴られたり，ぶつけられたり，高いところから落とされたり，色々な虐待を受ける．危険なところに棚もないため，一緒に今まで旅をしてきたのに，道から転落しあの世行きとなり，簡単に捨てられてしまった親友もいる．

こんなに待遇が悪いのでは，何か仕返しをして，懲らしめてやろうと思う気持ちになるのも不思議ではない．

それでも最後は分不相応に色々な着物を着せられ，何とか商品として，工場から外の世界に出され，店の陳列棚にのせられた．ここで初めて，よその会社から出てきた競争相手と顔を合わせる．相手はなぜか人間のお客にもてて，すぐ棚からいなくなり，入れ替わりに次々新人が来る．こちらは段々古株になってきたと思っていたら，ある日突然その棚から引きずり下ろされ，まいやな暗い部屋に入れられた．これからどうなるのだろうか．どうも会社の人たちは余りお客の要望を考えず，私を作り上げるときに少し方針を間違えたらしい．

3.2.2 工程図の理解

系全体の把握をするためには，工程を図示した工程図の活用が有効である．工程図には，概念的に簡単に示した概念図，工程を詳しく説明する工程図，詳細な物量，生産条件なども記入したフローシート，マテリアルバランスートなど目的に従って多種多様の図がある（図 3.2, 図 3.3）.

主工程だけでなく，どこからどのように処理された原料が来るか，環境対策・廃棄物対策はどのようにされているか，商品はどのようなルートで売るかといった**商品の流通過程，消費の仕方までを含む系全体の把握が一目でできる工程図**も目的によっては必要である．

3.3 コストについて

3.3.1 物づくりと価値の創出

製品は原料に手を加えられ，ある付加価値を追加されて世の中に出て行く．

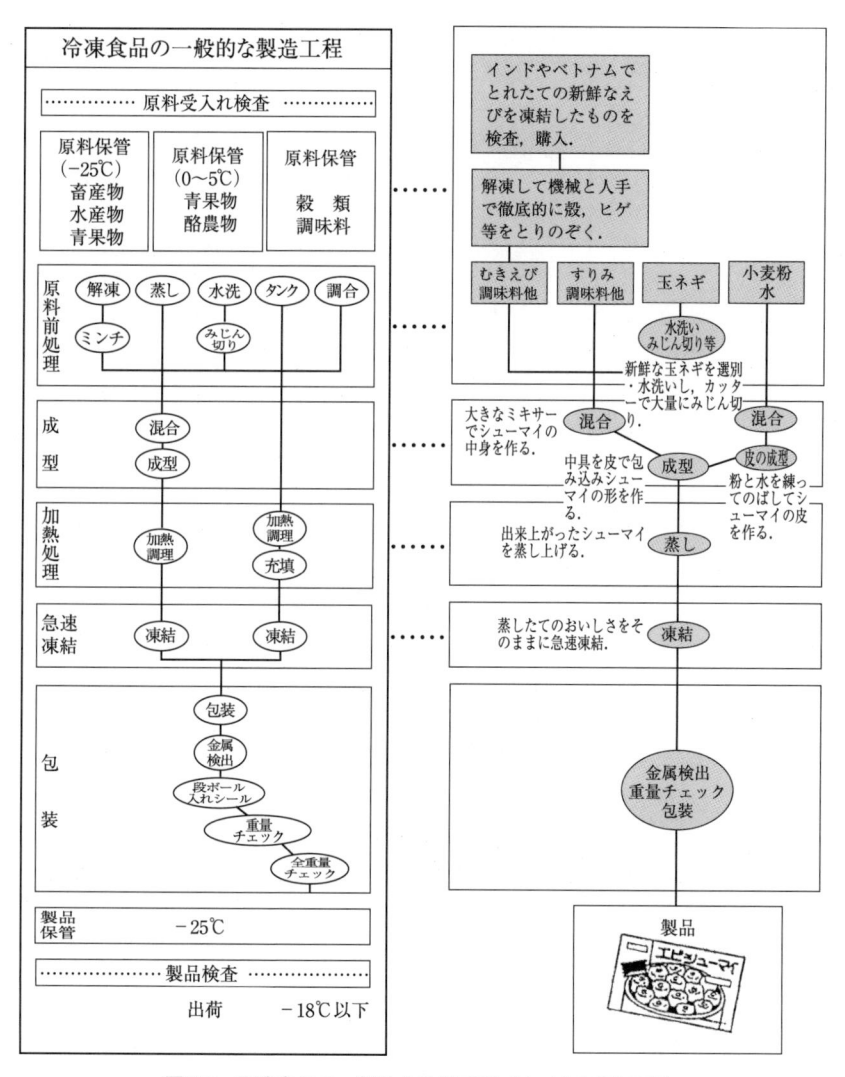

図 3.2　冷凍食品の一般的な生産工程（味の素冷凍食品㈱）

つまり価値の創出であり，その創出された価値を企業（利潤）と顧客（customers satisfaction）が分け合う．この生産で創出される総価値をいかに大きくするかが企業の命題である[5]．この関係を図 3.4 に示す．

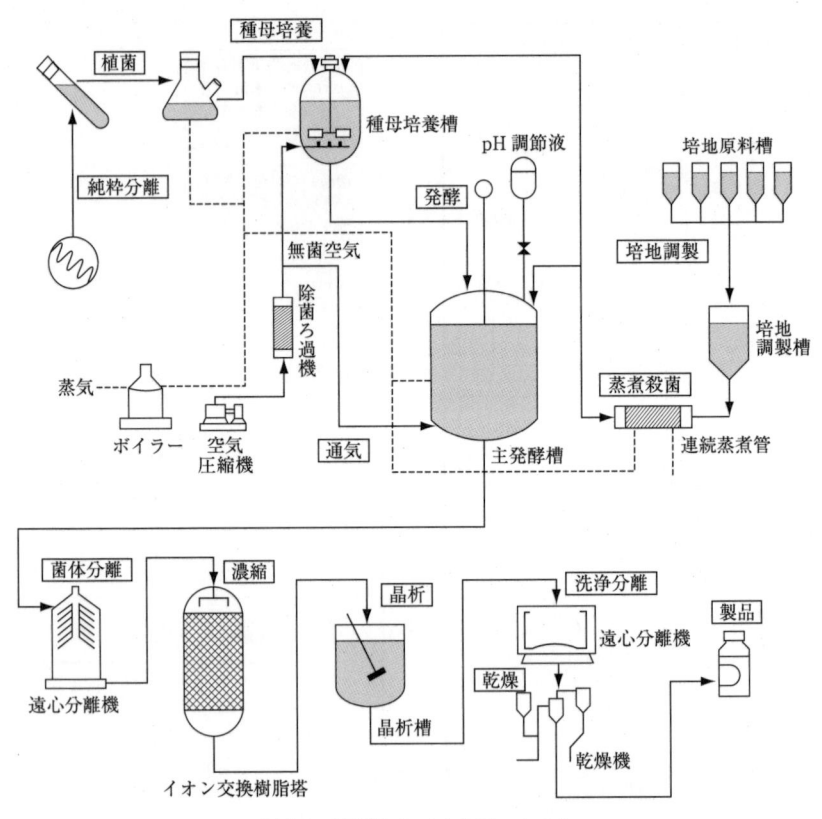

図 3.3　典型的なバイオプロセス[4]

図 3.4　生産総価値[5]

3.3.2 コストの構成

ある製品を作り販売する場合に，それぞれの工程において費用が発生する．例えば加工するとそこで発生する費用が加算される．製品の経済性を把握するためには，これら発生するそれぞれの費用を積算した総コスト表（総原価表）を作成する．ここでは，ヒト，モノ全てをカネの尺度で，同じ土俵に載せて積算され，創出されたモノの価値もカネで比較評価される．ここで算出された総コストにより，その後の製品に対する行動が決定される．

企業においては，利益の出ないことは行われないので，**利益が出ることは最優先の課題であり，いくら他の点で優れていても，利益が出なければその商品は結局日の目を見ることはない**．したがって，企業においては，コストをいかに改善するかは重要なテーマで，全社的なコスト改善活動が常時行われる．コストは企業活動を維持できるかどうかの絶対的指標といえる．

表3.2に示すように製造原価は，製造変動費，製造固定費，工場管理費か

表3.2 総コスト表（総原価表）の構成

販売価格	純利益			
	総原価	販売間接費	販売人件費 広告宣伝費 支店経費	限界利益
		販売直接費	運賃 保管料	
		一般管理費	本社経費 研究開発費	
		製造原価	工場管理費	工場経費 補助部門費
			製造固定費	原価償却費 補修費 設備金利 人件費
			製造変動費	原料費 包装材料費 薬品費 在庫金利 用役費 エネルギー費	変動費

らなる．これらの各項目について説明する．

(1) 製造変動費

製造変動費とは「生産するためには必ず必要であるが，生産量が変わるとそれに応じて使用量も比例的に変わってくる費用」である．これ以下の値段で売ることは通常は考えられない，限界の製造コストといえる．内訳は原料費，包装材料費，エネルギー費，外注加工費などである．

家庭用の最終製品では，変動費の中で包装材料費の占める割合が一般に高くなる．その結果，廃棄物の処理コストは上昇する一方であるにもかかわらず，その中で包装材料の占める割合は高い．今後は環境負荷についても厳密に評価しておく必要がある．

エネルギー費は固定費的な部分が多く，必ずしも1：1で生産量には比例しないことが多い．いずれにしても，変動費比率が高い製品は，付加価値比率が低いといえる．

(2) 製造固定費

製造固定費とは「総額では生産量の変化にかかわらず一定の費用」である．ただし，1個当たりの所要費用は生産量が増加すればそれに反比例して低減する．主に設備費と人件費である．

① 製造設備費（償却費，補修費，設備金利など）

機械装置や建物構造物などは，年を経るに従い段々価値が下がってくる．この価値の減少分を減価といい，これを毎年回収してゆくためのコストを減価償却費という．

税法上，装置や機械ごとに法定の償却年数が定められており，この割合に従って償却する．償却費比率が高い場合，機械化が進んでいるといえるが，最近のように商品の寿命が短くなり，あるいは市場の伸びが少なくなると，設備の稼働率が下がってしまい償却費の負担が大きくなってしまうので，設備投資をどのように行うかも大きな課題である．

肝心なのは，設備が，無駄が無くきちんと収益を上げることに有効に寄与することであり，償却費はこの設備のための費用でなければならない．

補修費は，設備の保全に要する費用で，設備が古くなるに従い増大する．

② 製造人件費

生産に直接あるいは間接に関わる人の費用である．賃金，給料，従業員賞与手当，退職給与引当金繰入額，法定福利費などが含まれる．

人件費を少なくするためには，人数を最小限にすることであるが，このためには，

・本当に有効な仕事かどうかを見極めた上で必要最小限の要員配置にする
・作業時間内での作業時間の比率を上げる（工数稼働率を上げる）
・個々の作業の効率を上げる
・仕事のピークを作らないようにすると同時にピーク対応のシステムを作る

などの検討がいる．

機械化ができないか，あるいはそれが難しい作業，または製品寿命が短いなどの理由で設備投資ができない場合などでは生産を人手に依存することになる．その場合は単価の安いパートに頼ることが多くなるが，人件費比率の高い仕事は，人件費の安い中国など開発途上国に移りつつあるのが現状である．

(3) 工場管理費

工場管理費は，総務・技術など工場間接部門の費用で，人件費が大部分を占める．したがって，これを減らすには，業務内容を精査し，これら部門の要員を極力減らすことが必要である．

研究・開発，外部に依頼する業務なども人件費が占める割合が大きい．

これからのコスト計算に含めるべき内容として，廃棄物処理，環境対策，安全性など社会的な費用についても十分調査検討をした上で，それらの費用を見込む必要がある．

3.3.3 原単位

製品単位量当たりの必要量を「原単位」と呼び，「単位原価＝原単位×単位当たり価格」である．

原単位の計算対象となるのは，次のような要素である．

① 工数（直接作業時間，単位は人時または人日）
② 材料（直接材料，主要副原料）

③ エネルギー（電力，燃料）

また製品の生産数との対比によって次のような原単位指数が作られる．

① 工数を基準とする原単位

　　単位生産数当たり工数……1台当たり何工数（人）

　　1工数当たり生産数………1人当たり何個

② 製品1単位当たり材料所要量，電力所要量，燃料所要量

原単位は，配合表に，実際の工程ロスなどを加味して，フローシートあるいは，原単位表としてまとめられる．

総費用＝単位原価×使用量であり，同じ製品であれば，当然のこととして原単位の低い方が原価を安くできる．

3.3.4 原価計算

製品の単位当たりの原価を計算する．原価計算は内部の管理のための管理会計目的と，財務管理をするための財務会計目的の二面から行われる．

表 3.3　一般的な原価計算の例

		単位量当たり生産コスト	総額ベース
販売量			10 000 (12 000) kg/月
売値		1 000 円/kg	10 000 (12 000) 千円
変動費	原材料・包材費	300 円/kg	3 000 (3 600)
	エネルギー費	30	300 (360)
限界利益（売値－変動費）		670	6 700 (8 040)
固定費　設備費	償却費	100 (83)	1 000
	補修費	30 (25)	300
	税保険	10 (8)	100
労務費		100 (83)	1 000
工場管理費（間接部門費）		80 (67)	800
小　計		320 (266)	3 200 (3 200)
本社管理費		250 (208)	2 500
税前利益		100 (198)	1 000 (2 340)
税		50 (99)	500 (1 170)
税引利益		50 (99)	500 (1 170) 千円/月

（　）は20％増産した場合．

ここで売上額（円/月）＝売値（円/kg）×販売量（kg/月）とし，もし1パックが200gのものを200円で売れば，売値は1kg当たり1000円であり，月に1000万円の売上高を達成するためには販売量は10 000 kg＝10トン必要である．

3.3.5 スケールメリット

前述の原価計算例で（　）に，売値が同じままで，固定費（労務費，管理費など）の増加もなく20％増産できた場合の利益を示す．この場合20％の増産により利益が倍増した．単位重量当たり変動費 V，固定費 F の時，単位原価＝$V+F$ であるが，生産量を n 倍にしたとき，固定費は F/n であり，単位原価＝$V+F/n$ と安くなる．これを増産によるスケールメリットという．

3.3.6 原価管理の方法

管理を目的として，製品1単位当たりに費やされた諸費用が，計画の原単位を守っているか，さらにこれを低減できないかなどを検討するためには，まず実際の原価計算を行い，この実績値と標準値あるいは計画値との差異を求める，**差異分析**の手法がとられる．

この場合に使用する数字は，計画との差異，あるいは前日との差異などの傾向をつかんで，問題があれば改善することが目的であるので，それに合った精度であれば，経理的な決算に使用する場合ほどの詳細な厳密性は必要としない．

変動入力値としては原料使用量，要員数などが主な対象になる．検討する期間内では変動が少ない項目は固定した標準値を使用して問題ない．

原料は通常価格が常に変動するので，予算単価などを標準値として計算して使用量の差異による原価への影響をつかみ，さらに必要に応じて，使用原料の実価格で計算した原価により価格差異値を求める．

今期の計画で，例えば作業要員を20％低減，あるいは原料歩留りを3％上げる計画を立てていたとする．計画の進展に従って，固定費，変動費が下がってくることが分かればよい．もし下がらない，あるいは下がり方が遅け

れば何らかの手を打つ必要があることになる．

　原価計算は，求める管理レベルに応じた精度で行うことが肝心である．精度を上げるために細かい数字を求めて，頻度を上げて計算することは，計算そのものはコンピューターで行うので容易であるが，精密なコストを算定するためにシステムも複雑化し，データの採集，入力作業は結構大変な作業になり，その結果多大の費用がかかることになる．精度を落としても，早く実際の状況をつかむことが大事で，簡単でも日次決算を行う方が効果が上がる．

　最近は製品寿命が大変短くなっており，極端な場合は生産が1回限りであることも多いので，計算に時間が掛かっては意味がないし，計算に使われるコンピュータープログラムの変更も短時間で行う必要がある．

　これまでの計算には，時間の概念が直接には入っていない（人件費，償却費などは，全体の当該費を所定時間に出来る量で割算しているので，時間も関係しているが，間接的な表現になる）．しかし，製品1つを加工するのに操作・工程ごとに掛かった時間で比較すると，時間が掛かれば効率は落ちていることであり，生産ラインの評価には，標準の作業方法と作業条件により標準時間を設定し，これによる標準生産量と比較する方法もある．

　トヨタ自動車のT工場で作られる，ある車種は20時間で1台出来るという．このためには例えば，車のドアの内側上部についているグリップの設計を変更して，部品数を34から5に削減して，調達費を40％下げるとともに，取付けに要する時間を3秒，今までの75％も削減したという．

3.3.7　生産性指標——能率の係数

　原価を低減するためには，原価そのものだけでなく，各種の生産性指標が使用される．この指標の数字を比較することで，日常の管理，計画立案時の基準値，改善の成果などが定量的に把握できる．

　一般に生産性（productivity）は，投入量（input）と産出量（output）の比率，つまり産出量／投入量として表される．能率の概念と同じである．それぞれは種々の単位をとるが，同じ物理的単位にとる場合には効率と同じ意味になり，最高（理想状態）が100％になる．

　投入量を労働量にした場合，労働生産性といわれるが，この場合，産出量

には生産量のほかに生産金額も用いられる．
　主要な指標について以下に述べる．
① 稼働率（時間の能率）：主として作業時間の面から見た係数で，個々の作業者や機械について考えるものである．
　　　稼働率＝有効作業時間／総稼働時間
　　ここで有効作業時間とは，直接作業時間（実働時間－間接作業時間）
　　または主体作業時間（さらに段取り時間を控除）
生産速度が一定の機械の場合などは，稼働率＝実績生産量／理論的生産量
装置工業などでは，総合稼働率＝実働率×負荷率
　　負荷率とはその装置（設備）の最大能力と実際処理量の比率
② 良品率（質の能率）：質的生産量を単位とするもの
　　生産計画上の量を確保するために必要な仕込み数
　　　　＝予定生産数／（1＋不良率）
③ 歩留り率（物の能率）：材料の消費率の有効度を示す指数
　　歩留り率＝製品重量／材料使用量

3.3.8　設備投資採算

　設備投資を行うに際しては，投資額に対しいくら利益が出るか，が重要である．計算は単年度でなく，「製品の開発・発売から終売までのトータルの生涯予測計算」をするが，実はこの時に，量の計算が，製品の売行き動向に左右されるので，実際と乖離（かいり）する場合が多く予測は難しい．量の予測値を大きくして計算すれば採算は良くなってしまう．
　投資の評価方法としては，原価の節約額（投資利益）と投資額の比率を見る投資利益率法ROI（return on investment），投資回収期間法＊PP（payout period），現設備による総コストと新設備による総コストの差を求める年間コスト比較法などいくつかの方法がある．

＊ 投資回収期間：設備投資を何年分の現金収入（償却額＋純利益）で回収できるかを算出し指標とする．この回収に要する年数が設備の耐用年数より小さければ実行する．

3.3.9 限界利益，損益分岐点

「売上高－変動費」を限界利益（付加価値）と呼ぶが，固定費が一定の割合を占めるので，これをカバーして，ある売上高を超えないと利益が出ない．利益ゼロ時点の費用を「損益分岐点売上高」とよぶ．この関係を図3.5に示す．

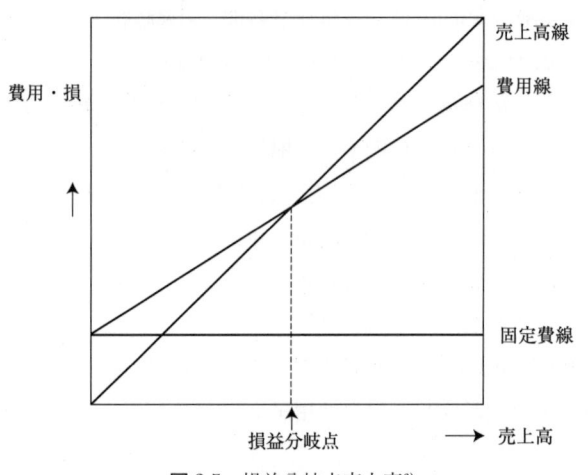

図 3.5 損益分岐点売上高[6]

$$損益分岐点売上高 = \frac{固定費}{1 - 変動費/売上高}$$

ちなみに，売上高1 000万円，変動費600万円，固定費300万円であれば

$$損益分岐点売上高 = \frac{300}{1 - 600/1\,000} = 750 \text{万円}$$

この関係をグラフにする方法
① グラフ用紙に，縦横1 000万円の正方形を描く．
② 0点から右上に対角線を引く．これが売上高線である．
③ 縦軸の300万円の目盛りの所で横線を引く．これが固定費線である．
④ 左縦軸の300万円の所と右縦軸の900万円（600＋300）を結ぶ．これが費用線である．
⑤ 費用線と先に引いた対角線の交点の横軸の価が損益分岐点売上高を示す．

固定費と変動費の割合の違いが損益分岐点にどのように影響するか，図3.6に示す．

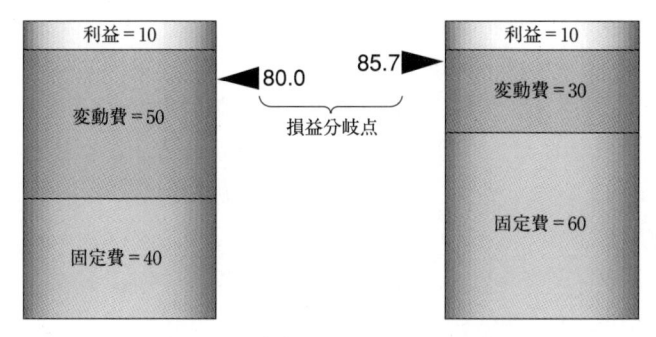

図3.6 固定費の損益分岐点への影響

同じ利益率10％を上げていても，左の企業は売上高を80％まで減少しても利益が出るが，右の企業は，売上高が85.7％に減少すると利益が出ない．

固定費を下げるためには，固定費の変動費化も行われる．例えば作業を自社正社員からパート社員，派遣社員化する，あるいは委託生産化することで，人件費あるいは設備費が変動費として扱える．

3.4　スケジュール管理手法

プロジェクトを実施するにあたり，その成果は，必要な時期に間に合っていることが必須である．そこで複雑なプロジェクトを期限どおり完成させるために，スケジュールの管理手法が重要である．

3.4.1　PERT (Program Evaluation and Review Technique) 法[7)8)]

ブーズ・アレン・ハミルトン社（米国コンサルタント会社）のC.E.クラークらが考案したもので，1958年9月ポラリス第1回発射に適用され，以後広い分野で活用された管理技術である．

PERT法の活用により，どの段階が難しく，どれくらいの時間を要するかが明らかになり，どの課題にどのような人材を重点的に配置すべきか，どの部分を平行して行うのが効率的か，ブレークスルーポイントはどの部分か，

などが浮き彫りになる．

実際の手順は次のとおりである．
① 必要な項目（job）を洗い出す．
② 項目ごとの所要期間を見積もり，アクティビティ（activity）として矢印で表現する．矢印の先端は終了，反対側は開始される時点を表す．
③ アクティビティの開始および終了点を決める．この点をイベント（event）という．イベントは丸に番号を入れて表す．
④ アクティビティとイベントを用いてネットワーク（network）またはアローダイヤグラム（arrow-diagram）を作り，プロジェクトの内容の相互関係，順序関係を明確にする．

最初のイベントから最後のイベントまでの所要時間が一番長い経路をクリティカルパス（critical pass）といい，余裕時間（フロート）がゼロになっている．

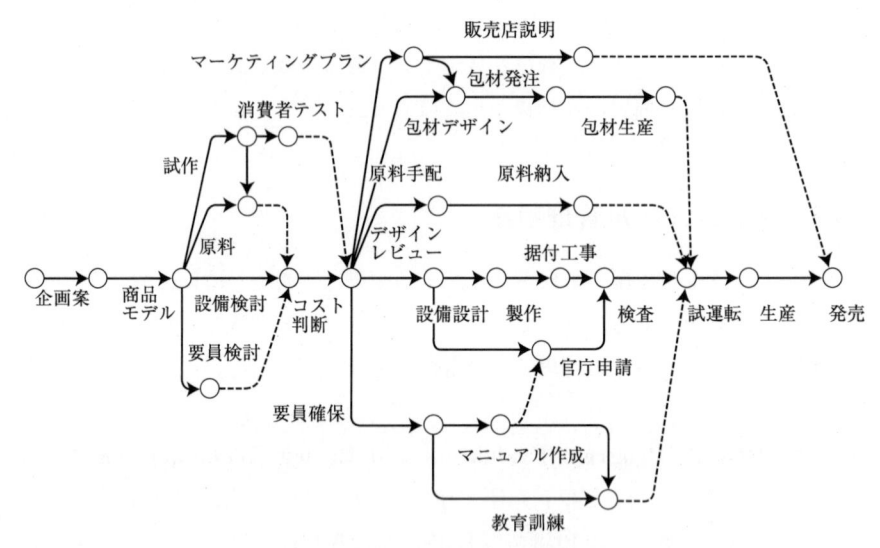

図 3.7 新製品発売計画の PERT 図

3.4.2 CPM (Critical Pass Method) 法

PERT とは別に，Kelley と M. R. Walker を中心とする研究グループにより 1957 年に開発された．

時間とコストの問題を取り扱い，線形計画法によってプロジェクトを一定期間内に完成させ，かつ当該計画が原価の最小値によって保証されるような最適解（最適スケジュール）を求める．

3.5 単　　　位

計算において単位は重要である．単位は国際単位系の SI (Systéme International d'Unités) 単位が使用される．SI 単位は基本単位 7 つと 2 つの補助単位がもとになり，さらにこれらを組み合わせた組立単位からなる．

3.5.1 SI 単位

表 3.4 に SI 単位を示す．

表 3.4 SI 単位

	物 理 量	記号	名　　称	定義・備考
基本単位	長　さ	m	メートル	
	質　量	kg	キログラム	k：小文字に注意
	時　間	s	秒	
	電　流	A	アンペア	
	熱力学温度	K	ケルビン	273 K＝摂氏 0 ℃
	光　度	cd	カンデラ	
	物質量	mol	モル	
補助単位	平面角	rad	ラジアン	
	立体角	sr	ステラジアン	
組立単位(例)	力	N	ニュートン	$kg\,m\,s^{-2}$
	圧　力	Pa	パスカル	$kg\,m^{-1}\,s^{-2}$
	仕事・エネルギー	J	ジュール	$kg\,m^2\,s^{-2}$
	仕事率・工率	W	ワット	$kg\,m^2\,s^{-3}$
	電気量	C	クーロン	$A\,s$
	電　圧	V	ボルト	$kg\,m^2\,s^{-3}\,A^{-1}$
	電気抵抗	Ω	オーム	$kg\,m^2\,s^{-3}\,A^{-2}$

過去に使われてきた幾つかの単位は現在の計量法では認められなくなった．現在の単位への換算例を示す[9]．

重力：1重量キログラム＝1 kgf＝(1 kg)・(9.807 m s^{-2})＝9.807 N
圧力：気圧 1 atm＝760×10^{-3}×13.6×10^3×9.807
　　　　　　＝1.013×10^5 Pa(＝kg m^{-1} s^{-2}＝J m^{-3})＝0.1013 MPa

mmHg および Torr (＝133.33 Pa) は 1999 年限りで以後は使用されない．
カロリー：食品を除き 1999 年限りで以降は使用されない

　　　　　1 cal＝4.2 J, 1 J＝2.389×10^{-1} cal．

　　　　　エネルギー 1 J ＝質量 1 kg の物体に，1 m s^{-2}の加速度を生じる力［1 N (ニュートン)］が作用して物体を 1 m 移動させる仕事量（エネルギー）．

ミクロン(μ)はマイクロメートル(μm)，リットル（ℓ）は使われることもあるが，デシ立方メートル（dm^3＝0.001 m^3）が正しい．

単位の大小に応じてギリシャ文字などを使い，べき乗を表す接頭語が使われる（表 3.5）．

表 3.5　べき乗を表す主な接頭語

10	1乗 (10)	deca	da		−1乗 (10^{-1})	deci	d	
10	2乗 (10^2)	hecto	h		−2乗 (10^{-2})	centi	c	
10	3乗 (10^3)	kilo	k (小文字)	−3乗 (10^{-3})	milli	m	
10	6乗 (10^6)	mega	M	大量	−6乗 (10^{-6})	micro	μ	微小
10	9乗 (10^9)	giga	G	巨人	−9乗 (10^{-9})	nano	n	小人
10	12乗 (10^{12})	tera	T	怪物	−12乗 (10^{-12})	pico	p	極小

参考文献

1) 日本経営工学会編：経営工学ハンドブック，p.231, 233, 丸善 (1994)
2) 熊谷智徳：生産経営論，改訂版，p.78, 放送大学教育振興会 (1997)
3) 同上書，p.77.
4) 小林　猛：バイオプロセスの魅力，p.9, 培風館 (1996)
5) 熊谷智徳：前掲書，p.21.
6) 小林靖和：絵でわかるバランスシート，p.182, 日本実業出版社 (1989)
7) 日本経営工学会編：前掲書，p.971.
8) 加藤昭吉：計画の科学，p.37, 講談社ブルーバックス (1985)
9) 高田誠二：単位のしくみ，p.211, ナツメ社 (1999)

II. 食品加工技術

1. 調理加工

1.1 食品工業における加工の特色

　食品の原料は，主に生物素材であり，農産物，畜産物，水産物は産地などによる個体差が大きい．また農産物，水産物は収穫の季節性もある．

　化学的には多様な多成分であり，物理的には多様な多相分散系であり，さらに収穫後も生化学的な分解過程にあり変化し続ける．したがって**取り扱う物の成分や物性値は，原料ごとに一定でないばかりか，時間経過とともに変化する**．このような原料を，可食化し，あるいは可食成分を取り出し，さらにおいしく，栄養価を高めるために，加工技術が必要になる．

　加工においては，1つの操作を加えるとそれによって，**多種多様な併発変化を生起させる**．しかしその各操作の良否は，最終製品での，品質を主とした官能的な尺度で判定されることが多い．現代の科学的な取り組み方法では苦手の分野であるといえる．

　食品加工は**人間が口にするものを対象物とするので，製造プロセスは衛生・安全性には特別に留意**せねばならない．

　全体的にいわゆる化学反応を使う加工操作は，生化学的反応を利用するバイオプロセスを除くと少ない．バイオプロセスは反応速度が一般的に遅いので回分（バッチ）操作が主体であり，しかも製品は多品種少量生産の宿命を背負うため，1つの装置が多目的に使われることも多い．

1.2 流体について

　加工操作では大量の流体を輸送あるいは混合するなどの取扱い操作が多い．そこでこれらを取り扱う基本になる操作について述べる．

1.2.1 粘　　性

　食品工場においては，流体を扱う作業は不可欠で，その流体の性質を知ることが必要である．その中で流体の粘っこさ，流動のしにくさを表す「粘性」は輸送，混合などの操作で重要な働きをする．

　粘性の単位は粘度で表し，1 Pa s $[\mathrm{N\,s\,m^{-2}=kg\,s^{-1}\,m^{-1}}]$（SI 単位）＝10 P（慣用単位，poise：ポイズ）である．

　各種流体の粘度を図 1.1 に示す．温度の影響が大きいことが分かる．

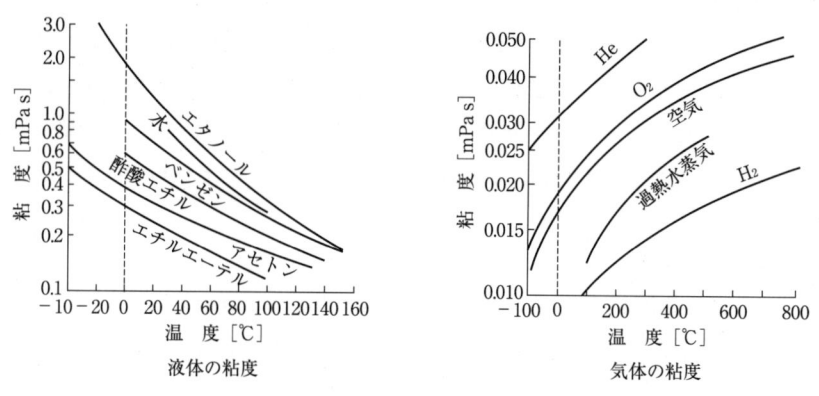

図 1.1　流体の粘度[1]

　流体は，作用する力に対応してある速度で流動するが，その作用する力と変形速度が比例する流体（具体的には水，酒など）をニュートン流体，そうでない流体（食用油，コロイド溶液など）を非ニュートン流体という．

　今，図 1.2 のように，面積 A（m²）の 2 枚の板の間に，厚さ x（m）の流

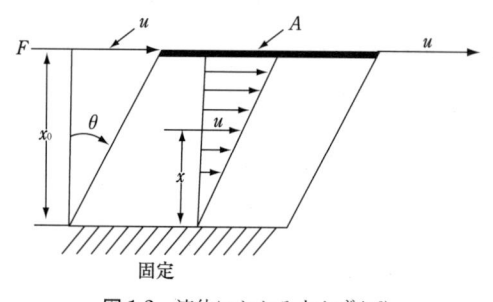

図 1.2　流体にかかる力とずれ[2]

体，例えば水などを挟み，力 F（N：ニュートン）を上方の板に加えると，一定の速度 u（m/s）で平行移動し，ずり速度 $\gamma (=u/x)$（s^{-1}）を生ずる．

ニュートン流体では，単位面積当たりのせん断応力 τ は，μ を粘度［Pa s］とすると次のように表わせる．

$$\tau(F/A\ [\text{N/m}^2])=\mu\gamma\ [\text{s}^{-1}]$$

食品は，非ニュートン流体も多く，多成分・不均質・多様性であるなど，物性値を体系的に把握することが難しい．この場合その物性の解析は，経験的で一般性に欠け，ケースバイケースで取り扱うことが多い．

多くの食品など非ニュートン流体をはじめとして，弾性論，塑性論，流体力学などで取り扱うには複雑すぎる物質や，それらの現象を対象とする，物質の流動と変形を取り扱う分野をレオロジー（rheology）という．物質の複雑な力学的挙動を分子論的，構造論的に解明すること，それらの成果を工業に応用することを目的とする．

1.2.2 流れの解析とレイノルズ数（Reynolds' number）

流れの状態を知る目安として，レイノルズ数（$Re=du\rho/\mu$）が使われる．d は管径 m，u は流速 m/s，ρ は密度 kg/m^3，μ は粘度 kg/m s＝（Pa s）である．

管内を流れる流体は，この値が同じであれば，管内の流動の状態は同じ状態とみなせるので，スケールアップの際に有効である．この値が 2 100 以下では，流れが層流となり，値が大きいほど管内の流れの乱れが大きく，4 000 を超えると乱流になる．つまりこの値が分かれば，実際の状態を見なくても，流れの状態を推定できる．

日常身近にある，川の流れや人の流れを見て，どのようなときに流れが乱れるのか考えてみると，流速や流路の幅の影響が理解しやすい．

【演習】

① 20℃の水が，平均流速毎秒 2 m で，径 25 mm の管を流れる時の Re の計算

$Re=du\rho/\mu=(25\times10^{-3})\times2\times(998)/(1\times10^{-3})=49\,900$

② 20℃の水が，毎時 1 m^3，径 25 mm の管を流れる時の Re の計算

1. 調理加工

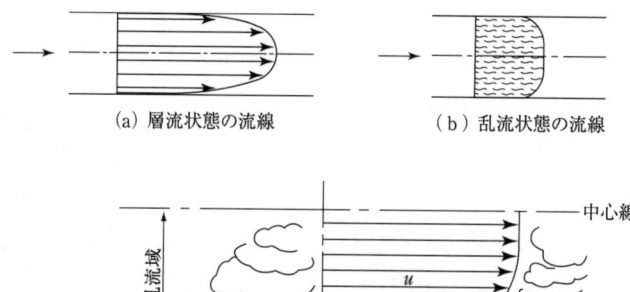

(a) 層流状態の流線　　(b) 乱流状態の流線

図 1.3　流れの状態[3]

$$Re = (25 \times 10^{-3}) \times [1/\{(60 \times 60) \times (3.14/4) \times (25 \times 10^{-3})^2\}]$$
$$\times (998)/(1 \times 10^{-3}) = 14\,125 \qquad \text{ここで円周率：3.14}$$

レイノルズ数の単位について調べてみると

$$Re = d\,(\mathrm{m}) \times u\,(\mathrm{m/s}) \times \rho\,(\mathrm{kg/m^3})/\mu\,(\mathrm{kg/m\,s})$$
$$= du\rho/\mu\,(\mathrm{m}) \times (\mathrm{m/s}) \times (\mathrm{kg/m^3})/(\mathrm{kg/m\,s}) = du\rho/\mu$$

となり単位を持たないことが分かる．このように単位を持たない数を「無次元数」という．

タンク径を D，高さを H としたとき，無次元数（H/D）を同じにすれば，相似形のタンクになる．流れの中で物体表面を通して熱の出入りする割合に関するヌセルト数（Nusselt number）など，他にも種々の無次元数が使われる（ヌセルト数 $Nu = hd/k$．h：境膜伝熱係数，k：熱伝導度，d：径）．

1.2.3　エネルギー損失

配管を流れる流体は，粘性のために壁面との摩擦および流体内の内部摩擦によってエネルギーを失う．断面が一様な直管内における摩擦によるエネルギー損失を F [J/kg] とすると[4]

$$F = 4f \cdot (u^2/2) \cdot (L/d) \quad [\mathrm{J/kg}]$$

圧力損出　$\Delta P = F \cdot \rho$

ここで

 f：管摩擦係数……レイノルズ数と相関がある．
 L：管の長さ（m）
 ρ：密度（kg m^{-3}）

管摩擦係数 f は，平均流速 u（m）により求まる Re が分かると，図1.4のグラフから求められるので，これを使って管による摩擦エネルギー損失 F [J/kg] を求める．その他のエネルギー損失と合わせ圧力損失を求め，ポンプに必要な動力が得られる．

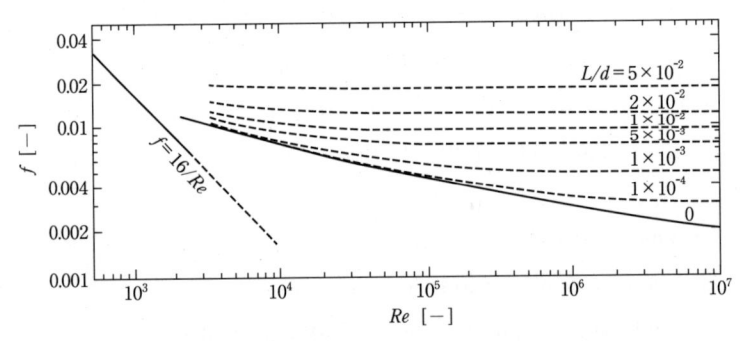

図1.4 円管流れの摩擦係数 f とレイノルズ数 Re の関係[5]

1.3 粉粒体

1.3.1 粉粒体とは

食品には，小麦粉，粉乳，インスタントコーヒーなど粉粒体の形状をなす製品が多い．粉体と粒体の区別は，ある粒子径（通常は 30～50 μm 辺り）を境に，大きい方を粒体，小さい方を粉体と分ける．常識的にはさらさら流れやすく取り扱いやすいのが粒体，べたべたしたりふわふわしたり，とにかく取り扱いにくいのが粉体，というような感覚で区別している[6]といってよい．粉体粒子が付着力のような相互作用力をもっていて，粒子が小さくなると，その力の影響が次第に支配的になる．この力の支配力の境目粒子径を，粉体と粒体の境目と考えることができる．重力は粒子径の3乗に比例するが，付

着力は大体粒子径の1乗に比例すると考えられている．

粉粒体の特性として

① 固体が細分化され，かつその各部分が相互に拘束されない
② 形状，粒子径など均一でなく大きさに分布がある，つまり確率統計的な特性をもつ
③ 重量当たりの表面積が大きいため，粉体を構成する物質の中身よりも，気体や液体と接している界面の状態が，粉体全体の様態を決める．
④ 粒子の持つ形状や堅さなどその物質の特性は，その粉体の作用に影響がある

などがあげられる．

1.3.2 造　　粒

造粒はインスタントコーヒー・スープ，粉乳など多くの製品に応用される．造粒は下記のような目的で行われる．

① 粒子が細かすぎると粉立ちするなど取り扱いにくいので性状を改善する．
② 粒子の形状を変えて溶解性をよくするなど，使用しやすい物性にする．
③ 見栄えを良くする．

造粒には湿式，押出し，解砕などの方法がある．図1.5に湿式の例を示す．結合剤には水が多く使われる．

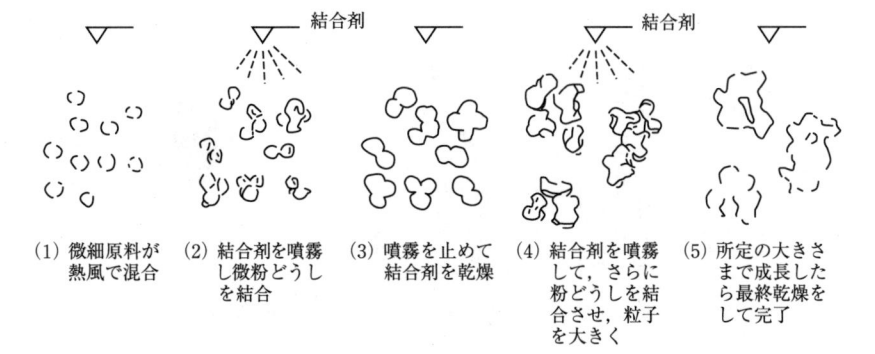

(1) 微細原料が熱風で混合　(2) 結合剤を噴霧し微粉どうしを結合　(3) 噴霧を止めて結合剤を乾燥　(4) 結合剤を噴霧して，さらに粉どうしを結合させ，粒子を大きく　(5) 所定の大きさまで成長したら最終乾燥をして完了

図1.5　湿式造粒法[7]

1.3.3 粉体用機器
(1) 輸　　送

コンベアーで送る，建物を高層にして上から順次重力で落下させる，送風機で風送しサイクロンなどで捕集する，ロータリーフィーダー，モーノポンプなどで送り込むなど，粉体の性質，送るニーズに合わせ種々の方法をとる．

粉体の力学的特性として，圧縮性が大きい，付着力がある，通気抵抗が大きいなどがあげられる．これらの特徴をよく把握して輸送法の選定をしなければならない．

(2) ロール粉砕機

物を砕く目的は，大きさを小さくする，表面積を大きくする，含まれる成分や物質を取り出しやすくする，混合効果をよくするなどがあげられる．

食品工業では数個のロールを組み合わせたロール粉砕機が多く使われてきた．原料はフィードロールで少量ずつ粉砕ロールに供給され，逆方向に違う速度で回転するロールに，引きちぎられるように潰される．

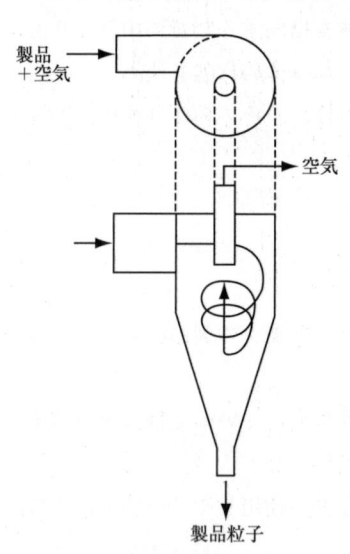

図1.6　接線流入式サイクロン

原料に応じて，ロール表面に細かい溝のあるもの，滑面のものなど，表面の構造を変える．ロールの間隔は調整可能である．

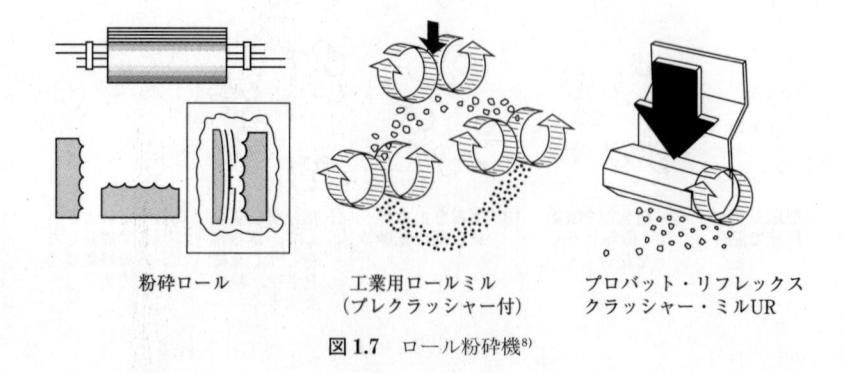

粉砕ロール　　工業用ロールミル　　プロバット・リフレックス
　　　　　　　（プレクラッシャー付）　クラッシャー・ミルUR

図1.7　ロール粉砕機[8]

(3) シフター

原料は，大きく振動しているシフターの上部から入り，篩目（ふるいめ）の大きなものから小さなものへと流れ，篩の上に大きなものが残る．

(4) サイロ，ホッパー

サイロは底部に排出口を持つ垂直型の貯槽で，通常貯槽の幅または直径と高さが1：1.5以上のものを指す．大量の粉粒体を貯蔵するための垂直型ばら積み貯槽の総称として用いられる場合が多い．

ホッパーは，逆円錐形や逆多角錐形の傾斜面を持ち，容器下端部に1つの排出口を持つ貯槽であるが，サイロの貯槽底部の傾斜した槽壁部分をホッパーと呼ぶ場合も多い．アーチング現象はじめ種々の原因で閉塞現象が起きるので，これに対して対策がいる．底部がたたかれた跡で凸凹しているホッパーは，内部で閉塞現象が起きている証拠である．

1.3.4 粉体特有のトラブル

(1) 閉塞現象

ホッパーの出口，コンベアーやセパレーターの出入口で詰まる現象である．一番大きい応力がかかる所に，応力を伝達する方向に粒子がアーチのような一種の構造体をつくり，上方の粉体層を支えてしまうことにより流出が止まってしまうために起こる[9]．

(2) 粉塵爆発

微粉は着火爆発を起こしやすい．特に炭坑では大きな粉塵爆発で廃坑になった例もある．食品ではまず爆発には至らないが，条件を整えればインスタントコーヒーでも爆発させることはできる．

爆発が起こるために必要な条件としては

① 着火に必要な限界粉塵濃度があり，その限界外では爆発が起こらない
② 酸素濃度がある値（10％前後）以下では絶対に爆発が起こらない（不活性ガスを混ぜることにより爆発の予防ができる）
③ 粉体に特有な着火温度（粒子径に依存）がある
④ 最小着火エネルギー（粒子径の3乗に比例）を超える

などである．

(3) 飛　　散

漏れて飛散した粉体粒子は，衛生上も機械的にも悪さの原因になるので，食品工場では飛散漏れの防止対策が大事である．まず漏れないようにすることであるが，わずかでも漏れる場合，その漏れる所で吸引してしまうのがよい．

1.4　調理加工機器

調理加工には使用原材料の幅の広さ，製品の多様性などから，それぞれの製品には，特有の機器が使用されることも多い．その中である程度汎用性のある幾つかの代表的な機器について述べる．

1.4.1　サニタリーパイプ

液体食品の輸送用パイプとして，ステンレス製の，食品との接触面を400番以上の研磨仕上げをした，サニタリーパイプが多く使用される．

サニタリーパイプは，スリーブ部をクランプで締め付け固定して接続するので，これを外せば容易に分解できて，洗浄が行いやすい．

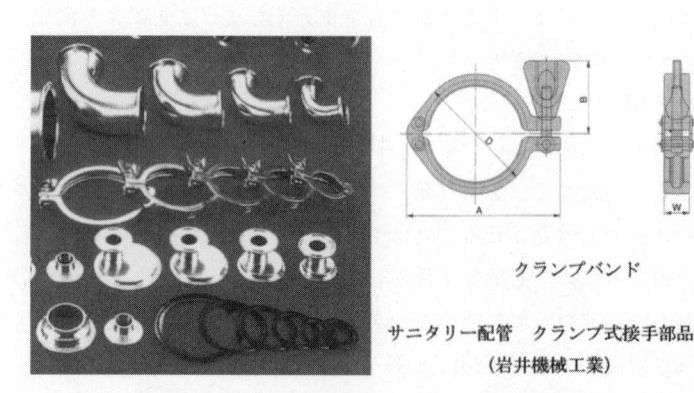

図 1.8　サニタリーパイプ接続部（岩井機械工業）

1.4.2　流体搬送ポンプ

遠心ポンプも使われるが，食品では，粘性の大きな流体を扱うことが多く，

この場合，ロータリーポンプ，ギヤポンプ，スネークポンプといったものが使われる．

分解・洗浄が容易，ポンプが破損して部品が製品に混入しないことなどが大事で，水洗時の防水性に対応して，モーター部が密閉されたキャンドタイプのものも採用される．

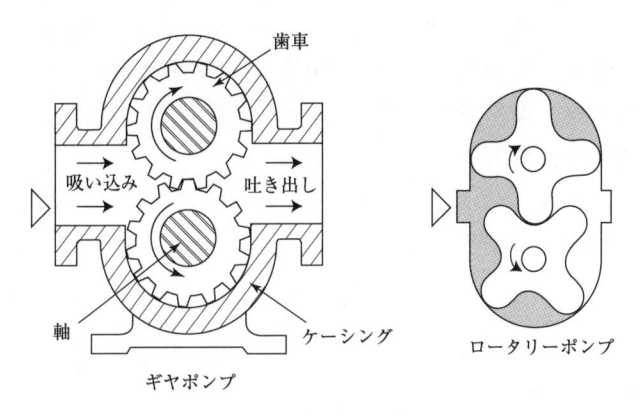

図1.9　各種ポンプ[10]

1.4.3　カッター類

スライサー，カッター，ダイサーなど素材，目的形状などで，機種名称がさまざまある．カッターの命は，刃がよく切れることであり，これの管理には注意がいる．切れない刃をそのまま使用すると，製品の品質に影響する．

サイレントカッター（chopper, bowl chopper）は肉・すり身などを細切

図1.10　サイレントカッター（㈱ヤナギヤ）

りする．

1.4.4 ミキサー

一般に，固体系材料を扱うときには混合と捏ねることが同時に行われてしまう．

小麦粉と水を混捏するとタンパク質の網目構造が発達し始めるが，この網目構造は小麦粉の成分組成，存在する酵素群，混捏操作法のそれぞれの影響を受けつつ生成と破壊の過程にあるといえる．仕上がりの状態を把握して運転条件を決める必要がある．

加熱・冷却を行うときは，釜の外周をジャケットで覆ったものを使い，ジャケットに熱媒体を通す．

① 縦　型

撹拌する物を入れる容器に対して撹拌軸が垂直に取り付けられているもの．撹拌子を変えることでケーキ生地，ホイップクリームの泡立て，パン生地の捏和，液状食品の混合・撹拌など広い範囲の作業をこなす．

② 横　型

フードミキサーには1軸式と2軸式がある．

1軸式のミキサーの内部にはリボン形式の羽根が付いており，練り物など

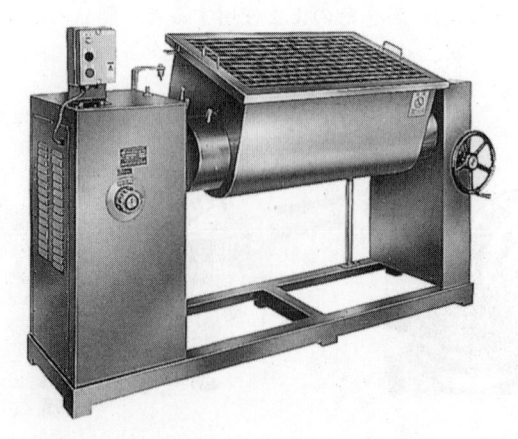

図1.11　横型2軸式フードミキサー（中井機械工業㈱）

に使われる．食品に粘りを与えたいときには適している．

2軸式のミキサーは，タンクの形がW型になっており，そのWのVの底に軸心が通り，VとVで2軸になる．撹拌具は団扇(うちわ)の形をしており，タンクの容量を問わず各軸5個ついている．その撹拌羽根が内回りの回転をすることにより，内の食品が縦，横と動かされ万遍なく撹拌される[12]．

1軸式と違い無理な力を掛けないため練りが少なく混合できる．例えば，野菜を撹拌する場合，1軸式では水が出るが，2軸式では出ない．ハンバーグを作るときに，1軸式では粘りが出るが，2軸式ではさくさくして粘りの少ないものができる．

1.4.5　かき取り式熱交換器（ボテーター，オンレーターなど）

高粘度の液体を，急速に加熱・冷却・結晶化・乳化する場合などに使用される．円筒内で高速に回転するシリンダードラム表面に流体原料を流し込む．冷却する場合，外筒に冷媒を流し，冷却された外筒壁で流体が冷却されるので，これをかき取り羽根でかき取りながら，次々と冷却する．加熱する場合は外筒に加熱用熱媒体を通す．

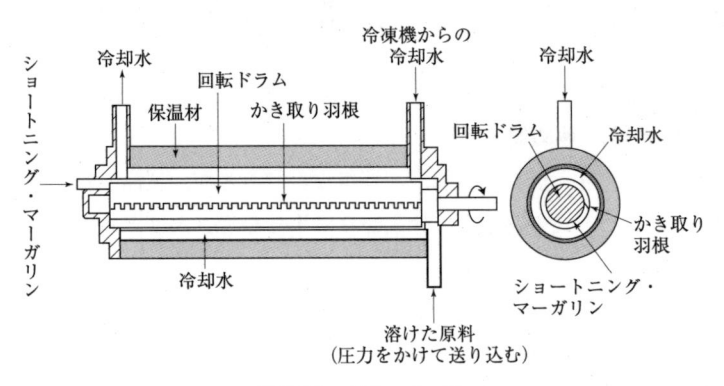

図1.12　ボテーター[12]

1.4.6　乳化機

脂肪，タンパク質，合成高分子などの微細な粒子が液体（分散媒）中に浮遊している状態をコロイド，分散浮遊している粒子（分散質）をコロイド粒

子とよぶ．分散媒と分散質ともに液体のときエマルションとよぶ．

食品工業では，この両者が水と油の組合せであることが多い．バター，マヨネーズ，アイスクリームのような，幾つかの食品成分が微粒子となってコロイド状に混在している食品を，**乳化食品**とよび下記の2タイプに分かれる．

「水中油型」エマルション（O/W型）……マヨネーズ，ドレッシングなど

「油中水型」エマルション（W/O型）……バターなど

乳化には乳化剤（界面活性剤）と種々の機械的エネルギーによる物理的な方法が併用される．

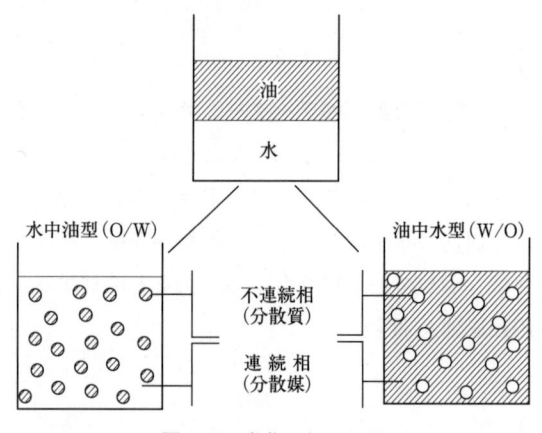

図1.13 乳化のかたち[13]

1.4.7 焼き器，炒め器

加熱方式は，直火伝熱，熱風，赤外線などであるが，製品品質上から焼く目的に対応した方式の選定と，仕上がりに十分な焼き温度と時間の確保が重要である．

機種は，静置，コンベアー，ドラムなどの方式があるが，焦げ付きの防止に注意が必要である．

炒めなどをはじめ，調理加工機器全般にいえることであるが，物理的な解析が機器の開発に十分な程度にはなされていない状況にあり，試行錯誤的に開発がなされている．

1. 調理加工

1.4.8 蒸 し 器

密閉箱の中に棚を設置する回分（バッチ）式と，内部にコンベアーを通す連続式とがある．熱源として器内に吹き込まれる水蒸気の均一な流れの確保と，発生するドレンを速やかに排出処理することが大事である．

1.4.9 成　型　機

押出し，打出し，包餡式（ほうあん）など，製品の形状に合わせた特殊な機器が多いが，製品の種類によって一部の部品の交換で対応できるものもある．

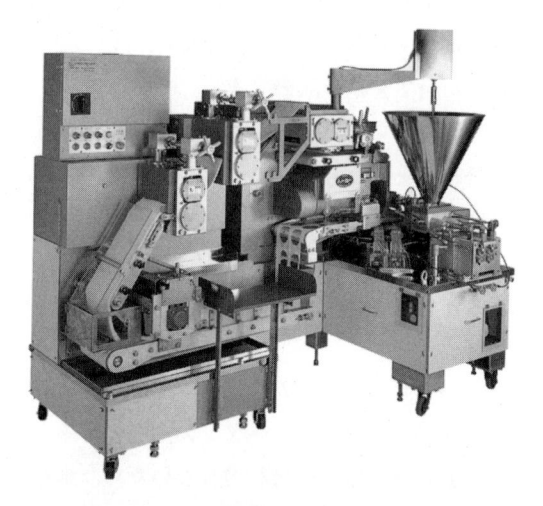

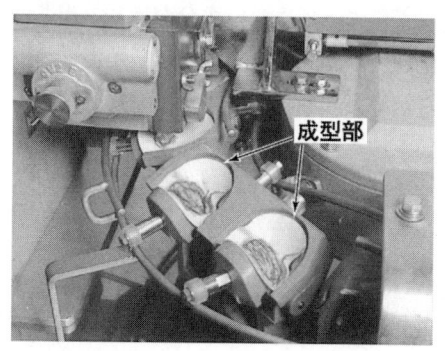

図 1.14 餃子（ギョーザ）成型機（トーセー工業㈱）

1.4.10 フライヤー

　加熱調理方法としてフライが多く行われる．加熱源としては，ガス，電気などが使われるが，どちらかというと電気はマイルド加熱で負荷変動に対する瞬発力に欠け，ガスの方が大きな負荷変動には対応しやすい．使用する油はできるだけ少ない量とし，製品に吸収された分を逐次補給する．

　火傷など作業者の安全や火災防止の配慮が必要である．揚げかすや，油で汚れた作業服などからの自然発火，あるいは油で汚れた排気ダクトへの引火から**火災が発生した事例はいくつもある．**

　以上のことからフライヤーについて下記の点に留意がいる．
① 油の温度は適正に保ち異常に高く上げない．
② 品質上，生じたかすを早く除去する．
③ 揚げかすは自然発火を防止するために冷蔵保管をする．
④ 設置場所が暑く油臭くならないように，排気ダクトを設置するが，排気ダクトは常に清潔に保つ．

　油熱乾燥法によるインスタントラーメンの開発について安藤百福は次のように述べている[14]．

　「長期保存に耐えられるように乾燥させ保存性を持たせることと，熱湯で素早く戻せる簡便性がインスタントラーメンの開発のポイントであった．

　ヒントは天ぷらであった．水と油は相容れないため，麺を高温の油に入れると，水と油の温度差によって冷たい水分がはじき出される．水分が抜けたあとには無数の穴が開いて多孔質を形成する．熱湯を注げばそこからお湯が吸収され，麺が軟らかく復元される．麺を均一に揚げるためには型枠を作りその中に麺をほぐし入れた．麺は完全乾燥の状態になり長期間の保存が可能になった．また油で揚げることで独特の香ばしさが生まれた．」

1.4.11 機器のスケールアップ

　製品が開発段階から生産段階に移る，あるいは生産量が増大するなどで設備能力を増やす必要が生じる．このときには設備容量を大きくする必要がある．すなわち能力のスケールアップである．

この時に考慮すべき点を列挙する．

① 機械的な構造と強度の確保に留意する．ともすれば，容器に物が入れば使えると思いがちであるが，撹拌機のモーターの容量が不足してオーバーロードになる，あるいは総重量がそれを支える床の耐荷重を越えるなどの場合もあり，初期の設計条件に基づいた周辺の機器への配慮が必要である．

② 規模が大きくなっても小さなときの生産条件が保持されるか，すなわち混合の均一性を保つ（内部で濃度，温度の均一性が保たれる），洗浄性能が落ちないなど，本質的なその機器の機能が満たされているかチェックする．

③ 生産能力を機器性能に対して無理に上げない．負荷を本来の性能以上に上げると機械に無理が掛かり，機械の性能が落ちて，結局不良品を作ることにもなる．

参 考 文 献

1) 林　弘道，堀内　孝，和仁皓明：基礎食品工学，p.31, 建帛社（1998）
2) 同上書，p.30.
3) 同上書，p.35.
4) 化学工学教育研究会編：新しい化学工学，p.34, 産業図書（1999）
5) 化学工学会編：基礎化学工学，p.195, 培風館（1999）
6) 神保元二：粉体の科学，p.18, 講談社（1985）
7) 土井　修：講演会「食品の多品種少量生産」資料，p.25, 化学工学協会東海支部（1988）
8) 鴨居郁三監修：食品工業技術概説，p.111, 恒星社厚生閣（1997）
9) 神保元二：前掲書，p.153.
10) 林　弘道，堀内　孝，和仁皓明：前掲書，p.50.
11) 熊谷義光編：冷凍食品製造ハンドブック，p.459, 光琳（1994）
12) 林　弘道，堀内　孝，和仁皓明：前掲書，p.63.
13) 同上書，p.203.
14) 安藤百福：私の履歴書，日本経済新聞，9月14日（2001）

2. 反応操作とバイオリアクター

2.1 反応について

2.1.1 化学反応と反応の場

　物を生産する時に，その付加価値を上げるのは，加工工程である．その加工工程の中でも，反応により新しい物質を作り出す工程は，重要な工程といえる．反応とは，分子の移動と熱などのエネルギーの移動に影響を受けながら，ある物質が他の物質に変化して行く状態を言い，物理現象と化学反応が同時に進行する場で起こる．

　本節では，温度と反応の関係，反応そのものが起こる条件，触媒・酵素の仲立ちにより反応が早く進むようにする方法，実際にそれら条件を満たす場としての反応装置について述べる．

　反応の検討対象は，単なる人工的な化学反応装置から，今やその取り扱う範囲が，人体，地球環境などかつてないほど，自然的な広い分野へと広がりつつあるが，例えば人体を化学反応装置と考えると

　　　肺　：O_2とCO_2とを交換する（ガス吸収）
　　　肝臓：有機物を分解する
　　　腎臓：血液から不要物を分離する
　　　心臓：血液を送るポンプ

に相当する．

　さらに，エネルギーを太陽光からとり，光合成により水と炭酸ガスから炭水化物を生成する地球も，巨大な反応装置といえる[1]．

2.1.2 活性化エネルギー

　ある化学反応が進行するためには，まず反応原料のエネルギーが，生成物

のエネルギーよりも高いことが必要である．そして次に，反応原料から，そのエネルギーよりもさらに高いエネルギー状態に活性化された，活性中間体が形成される必要がある．

　反応が進行するには，この高いエネルギー障壁（活性化エネルギー）を越えねばならない．このエネルギー障壁の値が大きいほど反応は起こりにくいので，この障壁がより小さい活性中間体を経由する反応経路に反応を導くような役割をする触媒を選択する．

$$A + B \xrightarrow{触媒} (AB)^a \longrightarrow C$$

$(AB)^a$：高い活性化エネルギーの中間体．

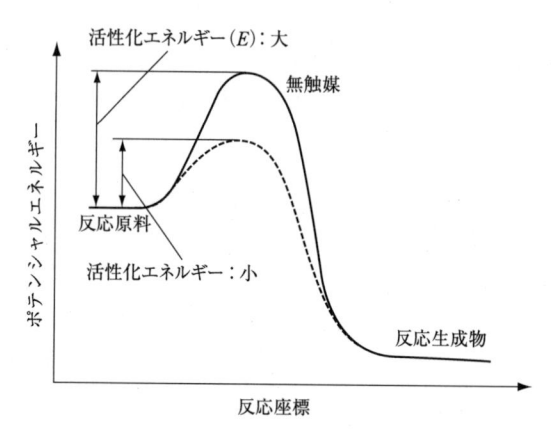

図 2.1　触媒によるエネルギー障壁の減少[2]

2.1.3　触　　媒

　通常ではほとんど進行しない化学反応が，微量の触媒の仲立ちで，反応が促進される．触媒反応には，塩酸，硫酸などの均一な水溶液中での水素イオンの触媒作用による均一触媒反応と，鉄，ニッケル，白金，銅などの遷移金属，あるいは金属の酸化物など固体触媒と気体，あるいは液体との接触による不均一触媒反応がある．

　固体触媒の性状は，大きさ数 mm 程度の球形あるいは円柱状の多孔質に成型した粒子で，図 2.2 に示すように，その内部には数十〜数百 Å（オング

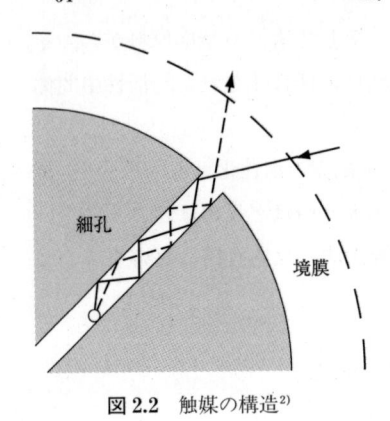

ストローム）の多数の屈曲した細孔が存在し，その表面積の合計は触媒1g当たり数百m²にも及ぶ．その細孔の内部表面には活性点とよばれる場所があり，そこに反応分子が吸着し活性化され反応が進行する[2]．

触媒自らは反応の前後で化学的な恒久変化はしないが，形状など物理的な劣化はするので，劣化して性能が低下した触媒は，再生または交換して運転を続ける．

図2.2 触媒の構造[2]

2.1.4 反応速度式（アレニウスの式）

分子は，空間を他の分子と衝突しながら飛び回っている．分子運動の平均速度 v は，温度 T と分子の質量 m で決まり，(T/m) の平方根に比例する．温度300 Kの窒素の場合，分子の質量は $(28\times10^{-3})/(6\times10^{23})$ kgで，$v=405$ m/s となる[3]．温度が高いほど分子が激しく運動し，衝突も激しくなり，反応も進む．その影響度がアレニウスの式で表される．

物が腐るのは，微生物が関与した化学反応であり，温度が上がれば反応速度が速くなる．逆に食品など冷蔵庫に保管するのは反応速度を遅くするためである．

反応式

$$A+B \xrightarrow{触媒} C$$

において，成分Cに着目した反応速度 r_C，1秒間に生成したCの物質量 (mol/m³·s) は，温度，反応成分の濃度 C_j ($j=$A, B, ……)，触媒濃度などにも関係する．

原料Aの減少速度 r_A については，$-r_A = kC_A^m C_B^n$（原料Aは反応の進行とともに減少するから，r_A は負の値をとる）．

ここで k は反応速度定数とよばれ，スウェーデンのアレニウス（Arrhenius）によって提案されたアレニウスの式で与えられる．

$$k = k_0 e^{(-E/RT)}$$

E：活性化エネルギー（J/mol），反応の種類により異なり，この大きさにより反応速度の温度依存性が決まる．

k_0：頻度因子

T：絶対温度 K（0 K＝-273℃）

R：気体定数：8.314 J/mol・K

$\ln k$ を $1/T$ に対してプロット（Arrhenius プロット）すると右下がりの直線が得られ，その勾配 $-E/R$ から活性化エネルギー E が求まる．

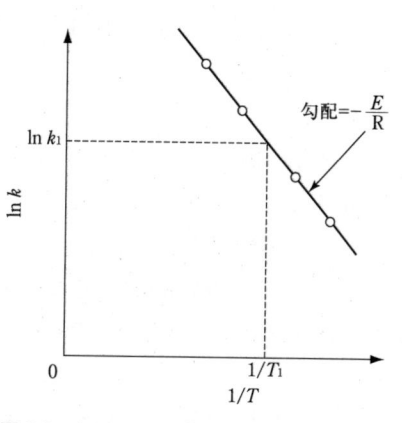

図 2.3 Arrhenius プロット：活性化エネルギー決定法[4]

【演習】

$E = 7 \times 10^4$ J/mol のとき，$T = 373$ K と $T = 383$ K では反応速度はどのように異なるか．

$$K_{383} = k_0 e - 7 \times 10^4 / (R \times 383) = k_0 e - 7 \times 10^4 / (8.314 \times 383)$$
$$= k_0 e - 21.98 = 0.28 \times 10^{-10} k_0$$
$$K_{373} = k_0 e - 7 \times 10^4 / (R \times 373) = k_0 e - 7 \times 10^4 / (8.314 \times 373)$$
$$= k_0 e - 22.57 = 0.15 \times 10^{-10} k_0$$
$$K_{383}/K_{373} = 0.28 \times 10^{-10} k_0 / 0.15 \times 10^{-10} k_0 = 1.86$$

温度が 10 K 上がると反応速度定数は 1.86 倍になる．

〈参考〉 対数について

① 指数関数

$x = a^y$ において $y = \log_a x$ とおくと，y を a を底とする x の対数という．a を 10 としたとき $y = \log_{10} x$ を常用対数，a を e としたとき $x = \ln y$ を自然対数という．$y = 0$ のとき $x = a^0 = 1$．

ここで e（Euler の頭文字をとった自然数）[5]は

$$e = \lim_{x \to 0}(1+x)^{(1/x)} = 1 + 1/1! + 1/2! + 1/3! + \cdots\cdots + 1/n! \fallingdotseq 2.71828$$
$$(n! = 1 \times 2 \times 3 \times 4 \times \cdots\cdots \times n)$$

なお，$\ln e(=\log_e e)=1$, $\ln 1(=\log_e 1)=0$, $\ln 10(=\log_e 10)\fallingdotseq 2.3026$, $\log_{10} e \fallingdotseq 0.4343$.

② 微　　分

微分 dy/dx は平たくいえば「傾斜，勾配」を表す．

$y=\log_e x$ の微分（$=1/x$）を求める方法

$$dy/dx=d(\log_e x)/dx=\lim_{\Delta x\to 0}\{\log_e(x+\Delta x)-\log_e x\}/\Delta x$$
$$=\lim_{\Delta x\to 0}\log_e\{(x+\Delta x)/x\}/\Delta x=\lim_{\Delta x\to 0}\{\log_e(1+\Delta x/x)\}/\Delta x\cdots\cdots(1)$$

$\Delta x/x=h$ と置くと $\Delta x=xh$ であるから，$\Delta x\to 0$ のとき $h\to 0$

(1)式は

$$\lim_{\Delta x\to 0}\{\log_e(1+h)\}/(xh)=\lim_{h\to 0}(1/xh)\log_e(1+h)\}$$
$$=1/x\lim_{h\to 0}(1/h)\{\log_e(1+h)\}=(1/x)\lim_{h\to 0}\log_e(1+h)^{(1/h)}$$
$$=(1/x)\log_e e=1/x$$

③ 積　　分

$F(x)$ の微分 $F(x)'=f(x)$ であるとき $F(x)$ を $f(x)$ の「原始関数」あるいは「不定積分」といい，$F(x)=\int f(x)dx+C$ と表す（C は定数）．積分は，平たくいえば「面積，体積」を表す．

$y=1/x$ の積分は微分の逆であり，$d(\log_e x)/dx=1/x$ においては $F(x)=\log_e x$，$f(x)=1/x$ であり，$\int(1/x)dx=\log_e x+C$ となる．

2.2 反　応　器

反応の種類が様々であり，それに応じて，反応器には幾つかの分類法がある．

2.2.1 操作法による分類

(1) 連続槽反応器

装置の一方から連続的に反応液を流し，他方から取り出す反応器である．反応の開始時，停止時を除けば比較的手数がかからずに均一な品質の生成物が得られる．反応時間が比較的短い場合は，設備もコンパクトになるので，大量生産向きである．

複数の撹拌槽を直列に連結した場合は多段連続槽型反応器と呼ぶ．

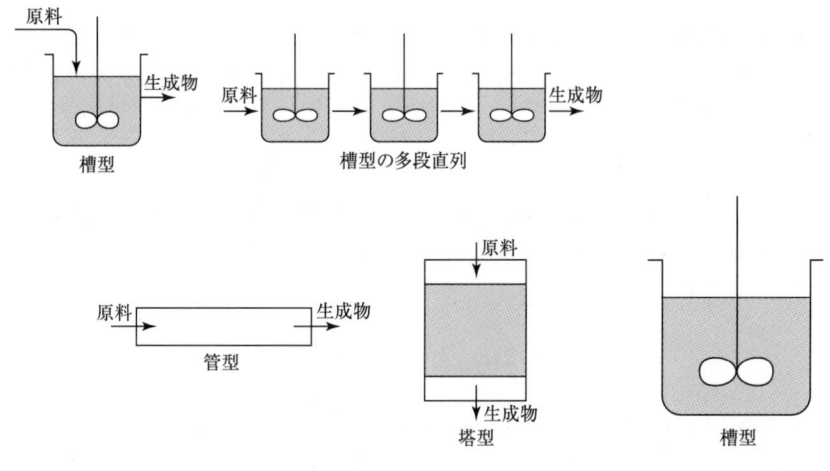

図 2.4　連続反応器[6]

図 2.5　回分反応器[6]

(2) 回分反応器

最初に仕込んだら反応終了時まで反応液を取り出さないような操作法を回分式（バッチ式）と言い，回分操作されている槽型反応器を回分反応器とよぶ．反応時間が長い，あるいは品種切替えが多い場合などに使用され，多品種切替え生産向きである．装置に1回の生産に必要な原料や触媒などを入れ反応を進行させ，適当な時間後に反応を停止し，反応混合物を取り出す．

原料Bの一定量を撹拌槽に仕込んでおき，そこに他の反応原料Aを連続的に供給する場合を半回分反応器という．

反応器内の液は撹拌機によって撹拌され，液の濃度・温度は槽内どこでも均一になっている**完全混合状態**であることが望ましい．逆に言えば，これをどのように実現するかが工学的なポイントである．

撹拌機のモーターの撹拌所要動力[7] P [kgf・m/s] は次のように表せる．

$$P = Np \cdot \rho \cdot n^3 \cdot D^5 / g_c$$

Np：動力数（レイノルズ数，撹拌機の形式寸法などによる実験値），ρ：液体の密度 [kg/m³]，n：撹拌速度 [rps]，D：撹拌羽根の直径 [m]，g_c：重力換算係数 [kg m/(kg s²)] である．

式は動力に影響のある因子が何で，その影響度がどの程度であるかを表しており，その持つ意味をよく理解することで応用ができるようになる．

回分反応器内の濃度変化の計算

有効体積 V の反応器で液の出入りがなければ，反応による成分 A の蓄積速度は

$$d(C_A V)/dt = V(dC_A/dt) = V \cdot r_A$$

ここで r_A を反応速度とすると，反応速度 $r_A = dC_A/dt$，これを書き換えて $dt = dC_A/r_A$

$t=0$ の時 $C_A = C_{A0}$ とすると

$$t = \int_{C_{A0}}^{C_A} dC_A/r_A = \int_{C_A}^{C_{A0}} dC_A/-r_A$$

反応速度が原料濃度に比例する一次反応の場合，原料 A の減少速度は $-r_A = kC_A$ で

$$t = \int_{C_A}^{C_{A0}} dC_A/kC_A$$

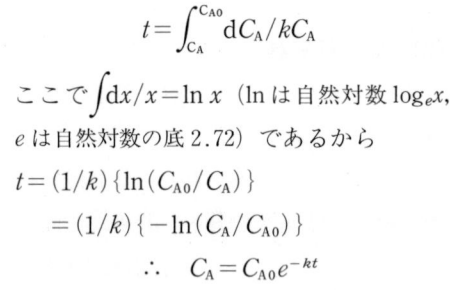

ここで $\int dx/x = \ln x$（$\ln$ は自然対数 $\log_e x$，e は自然対数の底 2.72）であるから

$t = (1/k)\{\ln(C_{A0}/C_A)\}$
$ = (1/k)\{-\ln(C_A/C_{A0})\}$
$\therefore C_A = C_{A0}e^{-kt}$

これを図示すると濃度は図 2.6 のような曲線的変化をすることが分かる．

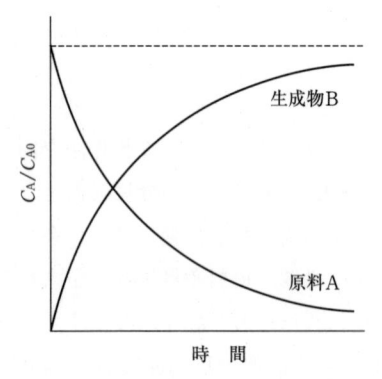

図 2.6 回分式反応器の濃度の時間変化（一次反応）

2.2.2 熱処理方式による分類

化学反応においては，熱の出入りが伴う．反応の種類により，発熱反応，吸熱反応があるので，反応器を一定の反応温度に保つためには，それぞれ冷却，加熱の操作が必要になる．

そこで装置が大きくなるに従い，反応装置においては，装置内の温度を均一に保つことと，発生したエネルギーの有効な活用がポイントであり，次のような方法が採られる．

(1) 多段断熱式

反応熱が小さい，または反応流体の熱容量が大きい場合，固定層の外壁を断熱材で覆って外部との熱の出入りをなくす．実際は多段に分割して途中で温度調整をする．亜硫酸ガス酸化による硫酸製造などに適用される．

(2) 自己熱交換式

反応器の内部を内側と外側の流路に分けておく．原料はまず内側流路に入り，ここで外側からの反応熱により予熱され，次に外側に回り反応する．反応熱で温度が上がった触媒は内側の原料で冷却される熱交換が行われる．ガスの場合，伝熱能力が低いので，反応熱が比較的小さい反応にしか適用できない．アンモニア，メタノール合成など高圧反応に適用される．

(3) 多管熱交換式[2)]

反応熱が大きい場合，反応管を多数に分割してその中に触媒を充填し，反応させ，管の外側には冷却用あるいは加熱用熱媒体を循環させ温度を制御する．o-キシレンの空気酸化による無水フタル酸製造などに適用される．

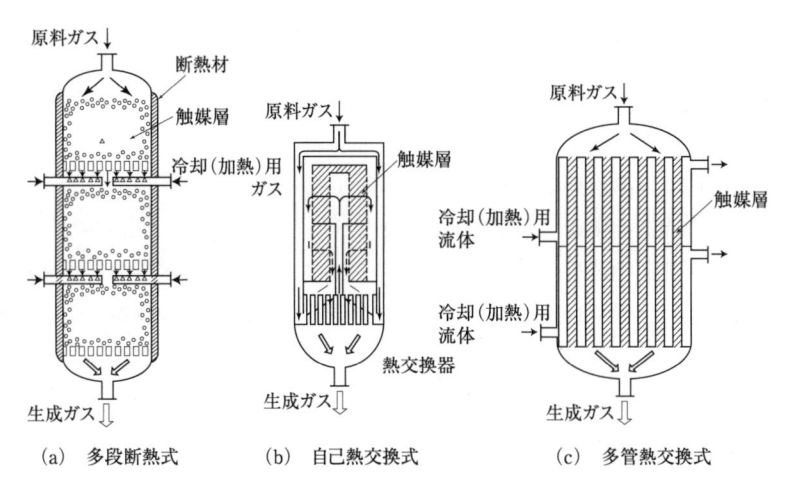

図 2.7 熱処理方式による分類[8)]

2.2.3 形状による分類

(1) 管型（ピストンフロー式反応装置）

管型は細長い管の内部で反応が進行するもので，細長い管に固体触媒粒子

を充填した固定層型反応器，連続式の加熱殺菌器など，大量生産型反応器に適用される．

反応器に供給された反応流体が，装置入口から出口に向かって，ピストンで押し出されるように軸方向に向かって移動する流れの状態を，**ピストンフロー**または，**完全押出し流れ**と呼ぶ．流れと直角方向の速度分布は一様で，反応成分の濃度や温度も均一だが，流れ方向には流体の混合が起こらないので濃度差や温度分布を生じる．このような反応装置をピストンフロー式と呼ぶ．

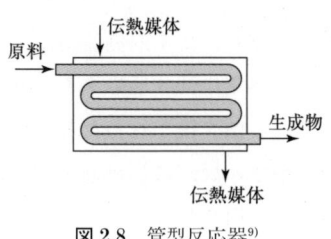

図 2.8　管型反応器[9]

固定層型反応器

固体触媒粒子を容器（管あるいは塔状）に詰め，そこに反応流体を流す．反応器に供給された反応流体が，完全押出し流れで反応が進行する．反応の速度に応じて，反応流体の流速を変化させる．固定層では，反応流体の混合が無いため，反応に伴う熱の除去や，反応に必要な熱の供給が困難で，触媒層に高温箇所（ホットスポット）ができる可能性がある．

(2) 槽型

槽型反応器内の液は，**完全混合状態**に近づけることが理想である．生物化学反応槽には気液撹拌型反応槽などが用いられる．

反応熱の除去（補給）は槽の外にジャケットを付けるか，内部にコイルや多管式など熱交換器を入れて，その中に水蒸気，あるいは水や油など熱媒体を流すことによって行われる．なお，ジャケット式で大きな容器ではその中心までの除熱が困難である．また槽内部に熱交換器を入れる方式は，熱交換器に内容物が付着するような場合は不適当である．

縦型に使用され，管型に比し太く短い場合は塔型とも呼ばれ，流動層や気泡塔などがある．

流動層反応器

ガスがある流速になると，容器内の粒子が沸騰した液体のような挙動をとる．この状態では粒子の取出しや輸送が簡単になり，また粒子により熱が層内を移動するから層内の温度が均一に保たれる．これを利用したものを流動

(a) 流動層　　　　(b) 気泡塔

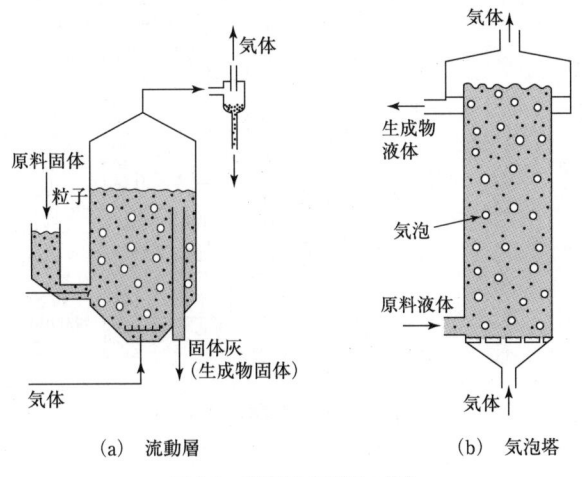

図 2.9　塔型反応装置の例[9]

層と呼ぶ．流動層は，強度の発熱を伴う触媒反応，触媒の再生を頻繁に繰り返す必要のある固体触媒反応，固体自身が反応する石炭の燃焼などに活用される．

2.2.4　反応時間による反応器の選択例

異性化糖（グルコース（ブドウ糖）とフルクトース（果糖）がほぼ半々の糖）の酵素による製造は，デンプンに液化酵素（α-アミラーゼ）を作用させ液化させ，これに糖化酵素（グルコアミラーゼ）を添加してブドウ糖単位にまで加水分解する．このブドウ糖溶液を，固定化グルコースイソメラーゼを充填した異性化リアクターに一定条件下で通過させると，ブドウ糖の約半分が果糖に異性化される．この糖液を精製・濃縮して製品とする．

反応器は反応速度・時間の点から次のような形態をとる．

α-アミラーゼによるデンプン液化（反応 1 時間）……連続式反応器
グルコアミラーゼによる糖化（反応 48 時間）……回分式反応器
固定化イソメラーゼによる異性化（反応 2 時間）……連続式反応器

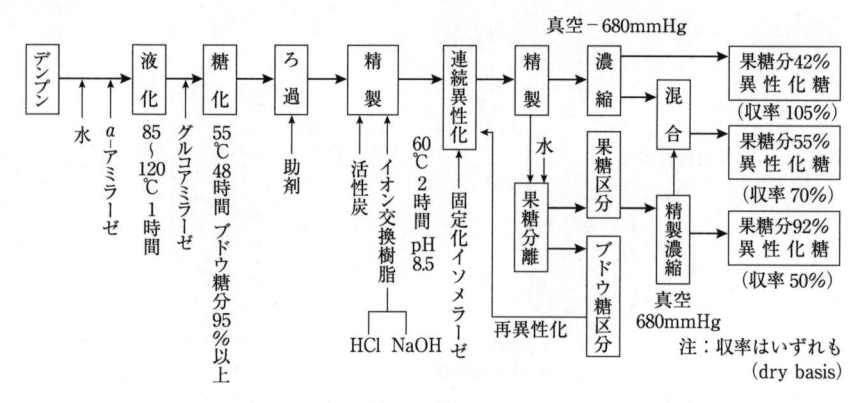

図2.10 異性化糖製造プロセス[10]

2.3 反応器容量の算定

2.3.1 物質収支（マテリアルバランス）

微生物の増殖と代謝産物の放出が起こる過程で，物質とエネルギーの変化を巨視的に見ると図2.11のような収支が伴う．細胞に取り込まれた炭素源は窒素源，酸素などを活用して，細胞の増殖，二酸化炭素，代謝物，そして反応熱に変換されるが，この時に総合的な収支が成立している．

反応において物質Aが出来たとすると，質量保存の法則により，その時の物質収支式は次のように表せる．

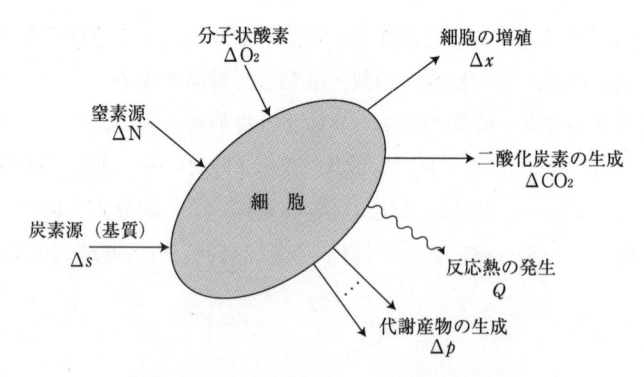

図2.11 微生物の増殖における巨視的収支[11]

(Aの蓄積量)＝(Aの流入量)−(Aの流出量)
　　　　　　＋(反応によるAの生成量)

この関係は図2.12のように表現される．

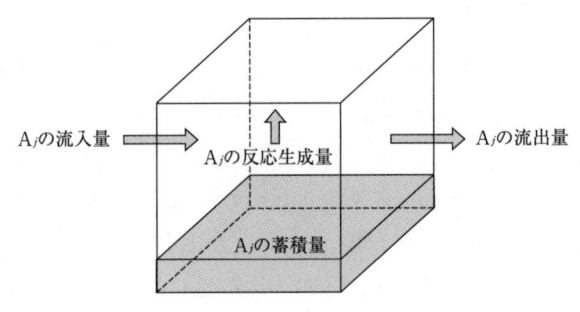

図2.12　物 質 収 支[12]

工程の全体にわたる物質の出入りを工程図に示したものをマテリアルバランスシート，物質収支表などと呼ぶ．これで系全体の物量の関係が一目瞭然となる．

この原理は簡単ではあるが大変有用なもので，反応の場合だけでなく下記のような収支計算の場合にも適用できる．

[例] 2 wt％の食塩水500 kgを濃縮して，5 wt％にする場合の蒸発水量 [kg] を求める場合，反応が無く，固形分の食塩の量は濃縮の前後を通じて不変であるので次の計算で求めることができる．

濃縮による蒸発量を W とすると wt％＝食塩量÷{水分量＋食塩量} であるから

$$500 \times 0.02 \div \{(500 \times 0.98 - W) + 500 \times 0.02\} = 0.05$$

$$W = 300 \text{ kg}$$

2.3.2　反応率（転化率）

実際に行われた反応について，原料が完全に反応に使用されることはないし，また酵素反応などの特異な反応を除くと，一般的には副生成物が出来たりする．そこで反応器に供給された原料物質がどの程度反応したかを表す量

として，反応率が用いられる．反応率は反応器に供給された限定反応成分のうち，反応によって消失した割合と定義される．

(1) 回分反応器の反応率

反応器に供給された原料成分Aの物質量 n_{A0} [mol] が，ある時間の反応の後 n_A [mol] に減少したときには，反応によるAの消失量は $n_{A0}-n_A$ [mol] であるから，Aの反応率 X_A は，上の定義から次のようになる．

$$X_A = (n_{A0}-n_A)/n_{A0} = 1-n_A/n_{A0}$$

【演習】

原料成分Aを10.0 mol，Bを5.0 mol反応装置に入れて，回分操作で反応させたところAは1.0 mol残っていた．AとBの反応率を求めよ．ただし，量論式 $3A+B \rightarrow R$ で表わせる単一反応とする．

成分Aの反応率 X_A は　　$X_A = 1-1.0/10.0 = 0.90$

成分Bの反応率 X_B とすると　　$X_A n_{A0} : X_B n_{B0} = 3 : 1$

$X_A n_{A0} = 3 X_B n_{B0}$

$X_B = X_A n_{A0}/3 n_{B0} = 0.90 \times 10.0/(3 \times 5.0) = 0.60$

(2) 連続操作の反応率

反応装置へのAの供給量を F_{A0} [mol/s]，装置からのAの排出量を F_A [mol/s] とすると，単位時間当たりのAの消失量は $F_{A0}-F_A$ [mol/s] であり，反応率は定義から次のようになる．

$$X_A = (F_{A0}-F_A)/F_{A0} = 1-F_A/F_{A0}$$

2.3.3 反応器容量の計算

(1) 必要反応器基数の計算

1か月（30日）に1 500トンのアミノ酸を発酵法で生産する．発酵槽は48時間で1サイクル当たり10トンのアミノ酸が生成する．後の工程のロスが無いとしたとき，最低何基の発酵槽を必要とするか？

計算：発酵槽1基当たりの30日の生産量 $=(30 \times 24) \div 48 \times 10 = 150$ トン

　　　 $1\,500 \div 150 = 10$　　　答　10基

(2) 1基の必要容量

条件：生産量$=600$ kmol/日，$C_{A0}=30$ kmol/m³，反応終了時反応率$=99$%$\rightarrow C_A/C_{A0}=0.01$，速度定数$k=2.00\times10^{-4}$/s，反応の準備時間1.5時間とする．

計算：必要反応時間をtとすると，$-tk=\ln(C_A/C_{A0})$より

$t=1/(2.00\times10^{-4})\times\{-\ln(0.01)\}$

$\ln(0.01)=-4.60$であるから$t=2.30\times10^4$s$=$約6.4時間

反応準備時間を加味すると，1サイクル8時間必要．

1日3サイクルの生産ができるので，600 kmol/日÷3サイクル/日$=200$ kmol/サイクル

反応液体積をVm³とすると，反応によりできる生産物量は$V\cdot(C_{A0}-C_A)=200$

$V=200/(30-30\times0.01)=6.73$ m³

反応槽の容量は，上の6.73 m³にさらに必要な容量を付加して決定する．

答　約7.5 m³

2.4 バイオリアクター（生物化学反応器）

バイオリアクターとは，細胞生育環境を整える装置あるいは，生体触媒（酵素，微生物，動植物細胞）を用いる反応器を言い，高密度培養の実現がカギであり，撹拌槽型，気泡塔型，充填層型，膜型などがある．

膜型は，反応器内部を膜で仕切り，一方にフリーの酵素を浮遊させるか膜内部に保持して反応を行わせる．膜は酵素などの高分子を通過させないが低分子の基質と生成物は透過可能な限外ろ過膜，逆浸透膜などを，平膜，中空糸膜（ホローファイバー）状にしたものである．

ペニシリンの大量培養を契機に，1945年頃より大型のタンク培養法が開発された．今後は細胞融合，遺伝子組換え技術など新技術は，人体を含めた幅広い分野への発展が考えられる．

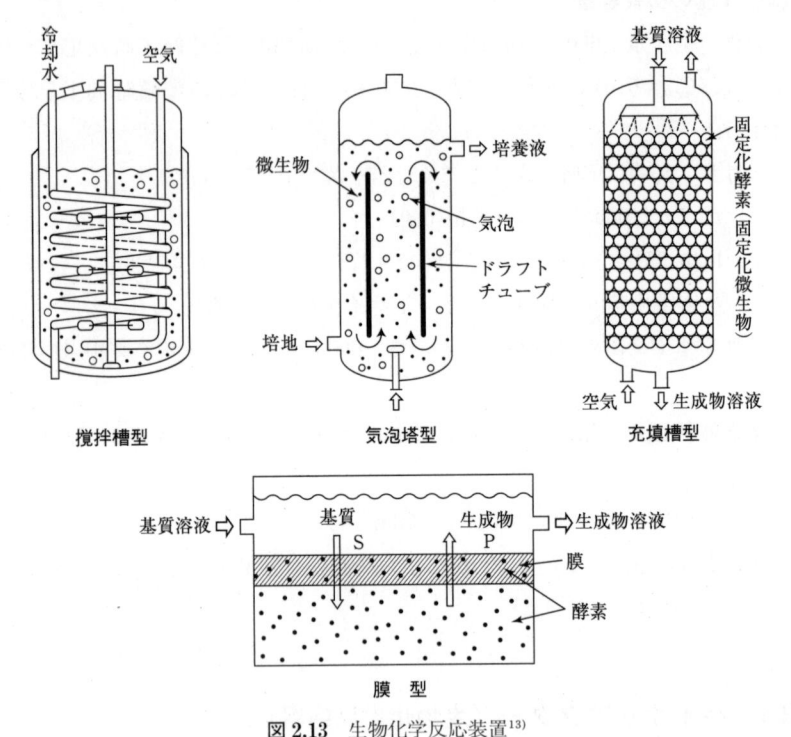

図 2.13 生物化学反応装置[13]

2.4.1 酵　　素

　酵素は，生物がその生化学反応を効率よく行うために生産する生体触媒である．本体はタンパク質で，20種類のアミノ酸が連結して出来た高分子で，特有の立体構造をしている．酵素活性の源泉となる部分が活性中心であり，セリン，ヒスチジンなど，数個のアミノ酸残基が立体的な位置で互いに近接して構成されている．この立体的な構造が高温などのために破壊されると，酵素活性はなくなる（失活）．
　触媒としての酵素作用の特徴は，
　① 常温で中性付近のpH領域という温和な条件下で優れた触媒作用を示す．
　② 活性中心の構造から，反応基質に対して特異性が高く，反応の立体特

異性体や光学活性に対する選択性が高い
などである．

酵素の工業的な利用例を表2.1に示す．

表 2.1 酵素の工業的利用例[14]

酵　　素	応　用　例
α, β-アミラーゼ グルコアミラーゼ	デンプンの糖化，デキストリンの製造，織物ののり抜き， 麦芽糖やグルコースの製造
プロテイナーゼ	ペプトンの製造，醬油原料の前処理
レンニン	チーズの製造
ペクチナーゼ	果汁の清澄化（ペクチンの分解）
セルラーゼ，セロビアーゼ	廃セルロースの糖化
リパーゼ	油脂類の改質
インベルターゼ	転化糖の製造
ラクターゼ	乳糖の分解
ステロイドヒドロキシラーゼ	生理活性ステロイドの生産
グルコースオキシダーゼ	グルコン酸の生産
グルコースイソメラーゼ	転化糖の製造
ラセマーゼ	L-リジンの製造
アミノアシラーゼ	アミノ酸の製造
ペニシリンアシラーゼ	合成ペニシリンの製造
アスパルターゼ	L-アルパラギン酸の製造
アルドラーゼ	L-セリン，L-スレオニンの製造
β-チロシナーゼ	L-ドーパの製造
トリプトファナーゼ	L-トリプトファンの製造

2.4.2 酵素の固定化法

酵素は当初水溶液の状態で用いられ，目的とする反応が終了すると，さらに反応が進行するのを止めるため，加熱や酸・アルカリ処理などで酵素を失活させていたが，この場合高価な酵素も使い捨てとなってしまう．

酵素の固定化は，反応終了後の培養液から酵素を分離回収する必要がなくなり連続操作が可能となる，酵素の修飾が行われ活性，熱安定性が増加するなどの利点があるので，適した担体や固定化法の選定は重要である．

固定化する方法には，多孔性ゲル，多孔性樹脂，マイクロカプセル，膜などの不溶性担体に酵素を保持する担体結合法（物理吸着法，イオン結合法，共有結合法），橋かけ法，包括法（格子型，マイクロカプセル）があり，これら単独だけでなく，併用して用いられることが多い．

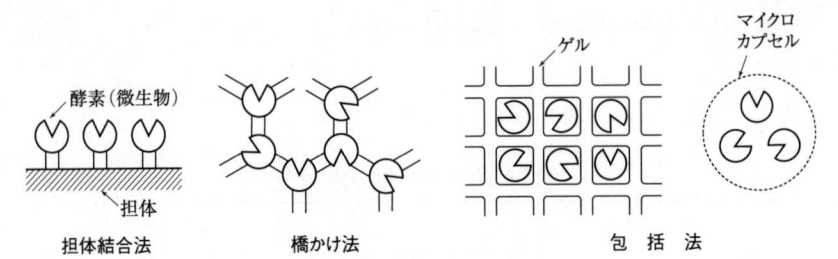

図 2.14 生体触媒の固定化法[15]

担体結合法　　　橋かけ法　　　　　包　括　法

表 2.2 種々の固定化法と担体[16]

生体触媒	固定化法	担　体	結合の種類
酵素	担体結合法		
	物理吸着法	シリカゲル アルミナ 活性炭 セラミック 合成樹脂	物理吸着
	イオン結合法	デキストラン セルロース アガロース系のイオン交換体 合成イオン交換樹脂	静電気的相互作用
	共有結合法	デキストラン, セルロース, アガロース系の多糖ゲル 多孔性ガラス	化学結合
	包括法		
	モノマー法	ポリアクリルアミド	
	プレポリマー法	光硬化性樹脂 ウレタン樹脂	
	ポリマー法	カラゲナン アルギン酸 寒天	
	マイクロカプセル	ナイロン皮膜など	
	橋かけ法	酵素同士を多官能試薬で橋かけ	化学結合
微生物菌体, 細胞オルガネラ, 動物細胞, 植物細胞	包括法	カラゲナン アルギン酸 光硬化性樹脂 ポリアクリルアミドゲル	
	物理吸着法	セラミック 合成樹脂	物理吸着
	マイクロカプセル	ナイロン皮膜	

(1) 担体結合法[17]

　共有結合法は多孔性ガラスやセラミックの担体上の官能基と酵素分子中のアミノ酸の$-NH_2$, $-COOH$ などと化学結合を形成させて固定化する方法である．酵素を化学的に修飾するために，多かれ少なかれ特性が変化することに留意しなければならない．

　イオン結合法はイオンどうしの結合であり簡便な方法であるが，連続反応中に酵素が経時的に脱離するなどの問題がある．

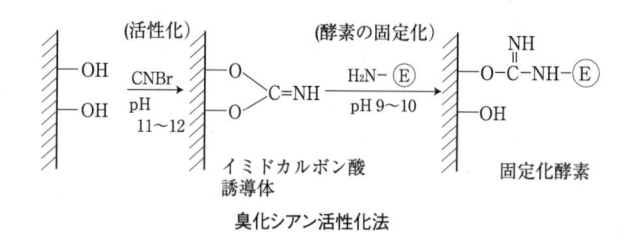

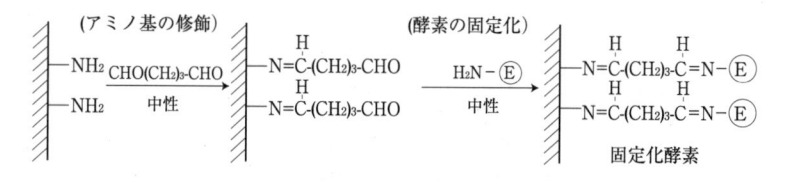

臭化シアン活性化法

アミノ基にグルタルアルデヒドを介して結合する方法

図 2.15　共有結合法による酵素の固定化の例[17]

(2) 包　括　法[17]

　ポリマー法はκ-カラゲナンやアルギン酸などの天然のポリマーのゲル状物質に酵素を閉じ込める方法であり，微生物・動植物細胞の固定化にも利用されている．

　マイクロカプセル法は，調製の困難さ，機械的強度が低いこと，酵素の安定化効果が期待できないことから，医療用の固定化酵素の調製や動植物細胞の固定化などに利用が限定されている．

(3) 橋かけ法[17]

　酵素どうしを架橋結合して調製される．元の酵素よりも分子量を大きくし

た可溶性の固定化酵素として，膜型反応器に適用する以外は単独で使用する利点は少ない．

2.4.3 ミカエリス・メンテン（Michaelis-Menten）の式と反応時間

ミカエリス・メンテンの式は酵素の機能，活性を表すための重要な式である．下記の反応について，Eの濃度はSの濃度に比して十分小さいから，ESの濃度はSの濃度よりも遥かに小さく，またその時間的な変化も小さいと考える．

$$E+S \underset{k_{-1}}{\overset{k_1}{\rightleftarrows}} ES \overset{k_2}{\longrightarrow} E+P$$

ここでE：酵素，S：基質，ES：酵素と基質との複合体，P：生成物，k：反応速度定数とする．

ESの収支をとると上の前提から

$$d(ES)/dt = k_1 E \cdot S - k_{-1}(ES) - k_2(ES) \approx 0 \cdots\cdots(1)$$

酵素の初濃度を E_0 とすると

$$E_0 = E + ES$$

$E = E_0 - ES$ を(1)式に代入し

$$k_1(E_0 - ES) \cdot S - k_{-1}(ES) - k_2(ES) \approx 0$$
$$k_1 E_0 \cdot S - k_1(ES) \cdot S - k_{-1}(ES) - k_2(ES)$$
$$= k_1 E_0 \cdot S - \{k_1 S + k_{-1} + k_2\} \cdot (ES) = 0$$
$$(ES) = k_1 E_0 \cdot S / k_1 S + (k_{-1} + k_2) = S \cdot E_0 / \{S + (k_{-1} + k_2)/k_1\}$$

$(k_{-1} + k_2)/k_1 = K_m$（ミカエリス定数） とおくと，$ES = E_0 \cdot S/(S + K_m)$，製品生成反応速度 $v = dP/dt = k_2(ES) = k_2 E_0 \cdot S/(S + K_m)$ となる．

Sが十分大きなときの $v = k_2 E_0 \cdot 1/(1 + K_m/S) \fallingdotseq k_2 E_0 = V_m$ とおくと，**ミカエリス・メンテンの式 $v = V_m S/(S + K_m)$** を得る．

ミカエリス定数 K_m は酵素と基質の複合体がなくなる速度と生成する速度との比であり，この値が小さければ酵素と基質の結合が強いといえる．また k_2 が大きければ生成物が出来る方向に反応が進みやすい．すなわち全体として k_2/K_m の値が大きければその酵素の反応効率が良いといえる．$S = K_m$ のとき $v = 1/2\, V_m$ となり，反応速度が最大値の半分の時の基質濃度がミカエ

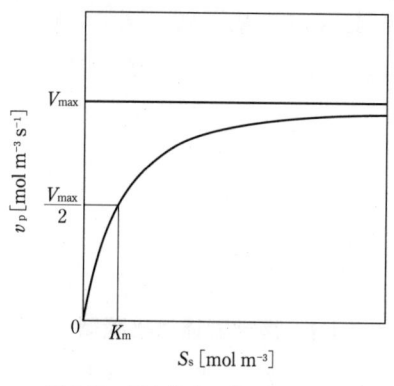

図 2.16 反応速度の基質依存性[18] 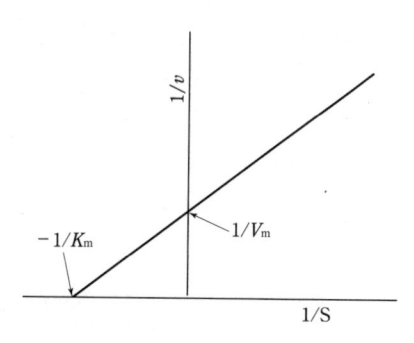　　**図 2.17** Lineweaver-Burk プロット[19]

リス定数に等しい．

$v=V_mS/(S+K_m)$ の逆数をとると $1/v=1/V_m(1+K_m/S)$ となる．$1/v$ と $1/S$ をプロット（Lineweaver-Burk プロット）して，測定点が直線上に並べば，横軸上の切片より $-1/K_m$ が，縦軸上の切片より $1/V_m$ が求められる．

反応時間の計算

原料は反応と共に減少するので，これについての反応速度は

$$dS/dt = -V_m \cdot S/(S+K_m)$$

$$dt = -1/V_m \times (1+K_m/S)\,dS \cdots\cdots(1)$$

反応時間は(1)式を積分すると

$$t = -\int_{S_0}^{S_A}(1/V_m)\,dS - \int_{S_0}^{S_A}(K_m/V_m \cdot S)\,dS$$
$$= (-1/V_m)(S_A - S_0) - K_m/V_m \ln(S_A/S_0)$$

反応率を X_A とすると

$$X_A = (S_0 - S_A)/S_0 = -(S_A - S_0)/S_0$$
$$(S_A - S_0) = -S_0 X_A$$
$$\therefore\ t = (S_0 X_A/V_m) - K_m/V_m\ \ln(1-X_A)$$

【演習】

酵素グルコアミラーゼによるマルトースのグルコースへの加水分解反応の

速度は，ミカエリス・メンテンの式 $-r_A = V_m S/(S+K_m)$ で表せるとする．ここで $V_m = 5.00 \times 10^{-4}$ mol/m³·s, $K_m = 1.00$ mol/m³ のとき，撹拌槽で回分操作により，初濃度が 3.00 mol/m³ のマルトースを 70% 分解するに必要な反応時間を求めよ．

$$反応時間\ t = 3.00 \times 0.7 \div (5.00 \times 10^{-4}) - 1.00 \div (5.00 \times 10^{-4}) \times \ln(1-0.7)$$
$$= 4200 + 2392 = 6592\ \text{s} \fallingdotseq 1.8\ \text{h}$$

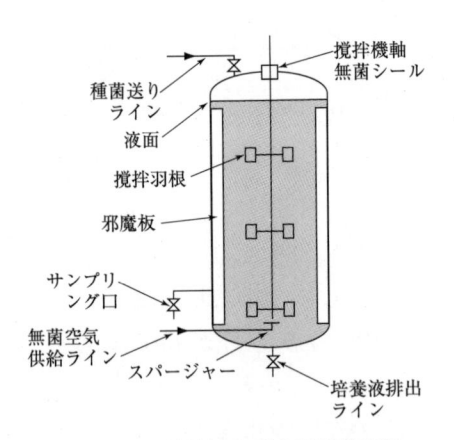

図 2.18　3 段撹拌羽根付き通気撹拌型培養槽[20]

2.4.4　撹拌型通気培養槽

微生物の培養による発酵法でのアミノ酸の製造においては，振とうフラスコで純粋培養した菌株を，さらに種母培養槽で培養し，主発酵槽で必要な初菌体量を得る．種母培養槽と主発酵槽には，撹拌型通気培養槽が通常用いられる．撹拌型通気培養槽の形状概要を図 2.18 に示す．

(1)　発酵槽の要求機能

細胞，微生物の大量培養の要点を一言でいえば，**目的とする細胞・微生物にとって，良い生育環境にしてやること**である．このためには，長期間の無菌保持により，雑菌・ファージ汚染の恐れを極力少なくすることであり，コンタミネーションとの絶えざる戦いであるといえる．

具体的には

① タンクは何日間も運転ができるよう長期の無菌性を保持できること．
このためにタンク内部は，できるだけフランジ継ぎ手をやめて，溶接仕上げにすると共に，徹底的に滑らかに仕上げること．外部からの雑菌汚染防止のためにシステム全体が完全に外部からシールされているように，液だまり，小さな隙間などが無く蒸気による加熱滅菌が完全に行える構造とし，また缶体を貫通する撹拌装置の軸のシールには工夫がいる．

② 微生物の代謝に応じた生育環境を保持できること．

強すぎず適度な通気撹拌を行い，また発酵熱を除熱する冷却装置により培養温度，あるいはpHなど生育条件の制御ができること．その他諸条件管理のため培養液のサンプリングができること．

③ 装置は経済性に配慮すること．

工程に見合った大きさであり，機能を満たす限りできるだけ安い材料を使用し，消費動力はなるべく低く，飛沫同伴によるロスはできるだけ少なく，操作に必要な労働力が極力少ないなど．

④ スケールアップに配慮する．

パイロットプラントから大型生産タンクにスケールアップする場合は，双方が幾何学的に相似であるように設計し，運転の諸条件のデータの相互利用を図れるようにする．これにより種々の変更・改善が迅速に行える．

(2) 発酵槽の構造

(a) 缶体

培養液には塩素イオンも含まれ，かつ厳しい無菌状態を保つため蒸気で頻繁に加熱滅菌することから材料には過酷な環境にある．大型発酵槽では耐蒸気圧，耐食性，細胞に対する無毒性，コストなどを勘案して，ステンレスまたはチタン系材料が用いられる．内部の撹拌機，熱交換器なども考えた，十分な強度を持たせた設計が必要である．

発酵熱の除去のために，大型缶では缶体内部に多管式熱交換器，小型缶では缶外側にジャケットを設ける．熱交換器は十分な伝熱面積を持つと共に，洗浄性に優れ，液漏れのない構造であることが必要である．

(b) 撹拌機とシール

撹拌機には，平羽根タービンなど各種形状の翼が複数ついている．撹拌機の主な機能は次の2点である．

① 気泡を小さく分断し酸素が液に溶けやすくする．気泡を小さくすることで酸素と液の接触面積を大きくし，また液が激しく動くことで気泡と液の間の境膜の厚さを薄くして酸素が液に溶け込む抵抗を小さくしてやるためである．

② 発酵槽内の液を流動させ，温度，濃度などの環境をすみずみまで一定

に保つ．

　撹拌機は対象によって形状の選定を行うが，基準としては酸素供給，せん断応力，流動パターンなどを考慮する．細菌，酵母菌体などの大量培養には，平羽根タービン翼，ワルドホフ撹拌などが酸素供給の点から採用されている．

　動植物細胞の増殖速度は遅く，細胞膜が弱く，せん断応力により破壊されがちなので，過大なせん断力を与えないように工夫しなければならない．特に，植物細胞は細胞塊として存在し，これがせん断力により分断され，それによって二次代謝生産物生成が影響を受けるので，せん断力に注意を払う必要がある．細胞膜が薄く弱い場合，撹拌翼は，タービン翼より3枚羽根プロペラ翼がよいとも言われる．モンサント社ではプラスチック繊維で帆のような撹拌翼を作り，これを8〜20 rpmのゆるやかな回転数で撹拌すると，細胞へのダメージを少なくして高密度の細胞培養ができるとしている[21]．

　シール性のよい構造としては，1馬力以下程度の小型の場合，撹拌機は軸が外部に出ないマグネットドライブなどが望ましい．大型の発酵槽では，撹拌軸が，上部蓋または槽底部を貫通しているため，回転部と固定部との間をシールする必要があるので，缶体上部から，シャフトを差し込む上部駆動方式が広く用いられている．撹拌軸の発酵槽への取付け部を外部と完全にシールすることは，発酵槽を長時間無菌状態に保って運転するために必須である．

　グランド（gland）部のシールには，グランドパッキンシール（スタフィングボックス），ブッシュシール，メカニカルシール，マグネチックシールなどがある．グランドパッキンシール方式は構造が簡単で保守しやすい反面，高度のシール性が要求される場合は適用できない．

　近年，大型発酵槽にはメカニカルシールが用いられる．メカニカルシールは，撹拌軸とともに回転する回転軸（従動リング）と槽本体部に固定された固定側（シートリング）の一対から構成される．シール部分は，無菌水または蒸気でシールし培養液と外界とは隔絶され，例え漏れても雑菌が入り込まないようにした，ダブルメカニカルシールの撹拌機を使うことが多い．

　（c）邪魔板（じゃまばん）

　液の渦巻き発生防止のためと，液の撹拌混合効果を高めることで通気効果を増大させるために，通常4枚の，タンク径の1/10程度の幅の金属製の邪

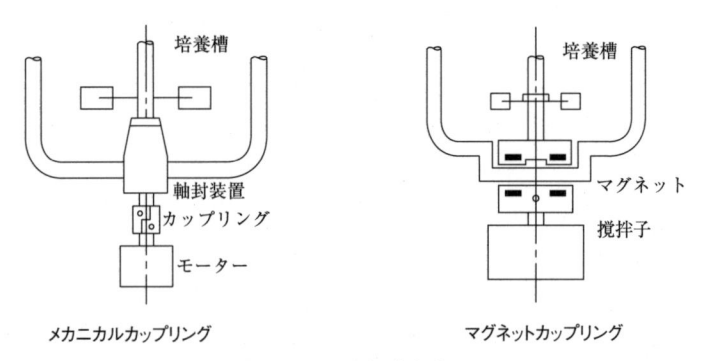

2. 反応操作とバイオリアクター　　　　　　　　　　　　85

メカニカルカップリング　　　　　マグネットカップリング

図 2.19　動力伝達方式[22]

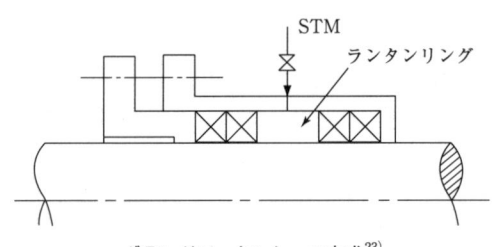

グランドパッキンシール方式[23]

① 回転軸
② オイルシール
③ 固定側メカニカルシール1
④ シール面1
⑤ 回転側メカニカルシール1
⑥ 無菌水
⑦ 回転側メカニカルシール2
⑧ シール面2
⑨ 固定側メカニカルシール2
⑩ 培養槽壁

ダブルメカニカルシール方式[24]

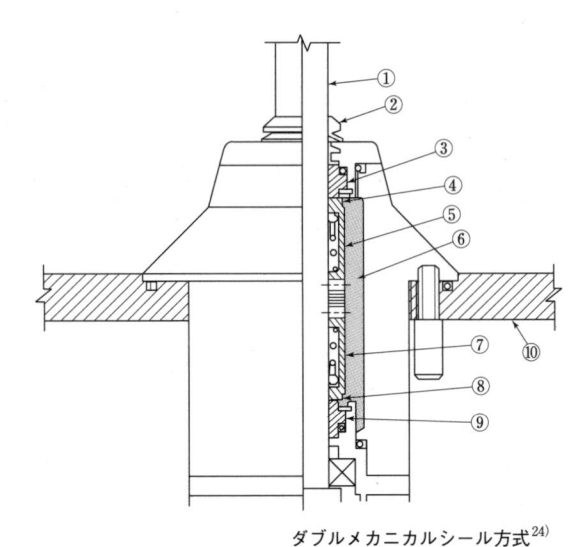

図 2.20　各種シール方式

シングルノズル　リング

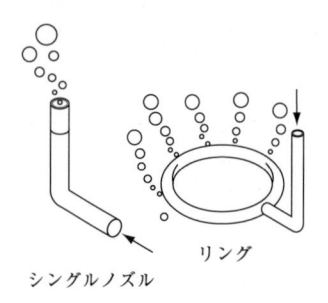

図 2.21 スパージャー[25]

邪板を垂直に缶壁に取り付ける．

(d) 通気管（スパージャー）

　空気を発酵槽の中に送り込む装置である．空気は酸素供給能力を高めるようスパージャーを通して気泡を細かく砕き槽内に分散させる．オリフィススパージャーは，円形または十字形のパイプの下面に，空気吹出しの孔があけてある．発泡が激しくなると，この泡が放気管から外部に出ないように発泡の制御が必要になり，消泡剤が使用される．

(3) 無菌性の確保とその維持

　発酵槽の殺菌は，加圧水蒸気で行う．発酵槽の入口や出口になっている外部と通じているあらゆる所が，コンタミネーションの原因となる可能性を有しているので，このような全ての箇所から一斉に槽内に蒸気を吹き込み，空気の排気口1か所からだけ缶内圧を保持しながら槽外へ吹き出させるようにする．

　装置のあらゆる部分からのスチームドレン，培地が配管内に滞留することなく排出するよう，ドレン抜きに向かって傾斜を付け，またサイフォンや細長い行き止まり箇所を形成しないようにする．そして配管の最も適当な箇所に必ずドレン抜きをつける．

　蒸気による加熱滅菌を100％完全に行うためには，滅菌する必要のある箇所は，液だまり・空気だまりになるような所や小さな隙間をなくし，空気が完全に蒸気と置換されなければならない．細長い袋小路のような箇所，例えばブルドン管式圧力計のブルドン管のように細くて長い行き止まり箇所は，空気だまりとなって蒸気と置換されない．そのため滅菌不十分となって全体が雑菌汚染されることがあるので，このような箇所は極力作らないようにしなくてはならない．

　タンク自体や配管も含めたシステム全体の内部構造はできるだけ単純でなければならない．

　バルブは，流体の流れを制御するという使用目的に適合した，適切なサイ

ズのものを使用する．無菌系での使用に適切で，耐腐食性，使用圧力に対する耐圧性に配慮がいる．バルブは外部とのシール性のよいダイヤフラムバルブ，ボールバルブが使われる．

タンクとタンクの間を固定配管で接続する場合は，分解して洗浄しやすくするため，袋ナット継ぎ手を多用したサニタリー方式をとることも多いが，逆に継ぎ手からの漏れの機会が増える．ほんの少しの漏れでシステム全体が雑菌汚染してしまうことがあり，配管は溶接でつなぎ，必要最小限をフランジ継ぎ手として漏れの機会を減らす方が望ましい．

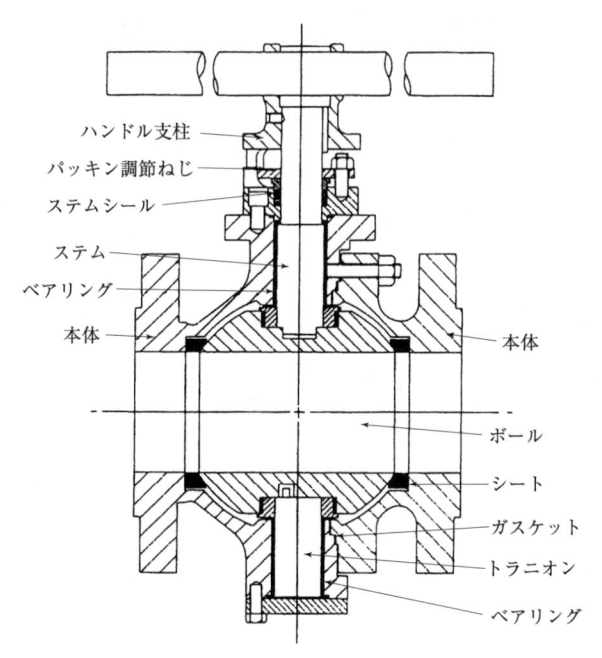

図 2.22 ボールバルブ断面図

パッキン材質については，蒸気加熱時に可塑剤や添加物が溶出して細胞毒となり，細胞培養を阻害することがある．このため培養液に接する可能性のあるパッキン材質は全て，前もってその熱水抽出物が細胞増殖並びに目的とする物質の生産を阻害しないか確認しておく必要がある．

(4) 空気の除菌

好気発酵では大量の無菌空気が必要である．培養装置の運転に必要な通気設備は，コンプレッサー，空気槽，クーラー，ミストセパレーター，除菌フィルターから構成される．

培養槽は，$0.5〜1.0\ kgf/cm^2$の圧力で運転されるのが一般的であり，供給空気の圧力は$2〜3\ kgf/cm^2$となる．

除菌フィルターは，繊維状物質によるろ過，顆粒充填槽でのろ過，さらに元来は液体のろ過用に開発された，メンブランフィルターが使用される．

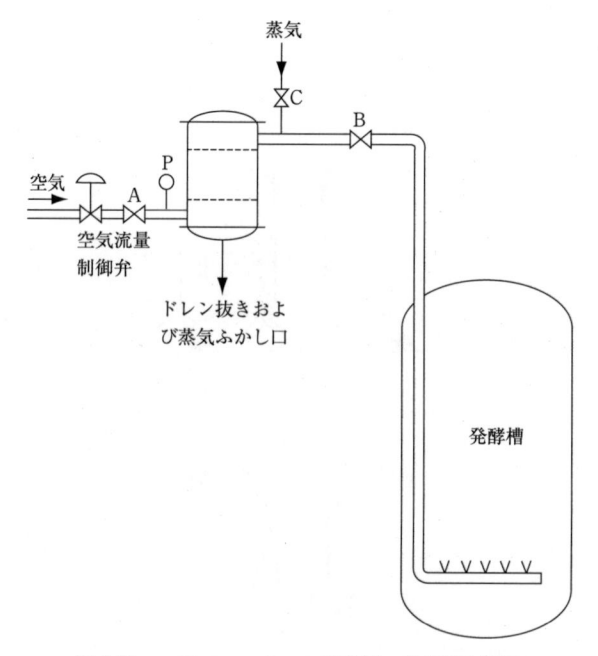

図 2.23 エアフィルターと発酵槽の接続概念図[26]

(5) 培養操作

培養では温度，pH，圧力，撹拌回転数，液面（泡）などを一定に保つ．また培地組成，酸化還元電位，溶存酸素濃度，排気ガス濃度などの管理が必要である．

スケールアップに際しても，温度を初め，上記の条件が保たれるように，

機械的な強度はもちろんのこと，内部の混合状態の均一性が確保されることが必要である．

2.5 バイオプロセスの適用

食品その他幾つかの適用例を文献から紹介する．

2.5.1 微生物の培養によるアミノ酸の製造

バイオプロセスは発酵法によるグルタミン酸ナトリウム（MSG）生産を嚆矢(こうし)として，大変な進歩を遂げた．

グルタミン酸発酵法の原理[27]

L-グルタミン酸を大量に蓄積する微生物（*Corynebacterium glutamicum*）は，1956年，木下，鵜高らにより"鳥の糞"から分離された．

グルタミン酸菌は，糖質のグルコースやスクロースとアンモニアを発酵培地の主成分としてグルタミン酸を生成させる．そこで図2.23に従って糖からどのようにグルタミン酸が合成されるのか説明する．グルコースはそのままグルタミン酸菌の細胞内に取り込まれ，その後は糖分解の代謝経路系を経由して分解されピルビン酸になる（EMP経路解糖作用）．そしてピルビン酸は次の代謝経路トリカルボン酸回路（TCAサイクル，クレブス回路）を経由してα-ケトグルタル酸の生成に至る．グルタミン酸菌の特徴として，アンモニアの存在下でα-ケトグルタル酸からL-グルタミン酸を生成する酵素，グルタミン酸デヒドロゲナーゼの強い活性を持っているので，このα-ケトグルタル酸から枝分かれしてグルタミン酸生成の方向に流れて行く．一方TCAサイクル上のα-ケトグルタル酸からコハク酸を生成する酵素の活性は非常に弱いので，α-ケトグルタル酸からグルタミン酸への流れはますます強められている．このためグルタミン酸菌は，イソクエン酸からコハク酸とリンゴ酸を生成するグリオキシル酸回路を使ってエネルギーを得ている．

このような代謝経路を経て細胞内に生成したグルタミン酸は，効率よく細胞外に排出させることができるが，これもグルタミン酸菌の特徴である．

グルタミン酸発酵の過程では，ビオチン（各種カルボキシラーゼの補酵素）

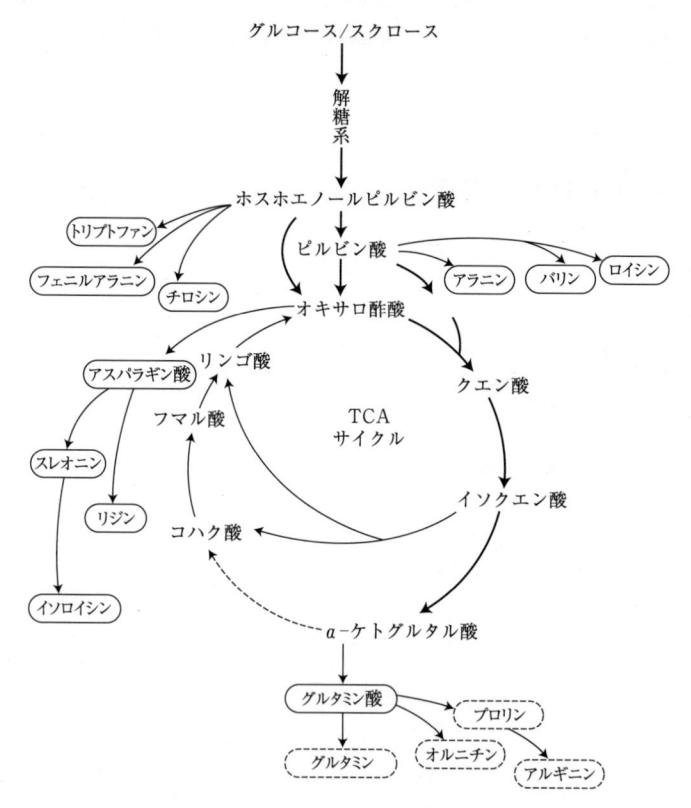

```
                    グルコース/スクロース
                          ↓
                         解糖系
                          ↓
                   ホスホエノールピルビン酸
```

図2.24　グルタミン酸と関連するアミノ酸の生合成経路[27]

　の補酵素作用で脂肪酸が生合成される．そしてこの脂肪酸は，リン脂質となり，リン脂質はタンパク質と一緒になり細胞質膜を形成するが，この時リン脂質の少ない細胞質膜はグルタミン酸が非常に通過しやすく，細胞内に生成したグルタミン酸は直ちに細胞膜外へ排出される．つまりビオチンを少なく添加すれば，リン脂質を構成している脂肪酸が少なくなり，細胞質膜はグルタミン酸が非常に通過しやすくなる．

　しかしグルタミン酸菌はビオチンの生合成能を持たないので，生育に必要な分のビオチンは培地に添加しないとグルタミン酸菌の生育は起こらない．

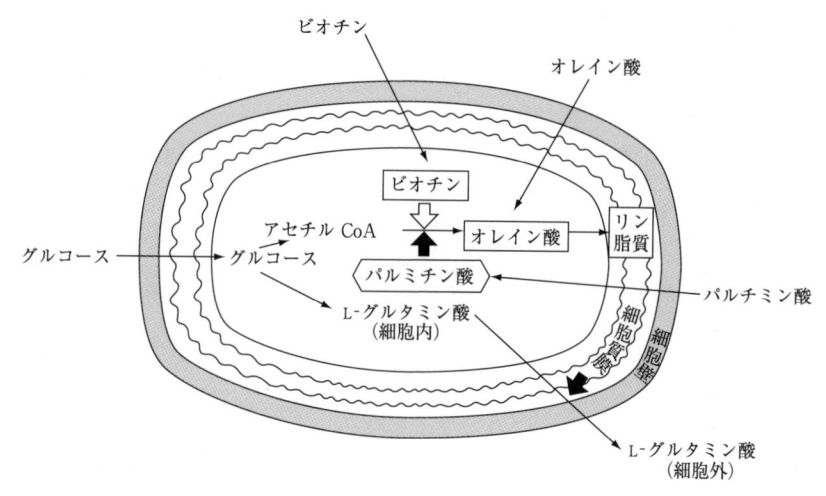

図 2.25 グルタミン酸菌の細胞質膜とグルタミン酸排出機構（模式図）[27]

つまり，この**ビオチン添加量**の制御によって，グルタミン酸を，効率よく得ることができる．

上に述べたグルタミン酸発酵のポイントとしては

① 培地へのビオチンの供給を制限（$2.5\,\mu g/l$ 程度）する
② 対数増殖期にはペニシリンを添加して生育を抑制する
③ 培地中のアンモニア濃度が欠乏せず，また過剰にならないようにする

などが特にあげられる．

2.5.2 固定化酵素による異性化糖の製造

トウモロコシなどのデンプンをから得たブドウ糖（グルコース）にグルコースイソメラーゼという酵素を作用させて，ブドウ糖の一部をより甘味度の高い果糖（フルクトース：砂糖の約1.7倍の甘さ）に転換する．

1966年に日本で初めて生産が開始された，固定化酵素を用いた最大の工業といえる．この酵素反応には，酵素を固定化し充填した固定層型連続反応器が用いられるが，反応の平衡定数は約1であり，果糖の含有率は50％を越えることができないので果糖の含有率を上げるために擬似移動層吸着塔が使用される．

2.5.3 納豆

明治38 (1905) 年,東京帝国大学・沢村真博士が納豆生成菌 (*Bacillus natto* Sawamura) の分離に成功し,納豆菌を使った納豆の製造が始められた.

現在の製法[28]では,蒸し上がった熱い状態の大豆に,納豆菌をむらなくスプレーし,これを容器に充填する.これを室温40℃,湿度95％の発酵室で約18時間発酵させる.さらに納豆の温度が5℃になるように熟成室で18時間冷却・熟成させる.製品を包装する容器が反応器の役目を兼ねている.

2.5.4 L-アラニンの生産――加圧系操作

田辺製薬では,L-アスパラギン酸を原料としてL-アラニンを製造してきた.酵素活性の強い *Pseudomonas dacunhae* を κ-カラゲナンで固定化すると,二酸化炭素が発生するが,これを発散させないために加圧系で操作を行う方法をとる.常圧系で操作すると,固・液・気の3相反応となるが,加圧することで固・液2相系で効率よく反応を行うことができる[29].

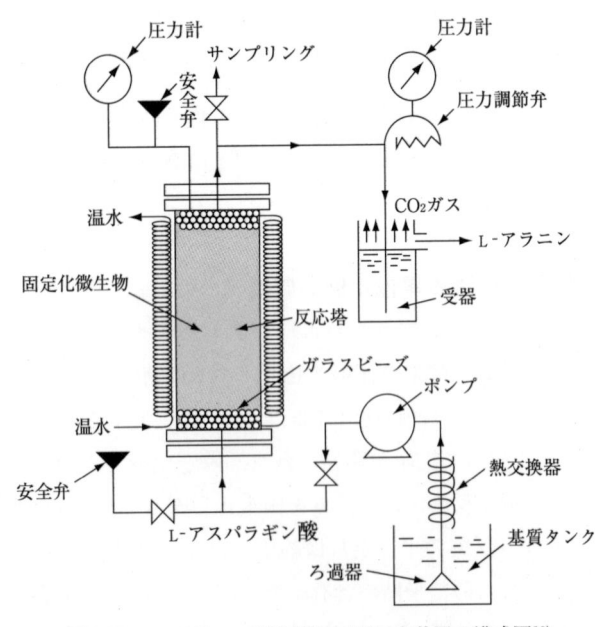

図2.26 L-アラニン製造用加圧型反応装置の模式図[30]

2.5.5 アクリルアミドの製造—バイオ合成法

パルプ繊維どうしをくっつける，のりの役目をする紙力増強剤にアクリルアミドが使用される．

今は銅を触媒とする製法が主流であるが，バイオ合成法への切替えが始まっている．バイオ合成法は，微生物探しが難しく，アクリルアミド以外ではほとんど取り入れられていなかったが，遺伝子組換え技術の進歩で新たな道が見え始めたといえる．

図2.27，表2.3にバイオ合成法と化学合成法の比較を示す．

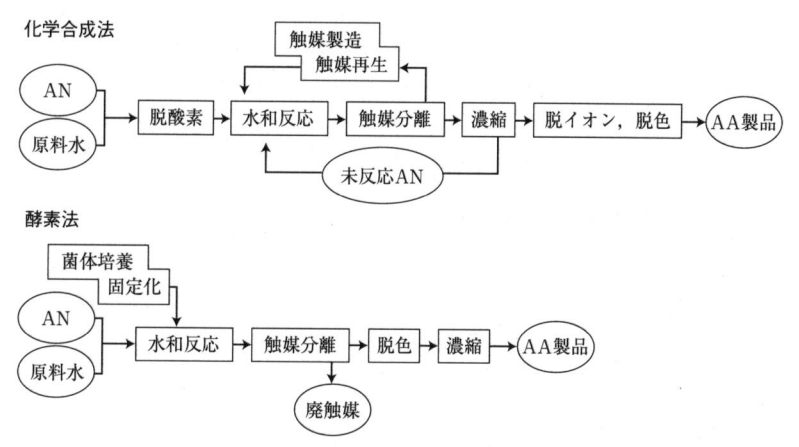

化学合成法

AN 原料水 → 脱酸素 → 水和反応 → 触媒分離 → 濃縮 → 脱イオン，脱色 → AA製品
（触媒製造・触媒再生）
（未反応AN）

酵素法

AN 原料水 → 水和反応 → 触媒分離 → 脱色 → 濃縮 → AA製品
（菌体培養・固定化）
（廃触媒）

AA：アクリルアミド，AN：アクリロニトリル

図 2.27 アクリルアミド製造（化学合成法と酵素法）[31]

表 2.3 バイオ合成法と化学合成法の比較

	化学合成法	バイオ合成法
触媒	銅	微生物（大腸菌にニトロヒドラターゼ遺伝子を組み込み）をくっつけた直径数mmの樹脂製の粒
反応温度	100℃	常温常圧
濃度	薄い→濃縮	50％
精製	要→廃液	不要
コスト		建設コスト　2割削減 エネルギーコスト　1割削減

2.5.6 インターフェロン β^* の製造—マイクロキャリアー法[32]

100～200 μm 程度の球状樹脂粒子の表面に細胞を付着させた，マイクロキャリアーを撹拌槽中に懸濁させておき，そこに空気を吹き込み培養し，細胞の数を増やすことで撹拌型のバイオリアクターとして，高密度培養を実現した．細胞をいかに効率よく大量に増やすかがキーポイントになる．

培養液の容量に対して至適マイクロキャリアー量と細胞数が存在するので，その決定，細胞が必要とする酸素の供給，排出する乳酸など老廃物の除去の方法などの問題，また酸素の吸収速度を高めるために空気の吹込み速度や撹拌速度を上げると，せん断力が大きくなりマイクロキャリアーに接着した細胞が死滅したりするので，緩やかな撹拌でいかに酸素供給速度を大きくするか，あるいは回分操作で種菌操作と種培養の時間的なスケジューリングの最適設計などの解決が必要であった．

2.5.7 リパーゼによる光学分割[33]

近年開発された医薬品の多くは，その複雑な化学構造の中に不斉電子を有し，その薬効は唯一の光学異性体のみに存在する．しかも異なる光学異性体には別の薬効や毒性が存在，あるいは拮抗作用が認められる場合も多く，吸収，代謝，分解，排泄に差がみられる．したがって，この光学異性体を医薬品として製造する場合，光学異性体の分割工程が必須となる．

田辺製薬では，冠血管拡張剤ジルチアゼムの製造において，酵素としてリパーゼを使用した酵素固定化膜型バイオリアクターを用い，有機溶媒と水からなる液・液接触方式反応系の工業化を行った．現在 57 m² の膜面積を持つ膜型バイオリアクターを多数並列して生産が行われている．

---

* インターフェロン：ウイルスなどの刺激を受けた脊椎動物の細胞によって作られるタンパク質．アミノ酸配列の異なる α, β, γ の3つのタイプが知られている．C型慢性肝炎の治療に使用される．インターフェロン β はアミノ酸166からなり，分子量 22 000 のタンパク質．培養液に一本鎖のリボ核酸 RNA を加え，培養されたヒトのある細胞を刺激する方法で作られる．

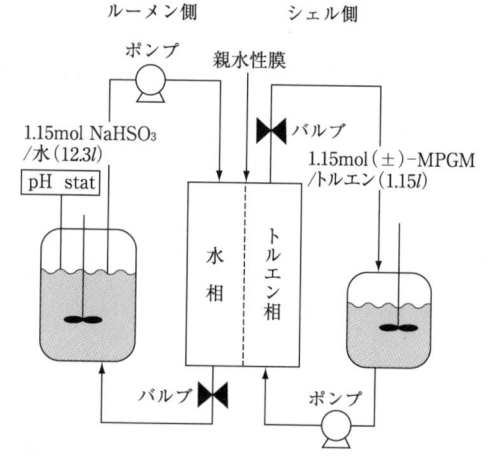

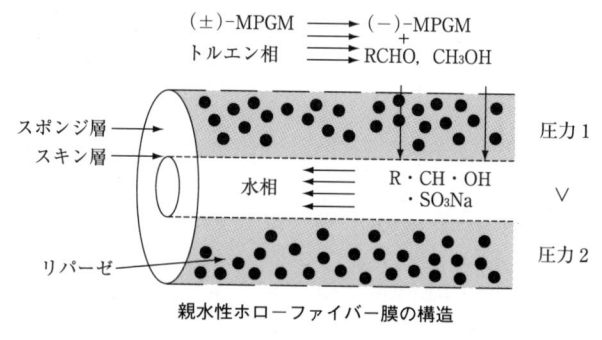

図2.28 膜型バイオリアクターと親水性ホローファイバー膜の構造[33]

参 考 文 献

1) 小宮山宏：反応工学, p.9, 培風館 (1998)
2) 橋本健治編：ケミカルエンジニアリング, 初版, p.30, 培風館 (1998)
3) 小宮山宏：前掲書, p.12.
4) 化学工学会編：基礎化学工学, p.41, 培風館 (1999)
5) 堀場芳数：対数 e の不思議, p.38, 講談社ブルーバックス (1955)
6) 化学工学教育研究会編：新しい化学工学, p.58, 産業図書 (1999)
7) 化学工学会編：前掲書, p.208.

8) 橋本健治編：前掲書, p.32.
9) 化学工学教育研究会編：前掲書, p.60.
10) 矢野俊正：食品工学・生物化学工学, p.10, 丸善（1999）
11) 海野　肇他：生物化学工学, p.56, 講談社サイエンティフィク（2000）
12) 化学工学会編：前掲書, p.16.
13) 橋本健治編：前掲書, p.46.
14) 海野　肇他：前掲書, p.17.
15) 橋本健治編：前掲書, p.47.
16) 海野　肇他：前掲書, p.120.
17) 同上書, p.121.
18) 海野　肇他：化学の原理を応用するための工学的アプローチ入門, 補訂版, p.85, 信山社サイテック（1999）
19) 小林　猛：バイオプロセスの魅力, p.122, 培風館（1996）
20) 同上書, p.52.
21) 化学工学協会編：バイオテクノロジー, p.87, 槇書店（1986）
22) 同上書, p.147.
23) 同上書, p.147.
24) 同上書, p.148.
25) 同上書, p.152.
26) P.F.Stanbury, A.Whitaker：発酵工学の基礎, p.129, 学会出版センター（1992）
27) 滝波弘一：AJICO REFERENCE, No.7, p.10, 味の素(株)（1994）
28) 続モノづくり, 解体新書二の巻, p.47, 日刊工業新聞社（2002）
29) 小林　猛：前掲書, p.109.
30) 同上書, p.110.
31) 同上書, p.113.
32) 橋本健治編：前掲書, p.49.
33) 小林　猛：前掲書, p.117, 118.

3. プロセスの制御

3.1 制御とプロセス特性

　微生物を反応プロセスに利用しようとする場合，当然であるが生物であるという制約がある．まず環境条件によって生理的に複雑に影響される．そこで微生物反応プロセスにおいては，その反応の諸条件，微生物の増殖，目的代謝生成物蓄積の状況などを常に監視し，反応に異常がある場合には，それをすみやかに検知できることが必要である．そのためには，まず培養液中の各種成分濃度，微生物濃度（菌体濃度もしくは菌数），培養の諸条件などを測定できるセンサー，すなわち微生物反応用センサーが必要になってくる．さらに，目的の代謝産物を多量に得るためには，その反応に対する影響因子による反応転換の様相を知り，それらの因子を最適に制御し維持しなければならない．

　このときに生体反応の非線形性が問題となる．線形とは原因と結果が比例関係で結ばれるが，生命体には自己防御のため，多くの過剰な刺激に対して反応を停止あるいは緩和する機能が備わっている．すなわち生命体への刺激を原因とする応答結果は比例関係で表せないことの方がふつうである[1]．

　また個々の反応の条件，因子を制御するだけでなく，その反応装置全体の制御，さらには，原料から製品までのトータルのプロセスの制御・管理が必要である．

　本節では一般的な制御の仕組みと，特にバイオプロセスに特有な点について述べる．

　容器に入った水を加熱するときに，同じ加熱量ではその温度の上昇の速度は，その容器の水量が多ければ遅く，少なければ早い．交差点で信号が青に

なっても，後方に繋がった車が動き出すまでにはかなりの時間の遅れがあるが，これは車の特性として，信号が変わる（車が動きなさいという入力信号）を見てから，個々の車が動き出すための動作（車が動き出すという出力信号）に至るまでに，時間的な遅れがあるためである．

つまり，このように**プロセス**には，環境の変化（入力）に対する対応の仕方（出力）にそれぞれの特性がある．プロセスを制御するためには，そのプロセスの特性を把握し，それに合った制御を行うことが必要である．

プロセスの特性としては，静特性と動特性の2つがある．

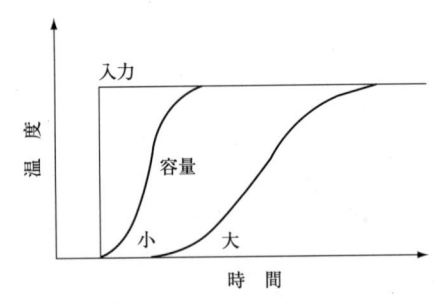

図 3.1 容量の大小による液温上昇の違い[2]

静特性とは，ある熱量を加えればある温度までに上がるといった，プロセスの入力に対しての出力の状態が，プロセスを構成する機器と使用条件によって決まる固有の関係といえる．

動特性とは，プロセスそのものが，入力の時間変化に対応して，プロセスが持つ固有の伝達の時間遅れに依存しながら，そこからの出力が時間的に変化する状況である．

伝達の時間遅れには，入力がそのまま遅れるむだ時間と，入力がひずんで現れる一次遅れ，二次遅れなどがあり，この大きさによって制御性が大きな影響を受ける．

ステップ状に入力を変化させ出力の変化をみる**ステップ応答**について表3.1に示す．

積分系とは，タンクに液を入れると液面が上昇するような場合である．むだ時間系とは，操作してもその影響が即座に現れず，ある一定時間たって現

3. プロセスの制御

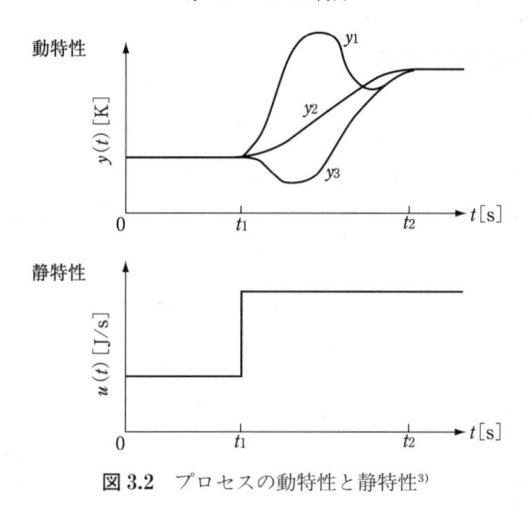

図 3.2 プロセスの動特性と静特性[3]

表 3.1 主な動特性とそのモデルに対するステップ応答[4]

動特性	モデル	ステップ応答
(a) 積分系	$\dfrac{\mathrm{d}\Delta y(t)}{\mathrm{d}t} = K_\mathrm{p}\Delta u(t)$	
(b) 一次遅れ系	$\tau_\mathrm{p}\dfrac{\mathrm{d}\Delta y(t)}{\mathrm{d}t} = -\Delta y(t) + K_\mathrm{p}\Delta u(t)$	
(c) 一次遅れ+むだ時間系	$\tau_\mathrm{p}\dfrac{\mathrm{d}\Delta y}{\mathrm{d}t} = -\Delta y + K_\mathrm{p}\Delta u(t - T_\mathrm{d})$	
(d) 二次遅れ系	$\tau_{\mathrm{p}1}\tau_{\mathrm{p}2}\dfrac{\mathrm{d}^2\Delta y(t)}{\mathrm{d}t^2} + (\tau_{\mathrm{p}1} + \tau_{\mathrm{p}2})\dfrac{\mathrm{d}\Delta y(t)}{\mathrm{d}t} + \Delta y(t) = K_\mathrm{p}\Delta u(t)$	

Δu：操作変数の初期定常状態からのステップ状変化量の大きさ
Δy：定常状態からの被制御変数の変化量

れてくる特性で，例としては先に述べた信号における車の発進が挙げられる．一次遅れは，完全混合状態にあるタンクでの濃度の変化がこれに当たる．

3.2　自動制御の仕組み

　一般に制御の仕組みは，センサーで検知した状況から，目標値との差（偏差）を検知して，制御装置で判断して，操作機を作動させることで，目標値に至るようにすることからなる．低温水の温度を上げる操作を模式的に表すと図3.3のような操作を行っている．この動作における信号の流れを図式にしたものをブロック線図という．

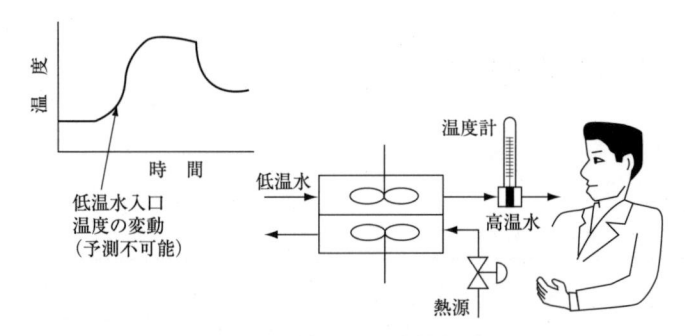

図3.3　低温水の加熱操作[5]

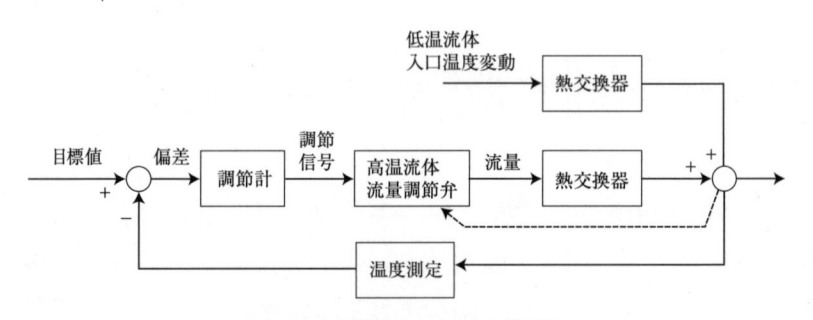

図3.4　加熱操作のブロック線図[5]

　制御の方法としては，1つの因子を制御するためのフィードバック制御，プロセスの起動停止を行うシーケンス制御，さらにコンピューターを使いこれらトータルのプロセスの制御・管理を行うなど，個々のプロセスの対象と調整の仕方によって，種々の方法がある．

3.2.1 フィードバック制御

一般に結果を原因側に反映させることをフィードバック (feedback) という．出力信号を検出して，目標値と比較し，その差の大きさに応じて操作部を動かし，制御対象に作用させる，つまりフィードバックを用いた制御をフィードバック制御という．

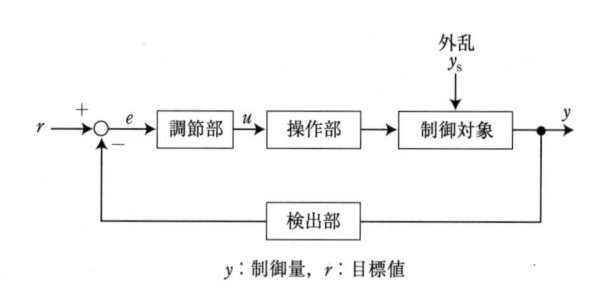

y：制御量，r：目標値

図 3.5　フィードバックのブロック線図[6]

(1) オンオフ制御

図 3.5 で調節部の作用を，偏差値 (e) が＋になったら，その大きさにかかわらず操作部をオン（またはオフ），同様に偏差値 (e) が－になったら，その大きさにかかわらず操作部をオフ（またはオン）させる制御方式である．機構が単純・安価であり，簡単な温度制御などに適用される．目標とする制御量 (y) は，プロセスの動作性に従ってある幅で振幅する（ハンチング動作）．

(2) PID 制御

プロセスの持つ特性，すなわち一次遅れ，二次遅れ，むだ時間の大きさなどに対応して，調節部で採用する制御動作のプログラムに次の PID 動作を適用した方式で，より精密な制御を要求される場合に適用される．

① 偏差値の大きさに比例して，操作部を動かす比例（P：proportional）動作
② 偏差値の時間積分値の大きさに比例して，操作部を動かす積分（I：Integral）動作
③ 偏差値の時間微分値の大きさに比例して，操作部を動かす微分（D：Derivative）動作

対象によってこれら単独または組み合わせて制御動作を行う．P動作だけでは，目標値との偏差は残る．また操作部の動く感度が大きすぎると，制御量は目標値と一致せずにサイクリングを始める．I動作を加えると，偏差がある間は操作部が動かされ，偏差値が0になる．D動作を加えると，動作が遅いプロセスの場合，結果が出るまでに時間が掛かるが，その変化を予知して操作部を動かすことで，制御量のオーバーシュートを小さくできる．

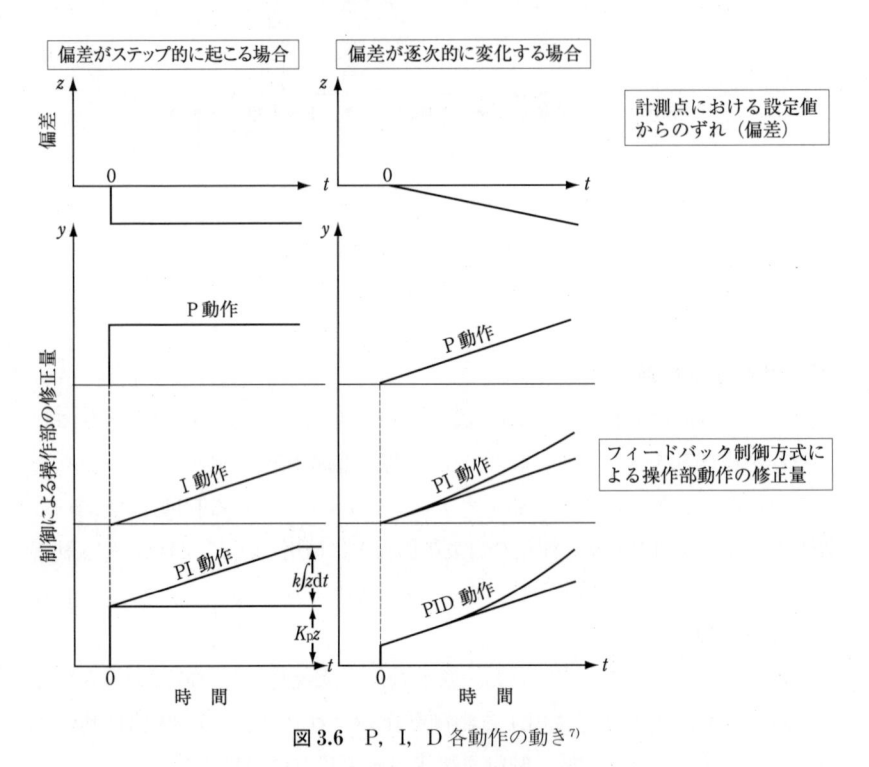

図3.6 P，I，D各動作の動き[7]

(3) 発酵プロセスの制御装置

PID，オンオフ制御などを組み合わせて各項目の制御を自動的に行うシステムである．図3.7に発酵プロセスの計装の概要を示す．

3.2.2 ファジィ (fuzzy) 制御

人間が考え判断するときには必ずしも，厳密な数字や論理に基づいて行う

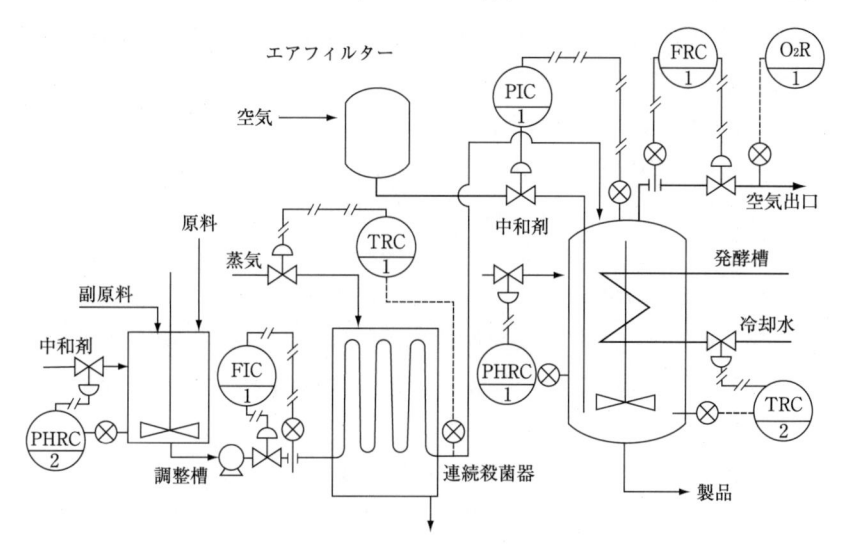

T：温度，F：流量，P：圧力，R：記録，I：指示，C：制御

図3.7 発酵プロセスの計装[8]

わけではない．例えば次に示すように，多くのことがあいまいに考えられている．

あいまいさ	厳　密　さ
若い人	21才から18才
快適な室温	23.5℃，湿度50％の部屋
車の乗り心地	車のサスペンションの振幅範囲

ファジィ制御では次のように論理を進める．
① ファジィ化ブロック
計測値の物理的量をファジィ化する．
［例］風呂の湯温の温度制御系を考える
　計った温度が43℃付近以上であれば「熱い」
　　　　　　　40℃近辺であれば「適温」
　　　　　　　38℃付近以下であれば「ぬるい」
　　　　　　　30℃付近以下であれば「冷たい」と決める．

ここで「熱い」,「適温」,「ぬるい」,「冷たい」という表現は感覚的なものであり，その境目は付近とか近辺とかで数量的に明確でないファジィ表現である．ここで例えば41℃では全体の50％の人が「適温」と感じるといったように，40℃近辺の各温度に対してその温度を「適温」と考えるグループ（ファジィ集合）の全体に対する割合を求めればファジィ表現がより定量化できる．このようにして求めた関数をメンバーシップ関数と呼ぶ．

② ファジィ推論ブロック

ファジィ集合のメンバーシップ関数で決められたプロセスの現在の状態に対して，どのように対応するべきか，今までの経験なども含めてプロダクションルールを決める．

もしプロセスが前件部の状態にあれば後件部の動作を実行せよ．

　　（if　前提条件　プロセスの状況，then　後件部　実行動作）

［例］もし風呂が「ぬるい」という状況であれば，火力を強くせよという動作を実行．

もし風呂が「熱い」という状況であれば，水を加えよという動作を実行．

③ 数 値 化

ファジィ推論ブロックの推論結果を実際に実行するための具体的な数字に変換する．例えば火力を強くというのは，この場合具体的にガス量をどのくらい増やすのかを決めねばならない．

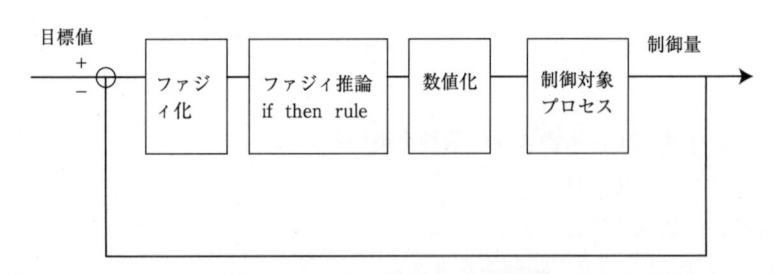

図3.8　ファジィ制御ブロック線図[9]

実用的には，洗濯機の汚れの性質の検知や，掃除機において床と畳の違いをゴミの量で判断するなどにも応用されている．また清酒やアミノ酸発酵などバイオプロセスへの適用検討もなされてきた[10]．

3.2.3 シーケンス (sequence) 制御

プロセスをその工程ごとに分割して，それぞれの工程の開始条件と終了の条件を決める．その条件が満たされると，その工程が開始または終了するように，制御回路が組まれる．これにより，プロセス・設備の自動起動停止を行う．バッチプロセスに適用される．

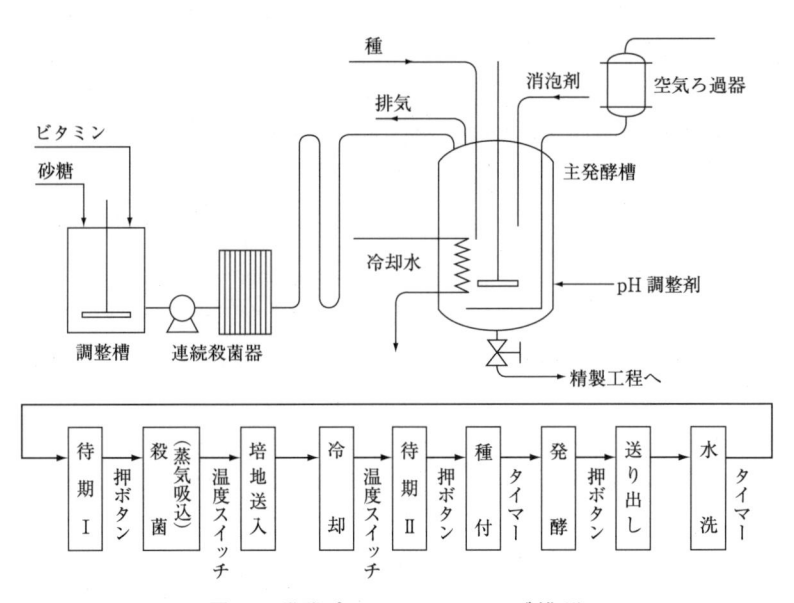

図 3.9 発酵プロセスのシーケンス制御[11]

3.2.4 コンピューター制御

コンピューターの発達と共に，さまざまな制御をコンピューターで行えるようになった．

① 製造工程の全般に及ぶ総合的な生産計画に関するもので，目的とする品質に応じて，原料の品種，配合など各製造条件を決定する生産計画のシステム．
② プロセスの時系列的な最適環境管理目標の設定．
③ シーケンス制御でプロセスの起動停止を行うとともに，フィードバック制御などで，上記の目標値に達するように，各指標を制御し，必要な

データ処理・管理などを行う．指標の時間的な変化プログラムを最初に設定してそのとおりに制御する，プログラム制御も行う．

3.3 測定項目とセンサー

バイオリアクターの状態把握と操作のための測定対象となる計測量を表3.2に示す．

表3.2 バイオリアクターの状態把握と操作のための計測量[12]

種類	計測量	影響項目
物理量	温度	反応速度, 反応の安定性
	湿度	固体発酵速度
	圧力	雑菌汚染
	液面	操作の安定性
	液量（重量）	操作の安定性
	泡高さ	操作の安定性
	培地流量	処理速度
	通気流量	反応速度, 処理速度
	撹拌速度	反応の均一性
	撹拌動力	生産物や菌体の濃度
	総括酵素移動容量係数	反応速度
	液粘度	生産物や菌体の濃度
	冷却液流量, 温度	反応速度
	加熱蒸気圧力	滅菌状態
化学量	pH	反応速度
	溶存酸素	反応速度
	溶存二酸化炭素	反応速度
	酸化還元電位	反応速度
	物質濃度	収率, 反応量
	・培地成分濃度	生産速度
	・前駆体	生産速度
	・生産物	生産速度
	・阻害産物	生体触媒活性
	・通気成分(酸素, 二酸化炭素)	反応速度
生物量	細胞濃度	生産速度
	酵素活性	生産速度
	増殖速度	生産速度
	基質消費速度	生産速度, 収率
	呼吸速度	反応活性

温度：装置内の温度むらに注意がいる．
圧力：純粋培養系では，外部からの雑菌汚染を防ぐために内圧を外部より
　　　高く維持する．
液面：通気操作を行う場合，通気により水分が同伴され系外に流出する量
　　　が無視できない．
泡面：副産物も含め界面活性物質による気泡の発生は，通気に伴う液の同
　　　伴，外部からの雑菌侵入のおそれがある．
撹拌速度：リアクター内部を均一の状態に保ち，生体触媒と反応物質との
　　　接触を促進する目的で撹拌が行われる．
撹拌動力：生体触媒濃度，溶液の粘度が大きくなると大きくなる．
総括酸素移動容量係数：酸素供給は気泡から気液界面を通して培養液中に
　　　溶解する．その溶解速度は気泡の大きさ，撹拌速度，溶解している
　　　物質などの影響を受ける．酸素飽和濃度は，常温常圧で約 $8\,\mathrm{g\,m^{-3}}$
　　　の小さなものである．
pH：アミノ酸発酵において pH 制御は極めて重要な要素であり厳密な制
　　　御が要求される．

　測定に際しては表3.3に示すような種々のセンサーが使用される．
　センサーを反応器内に挿入する場合，加熱蒸気殺菌を行っても特性劣化を起こさないこと，操業中に外部から雑菌の汚染のないことが必要である．また，どうしても殺菌ができない場合は，バイオリアクター外に無菌的に取り出したサンプリング液に対して使用する．
　センサーを機器に取り付ける場合に，その取付け位置について，
　① できるだけ代表値が測定できる，
　② 温度・振動など設置位置の環境でセンサーに狂い，破損が生じない，
　③ 取付け部に液だまりが出来て洗浄が不十分になることがない，
　④ 点検・検定など保守がしやすい，
などの点に配慮して設置する必要がある．

　エレクトロニクスとバイオ技術の融合により，生物の機能を利用したバイ

表 3.3 各種変数と対応するセンサー[13]

変　　数	セ ン サ ー
培養温度	熱電対，サーミスタ，白金抵抗体
槽圧力	ダイアフラム式圧力計
ガス流量	サーマルマスフローメーター，差圧式流量発信器，ローターメーター
撹拌速度	タコゼネレーター
撹拌動力	ストレンゲージ
液量	ロードセル
泡	接触電極
供給流量	タコゼネレーター，ロードセル
pH	ガラス比較複合電極
酸化還元電位	白金・比較複合電極
溶存酸素濃度	隔膜式電極，チュービングセンサー
溶存炭酸ガス濃度	電極，チュービングセンサー
溶存アルコール濃度	チュービングセンサー，微生物電極
各種成分濃度（培地成分，生産物など）	酵素電極，微生物電極
アンモニウムイオン濃度	アンモニウム電極，アンモニア電極，微生物電極
金属イオン濃度	イオン電極
排ガス中の酸素分圧	磁気式分析計，ジルコニア式分析計
排ガス中の炭酸ガス分圧	赤外線ガス分析計
濁度，菌体濃度	光ファイバー法（ホトセル法），電極法

オセンサーの開発が進んできた．バイオセンサーの構成要素は，一般に測定対象と特異的に反応する反応部と，その反応によって変化する現象を電気信号に変換する電気化学的デバイスである．

　バイオセンサーとして，酵素センサー，微生物センサー，免疫センサーなどが開発されている．これらは酵素（群）や抗原・抗体の反応特異性を利用して，多数の有機物質が混在する溶液中でも，選択的に特定の有機物を識別定量できる．グルコース，尿素，乳酸，BODなどのセンサーは実用化段階にあるが，生体物質は一般に安定性が悪いので，長寿命化がこれからの課題である．

参 考 文 献

1) 海野　肇：バイオプロセス工学，p.3，講談社サイエンティフィク（1996）
2) 橋本健治編：ケミカルエンジニアリング，p.107，培風館（1999）
3) 化学工学教育研究会編：新しい化学工学，p.163，産業図書（1999）

4) 化学工学会編:基礎化学工学, p.286, 培風館 (1999)
5) 梅田富雄編:次世代の化学プラント, p.6, 培風館 (1995)
6) 化学工学教育研究会編:前掲書, p.162.
7) 橋本健治編:前掲書, p.109.
8) 化学工学協会編:バイオテクノロジー, p.188, 槇書店 (1986)
9) 川田誠一:都民カレッジ「生物に学ぶ工学のインテリジェンス」資料 (1999)
10) 海野　肇他:前掲書, p.134, 136.
11) 化学工学協会編:前掲書, p.189.
12) 海野　肇他:前掲書, p.21.
13) 清水祥一他:バイオリアクターシステム, p.107, 共立出版 (1993)

4. 分　離　技　術

4.1 分離の必要性について

　一般に原料には多くの不要な異物あるいは夾雑物が含まれている．これらを選別除去することは重要であるが，まず**できるだけ不要物の少ない原料を使用することがより重要である．**

　不要物の除去は必要であるがあまりに高度に分離してしまうと，有効な微量成分も除去されてしまい，本来の製品の特性と異なってしまう．例えば，イオン交換膜法による食塩は，にがり成分まで除去されてしまい，塩化ナトリウム以外は含まれない塩になってしまう．海洋深層ミネラル水の場合，塩分は 0.4 ％程度に除くが，適当なミネラル分を含有させている．

　反応操作を加えて生成したものには，本来目的とする有用なものと，未反応の原料や反応により出来た不要なものが混在している．

　微生物，動物細胞，植物細胞あるいは酵素を利用して，バイオテクノロジーで，目的の物質を生産しても，それだけでは製品を得ることはできない．その上，遺伝子工学，タンパク質工学，細胞工学などバイオサイエンス，医薬，食品産業において，生産目的物の多くは人命に直接かかわるものも多い．1つの精製工程を省いたために，ある夾雑物を微量含んだ製品が販売され，大きな被害損失を出した例もある．したがって，その安全性の確保には純度が高いものが要求され，必然的に全体の工程の中で，分離精製の占める割合が大きくなる．

　ところが自然は，エントロピーが増大する方向，すなわち無秩序になる方向に動く．濃度について言えば，よく混ざって薄くなる方向に動くのが自然で，これを分離して，濃度の高いものを得るために要するエネルギーは濃度の薄いほど高く，ひいては分離のコストも高くなる．つまり少ししか入って

いない状態の物を取り分けるのはそれだけ大変である．

　高価な物質を分離する場合には何段もの分離操作や，未回収の有用物質を回収するために再度分離工程に戻すリサイクル操作も行われる．これからは，人工透析器，悪玉コレステロール分離除去装置など，超精密分離の発展も必須である．

　一方，目的物が低価格のものは回収費に見合う程度の，できるだけシンプルな工程を採用する．そしてまた，そのプロセスは固定的なものではなく，原料や前工程の操作条件の変化などに合わせて変化してゆく．したがって，それぞれの物質は利用目的によって，その特性を生かした種々の方法を組み合わせて，目的とする有用な物を，できるだけ純度良く取り出す，あるいは不要な物を取り除く分離操作を行うことが好ましい．

　工業的な分離のプロセスは下記の点を勘案して選ばれる．
　① 目的とする有用物の性状と濃度．
　② 除去すべき不要なものの内容と性状，濃度．
　③ 分離に要するコスト・経済性．

4.2　分離に利用される物質の特性

　分離操作は物質の特性を利用して行われる．これらはいずれも物質の移動を伴う．分離に利用される物質の特性と分離操作を表 4.1 に示す．

　バイオテクノロジーの分離作業[1]では，対象がポリペプチドやタンパク質などであるために，
　① 物理的，化学的な性質の差が小さいことにより分離が困難である，
　② 生物学的機能に変化を与えてはいけないということから，分離プロセスで適用できる温度，pH などに制約がある，
　③ 多成分系で濃度が薄い中から高純度の物質を取り出す，
などの課題がある

　物質の特性に着目して分離方法を原理的に類別することに関しては多くの分け方があるが，本書では下記の方法[1]によっている．
　① 拡散的分離法：液体と気体など2つの相の間で，それ以上お互いに成

表 4.1 物質の特性を利用した分離操作

特　性	分　離　操　作
色・かたち	色差, 画像処理, 人手
大きさ・かたち	ろ過, ふるい分け, 分子ふるい吸着, 膜分離, クロマトグラフィー
大きさ・密度	遠心分離, 沈降分離, エアフィルター
分子量	ガス拡散
溶解度	ガス吸収, 晶析, 抽出, クロマトグラフィー
蒸気圧	蒸留, 蒸発, 凝縮, 乾燥, 昇華
吸着性	吸着, クロマトグラフィー
化学親和力	ガス吸収, 抽出, 吸着, イオン交換
電荷	イオン交換, 電気泳動, 電気集塵
磁気	磁気分離

分が移動しない状態での両者の濃度の関係を，相平衡と呼ぶが，平衡状態にないときに，平衡状態になろうとする濃度差を推進力に利用

② 輸送的分離法：物質移動するときの速度差を利用

③ 機械的分離法：物質を物理的に遮断し移動させない機構を利用などである（表4.2参照）．

このほかに食品の調理加工における，原料の皮むき，芯取り，肉類の脱骨，異物除去など人手による分離も重要な操作である．

細胞内に蓄積される酵素の場合，どのようにしてきれいな製品を取り出すかというと，まず抽出，沈殿分離，膜分離などの分離操作によって粗分離を行い，次にクロマトグラフィーなどによって精密分離を行うなど，これらの分離操作を種々組み合わせて，目的のバイオ生産物を精製するのが一般的である．

図4.1に示すような種々の工程を通すことによって純度を上げてゆき，製品が取り出される．この時に注意しなければならないのは，工程の歩留り収率である．仮に各段階での歩留りが70％とすると，5段階経ればなんと17％に落ちてしまう．したがって，シンプルで歩留まり収率の良い分離プロセスの開発が重要である．

4. 分離技術

表 4.2 分離方法の原理的類別[1]

機　構	分離方法	対象とする物質
拡散的分離法	晶　析 吸着, クロマトグラフィー 抽　出 超臨界流体抽出 蒸　留	タンパク質, 酵素, アミノ酸, 糖質 タンパク質, ペプチド, 糖質, 抗生物質 タンパク質, アミノ酸, ペニシリン, 有機酸 スパイス, エステル, 脂質, ビタミン, 抗生物質 アルコール, エステル
輸送的分離法	電気泳動 限外ろ過 逆浸透 透　析 電気透析	タンパク質, アミノ酸, DNA タンパク質, 多糖類 糖類, アミノ酸, アルコール 血液, 脱塩 塩類
機械的分離法	ろ　過 遠心分離 遠心沈降 沈　降 精密膜ろ過	細胞, 菌体 細胞, 菌体, タンパク質 プラスミド, オルガネラ 細胞, 菌体 細胞, 菌体, ウイルス

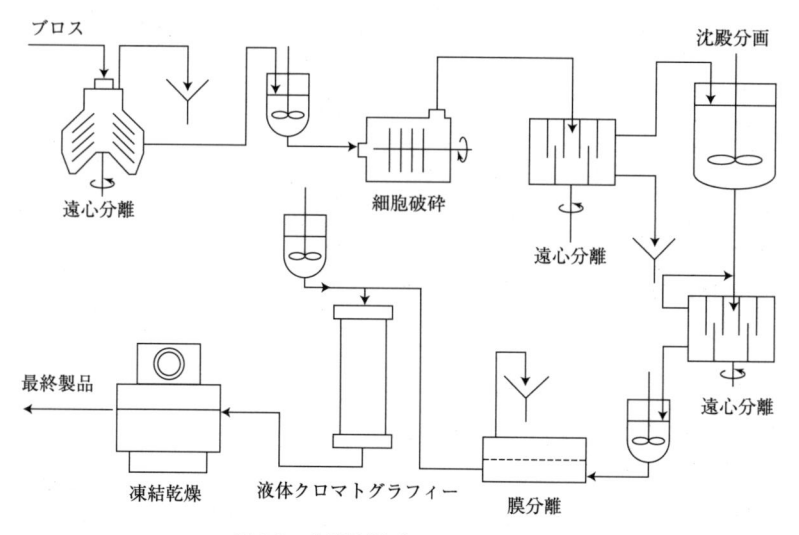

図 4.1　分離精製プロセスの流れ図[2]

4.3 細胞の破壊方法

バイオプロセスでは,目的の生産物が細胞外に分泌される場合は,最初に,培養液と細胞を遠心分離,ろ過などで分離するが,細胞外に分泌されない場合は,まず細胞の破壊を行い,破砕された細胞膜などの固形分を分離除去する必要がある.

(1) 物理的方法(ビーズミル)による破壊方法

細胞とビーズを混ぜ,ミルのディスクを高速に回転する.ビーズどうしの回転衝突,せん断力などで細胞が破砕される.投入されるエネルギーの大部分は熱に変わるので,冷却水で冷やしながら行う.

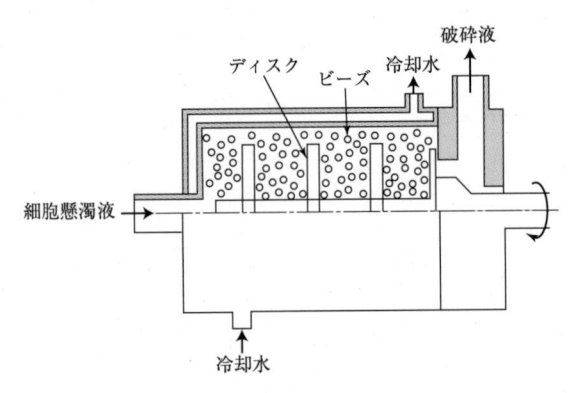

図 4.2 ビーズミル模式図[3]

(2) 化学的方法

0.5 M 程度のアルカリ液中に細胞を浸し,場合によっては温度を上げるなどの方法がある.この方法は生産物がそのような条件に耐える安定性を持つことが必要である.

(3) 酵素的方法

リゾチームなど,細胞膜を特異的に分解する酵素を使う.比較的に緩和な条件で細胞破壊が可能である.

4.4 目視分離

食品工業などで多くなされている分離法が,人手による選別分離である.特に固形物の分離などでは良い機械的分離法が無いため,やむを得ず人間の五感に頼る選別と人手による分離を併用した方法である.見逃しミスは直ちに欠陥商品発生につながるので,**作業に携わる1人1人の作業の確実性**が要求される.

そのためには

① 作業に携わる人に対しての人間工学的面の管理,例えば照度,空調などの作業環境の整備,作業のやりやすさなど作業方法の工夫をする.
② 労務管理的な配慮,例えば作業に当たる人の,作業への適性や仲間との対人関係などに対する注意が必要で,未熟練の作業者を漫然と配置して作業させることは問題である.

例えば冷凍食品の製造においては,重量不足,数不足,金属などは自動検出,自動排出が可能であるが,原料中に含まれる異物,あるいは形状不良などの検知には,画像処理,色差,X線技術も一部では活用されているものの,検出性能の点で不十分で,また価格の問題もあり,結局人手による目視検査を行うことが多い.その結果,必然的に工程の作業要員全体の中で,検査要員の占める比率が大変高いのが実情である.

4.5 機械的分離法

4.5.1 沈降分離

結晶粒子の沈降速度は,層流域では,ストークスの式に示すように,粒子の径の2乗と溶媒と溶質の密度差の積に比例する.粒子径および溶媒と溶質の密度差が大きくなると飛躍的に沈降速度が大きくなり,分離がしやすくなる.

重力による分離は,g:重力加速度,ρ_p:分散質密度,ρ:分散媒密度,D_p:分散媒直径,μ:分散媒粘度,v_r:粒子と流体の相対速度とすると,$Re_p = \rho_p D_p v r / \mu < 6$ では次のストークスの式で示される.

終末速度(沈降速度)　$U_t = g(\rho_p - \rho)D_p^2/18\mu$

4.5.2　遠 心 分 離

遠心分離は，遠心力場での粒子の移動速度の差を利用して，大きさや密度の異なる粒子を相互分離する．

半径 r [m] の円周上を角速度 ω [1/s] で回転する質量 m [kg] の物体には，中心から外向きに遠心力 $F = mr\omega^2$ が働く．円周の長さは $2\pi r$ であるから，毎分 N 回転する場合，円周速度 $v = 2\pi r N/60$ [m/s]，角速度 $\omega = v/r = 2\pi N/60$ [1/s]．

遠心力と重力との比，遠心効果 Z は

$Z = F/mg = mr\omega^2/mg = r(2\pi N/60)^2/9.8 = r(2 \times 3.14 \times N/60)^2/9.8$
$\fallingdotseq rN^2/900$

遠心効果は回転数の 2 乗に比例していることに注意する．

遠心力場において，球形の粒子が遠心沈降する際の終末速度 U_{tc}（粒子に作用する遠心力と抵抗・浮力が釣り合ったときの沈降速度）はストークスの法則適用範囲の層流域において

$U_{tc} = U_t \cdot Z = \{gD_p^2(\rho_p - \rho)/18\mu\} \times (rN^2/900)$

となる．

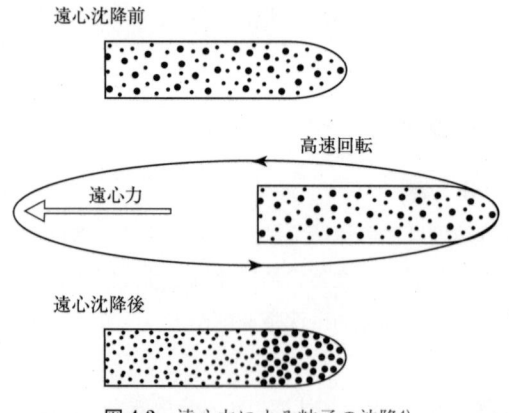

図 4.3　遠心力による粒子の沈降[4]

図 4.4 に分離板型遠心分離機による牛乳の分離の様子を示す．

4. 分 離 技 術

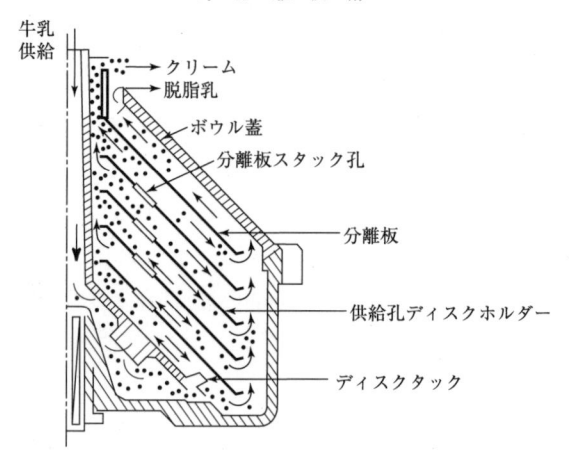

図 4.4 分離板型遠心分離機における牛乳の分離[5]

［例］ クリーム・バター製造における牛乳から脂肪分の分離

牛乳はカゼイン水溶液であり、乳脂肪が微粒子状態で分散している。この水溶液と乳脂肪の比重差はわずかであり、静置していても分離しないので、連続遠心分離機（クリームセパレーター）で分離する。

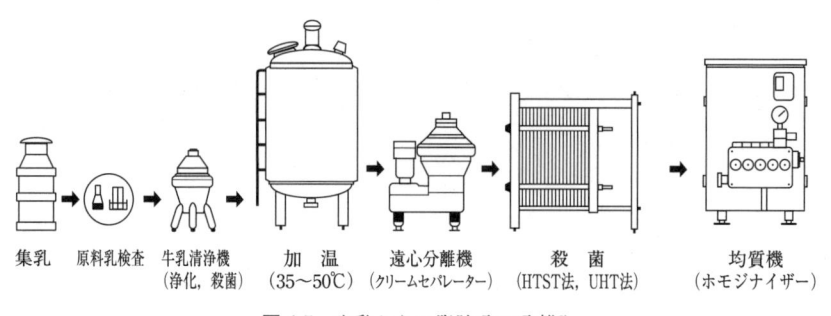

図 4.5 牛乳からの脂肪分の分離[6]

【演習】[5]

直径 5 μm の脂肪球を含む牛乳から脂肪を分離する場合、静置したタンク中で脂肪を自然浮上させる方法と、毎分 10 000 rpm の遠心分離機（ボウル半径 9 cm）による方法の脂肪球の浮上速度の比較をする。ここで牛乳の物性は、乳清密度 $\rho = 1\,030$ （kg/m³）、脂肪密度 $\rho_p = 910$ （kg/m³）、粘度 $\mu =$

1.30×10^{-3} (kg/m·s) とする.

自然浮上速度　$U_n = gD_p^2(\rho - \rho_p)/18\mu$
$= 9.8 \text{(m/s}^2) \times (5 \times 10^{-6})^2 \times (1030 - 910)/(18 \times 1.30 \times 10^{-3})$
$= 1.25 \times 10^{-6}$ m/s

遠心分離機速度　$U_c = U_n \cdot Z = \{gD_p^2(\rho - \rho_p)/18\mu\} \times (rN^2/900)$
$= (1.25 \times 10^{-6}) \times (0.09 \times 10000^2/900) = 1.25 \times 10^{-2}$ m/s

$U_c/U_n = 1.25 \times 10^{-2}/1.25 \times 10^{-6} = 10000$ で，遠心分離の方がはるかに浮上速度が大である.

4.5.3　ろ　　　過

ろ過は，粒子を含む液体や気体を，ろ紙，布，金網，粒子充填層などのろ材に通して，粒子の大きさの違いにより，空隙（孔）を通れるものと通れないものとに分離する方法で，相変化しないので省エネルギー的な分離法である.

ろ紙を使ったコーヒーのドリップが身近だが，エアコン，クリーンルームなどの集塵，水処理，バイオリアクターの空気処理などにおいても多く利用される.

(1) ケークろ過

一般に 1 vol％以上の粒子を含む液体のろ過では，ろ材表面に粒子層（ケーク層）が形成され，これがろ材となってろ過が進行する[7].　場合によっては，あえて助剤を添加してケーク層を作らせることも行われる.

ケーク層の圧力損失を Δp_c，ろ材の圧力損失を Δp_r とすると，ろ過圧力 $\Delta p = \Delta p_c + \Delta p_r$.　ろ過が進行すると，$\Delta p_c$ が大きくなり，ろ過の速度が落ちてくるので，ろ過操作の打ち切り，ろ布の交換，ろ滓除去などの時期の判断を要する.

(2) ろ材ろ過，清澄ろ過

0.1 vol％以下の希薄なスラリーではケークはほとんど形成されず，粒子はろ材内部で捕集される[7].

4.6 輸送的分離法

4.6.1 膜 分 離

膜分離の原理は，従来の意味のろ過をさらに小さい粒子の精密なろ過に拡張したものと言え，従来のろ過の限界を超えるとされた限外ろ過法も生まれた．原理的には**膜を透過する推進力として，電位勾配，圧力，逆浸透圧，濃度差**などを利用して膜に存在する細孔の大きさにより分離する．通常は 1 μm 以下の粒子の分離を目的とする．

ちなみに膜の種類とその分離サイズおよび用途は次のようなものである．

  精密ろ過膜（1～0.1 μm）……大腸菌など
  限外ろ過膜（0.1 μm～1 nm）……ウイルスなど
  透析膜（0.01 μm～1 nm）……血清アルブミンなど
  逆浸透膜（0.01 μm～1 nm）……無機塩など
  気体分離膜（1 nm～1 Å）……ガス

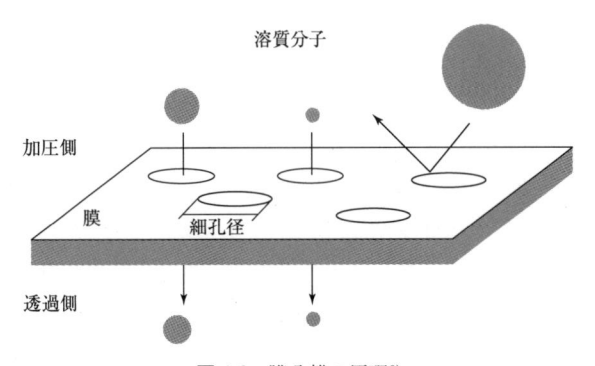

図 4.6 膜分離の原理[8]

溶媒が膜を透過する場合を**浸透**という．濃度差を推進力としてイオンなど小分子の溶質が膜を透過する場合を**透析**という．血液透析装置は，当初セロハン膜が使われたが中空糸膜の出現で小型化が実現した．

膜を使用した分離法は，熱がかからない，閉鎖系で空気に触れないなどから，熱や酸素に弱いものの分離には有効な手段である．また河川の水から農薬や病原性原虫を除き，塩素消毒が遥かに少なくても飲める水を作る「浄水

器」となる．薬品で汚れを固め砂でろ過する従来法より農薬など化学物質が取り除きやすい．使用するに際しては

① 分離膜の耐熱性や耐薬品性が低い，
② 使用後の膜の洗浄や殺菌は，特殊な洗剤を使って十分に洗浄するが，洗浄を繰り返すと，次第に膜の性能が低下する，
③ 連続運転すると膜面で濃度分極を起こし溶液の透過流束が低下する，

などに対しての配慮がいる．

4.6.2 逆浸透膜

1950年代，米国のアイゼンハワー大統領が，「世界平和のための水」というテーマでキャンペーンを行い，世界の水不足地域のために，海水淡水化の研究・開発に幅広く援助を行った．フロリダ大学の Reid は膜を用いる方法を見いだしたが，水の透過速度が非常に小さいなどで実用化できなかった．カリフォルニア大学の Loeb と Sourirajan が，表面と裏面で孔の大きさの異なる膜を開発し実用化に成功した．

膜は，水は通すが塩分は通さない分離機能を発現する超薄膜層（半透膜）と，これを支持する機械的強度の大きい多孔性膜からなっている．半透膜自体は酢酸セルロースなどから作られる．無機塩類など小さい分子を分けるのに適し，海水淡水化，廃水処理などに利用されている．

野菜の組織細胞は半透性の原形質膜を持ち，主に水だけを通す．野菜に食塩を加えると食塩の浸透圧作用により細胞内の水分が排出される．浸透圧よ

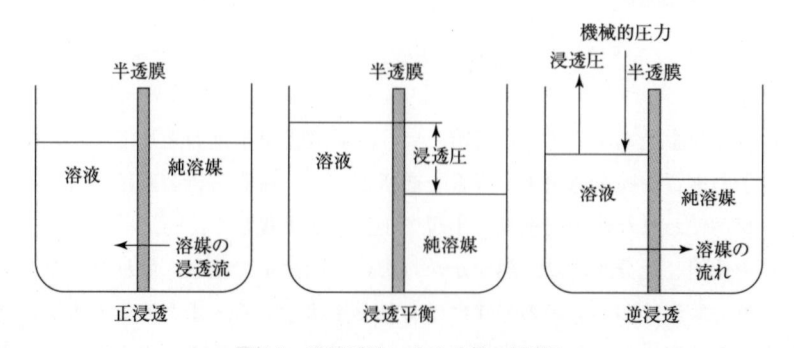

図4.7 逆浸透法による分離の原理[9]

り高い圧力（逆浸透圧）を掛けることで，溶液に含まれる水を膜の外側の水に移動させるのが逆浸透膜分離法の原理である．

機　器

スパイラルモジュール：膜と膜の間にはスペーサーを挿入して，膜どうしの接触を防ぐようにした平膜を海苔巻状に巻いたもの．

キャピラリーモジュール（中空糸型モジュール）：外径 40〜200 μm，厚さ 10〜50 μm の中空糸状の逆浸透膜を数十万本束ねて圧力容器に収めたもの．原料は中空糸の外側に沿って流れて行く間に，水だけが膜を透過し中空糸の内側に入り，その中を通ってモジュール外側に排出される．

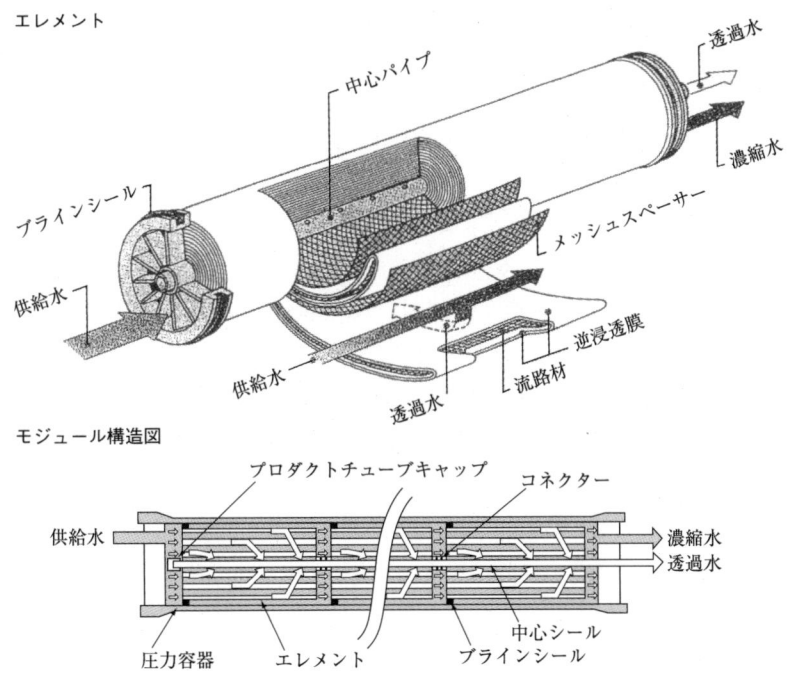

図 4.8　逆浸透膜エレメントおよびモジュール構造図（東レ SU シリーズ）[10]

4.6.3　イオン交換膜

ポリスチレン・ブタジエン系やポリエチレン・スチレン系の樹脂をベースとしたイオン交換樹脂を，膜が破れないように補強材を使い膜状に成形した

イオン交換膜を使う電解質の分離を，イオン交換透析と呼ぶ．イオン交換膜は，膜透過の推進力として電位勾配を利用する．陽イオン交換膜と陰イオン交換膜を一対として多数配置し，両端に電場をかけイオン性の物質の濃縮，除去あるいはイオン性物質と非イオン性物質の分離を行う．海水の濃縮や脱塩に活用されている．

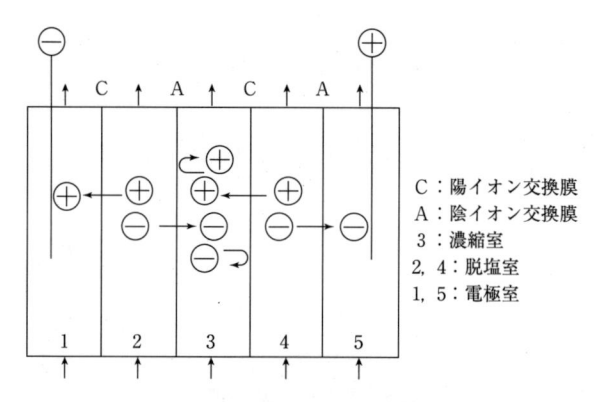

図4.9 イオン交換膜による海水の濃縮と脱塩[11]

C：陽イオン交換膜
A：陰イオン交換膜
3：濃縮室
2, 4：脱塩室
1, 5：電極室

[例] 食塩製造

　1×2m位の大きさの膜を2 000枚以上，0.4〜0.5mmの間隔で重ね合わせ，その隙間をきれいにろ過した海水が均一に流れ，濃度が3％から20％に濃縮される．イオンが通過する孔は100万分の1mm程度である．この濃縮液は，さらに濃縮缶で濃縮され，晶析，分離，乾燥工程を経て食塩となる．

4.6.4 電気泳動

　水溶液中でのイオンの泳動の速さ，電場中のコロイド粒子や分子の移動速度 (v) が，その荷電量 ($n \cdot e$)，大きさ (D) および形によって異なることを利用する．

$$v = (n \cdot e) E / 3\pi\mu D$$

ここで E：電界強度，μ：粘度．

　移動速度は主として溶質の移動度と解離度とに支配され，解離度は溶液のpHによりほぼ一義的に決まってしまうので，溶液のpH，つまりどのような緩衝液を選ぶかがキーとなる．タンパク質は溶液のpHによって陽イオン

になったり，陰イオンになったりする両性電解質で，pHの条件では陰イオンに荷電したタンパク質は陽極に向かって泳動し，陽イオンに荷電したタンパク質は陰極に向かって泳動するようになるので，その分離・精製・分取や分析に古くから使われている．避けることのできない問題として，電気が流れることで発生するジュール熱に対する冷却方法の問題がある．

(1) 移動界面法

1937年スウェーデンのA.TiseliusがU字管を用いた電気泳動によるタンパク質分離装置（チセリウス型電気泳動装置）を考案した．

U字管の中央部にタンパク質の混合溶液を入れ，その両端に一定pHの緩衝液を入れる．この緩衝液の上端に電極を入れ直流電流を流すと陰イオン，陽イオンそれぞれに荷電したタンパク質は互いに反対の極に向かって泳動し，溶質と溶媒の密度差によって移動界面が形成されて分離が行われる[12]．

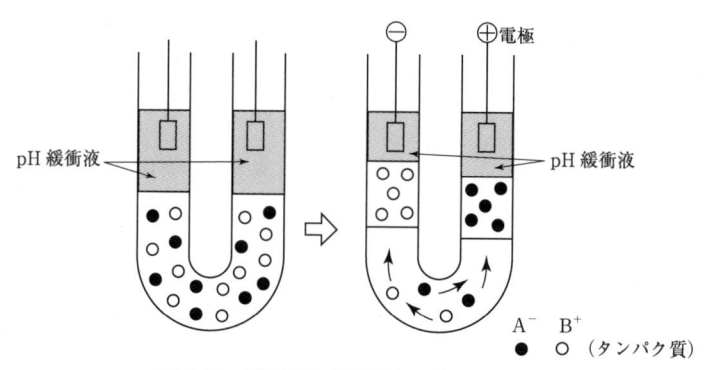

図4.10 電気泳動（移動界面法）の概念図[12]

(2) ゾーン電気泳動法

緩衝液をしみ込ませた，ろ紙，デンプン粒，寒天ゲル，デンプンゲル，アクリルアミドゲルなどを支持体とする電気泳動法．各成分はそれぞれの独立したゾーンとなって移動し，成分の重なった分布は起こらない．

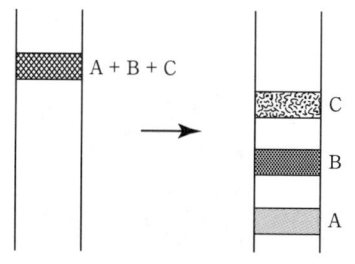

図4.11 電気泳動（ゾーン電気泳動法）の概念図[13]

4.7 拡散的分離法

4.7.1 吸着分離剤，イオン交換樹脂を用いる分離

吸着の構造

吸着は，気体（または液体）の分子が固体に引き寄せられて，固体側の濃度がその気体（または液体）中の濃度より上がる現象である．

この固体を吸着剤と言い，活性炭，シリカゲル，活性アルミナ，活性白土などの多孔質な固体が用いられる．**多孔質固体は，重量または容積当たりの細孔の表面積が極めて大きく，少量の吸着剤でも大きな吸着量を示す．**

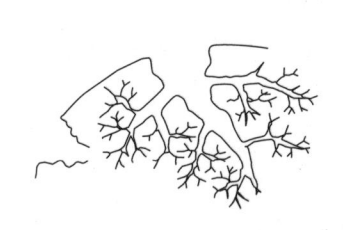

(a) 広範囲の細孔分布を有する均質体

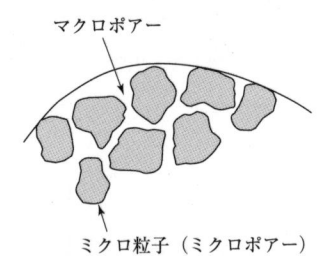

(b) マクロポアーを有するミクロ粒子の集合体（二元細孔構造）

図 4.12 典型的な 2 種類の多孔性吸着材[14]

吸着は，ある温度と圧力の条件のもとに，十分に長い時間をかけ溶質成分と吸着剤を接触させると，流体中の溶質成分と吸着剤に吸着した溶質成分は吸着平衡（吸着する量と吸着したものが脱着する量が等しい状態）に達する（図 4.13 参照）．その後，溶出液で吸着成分を取り出し，分離する（吸着成分が不要な場合はそのまま廃棄）．

吸着剤は，吸着能力の劣化により，出口の溶質成分がある濃度（破過濃度）以上になったら，吸着剤の交換を行うか，新しい吸着

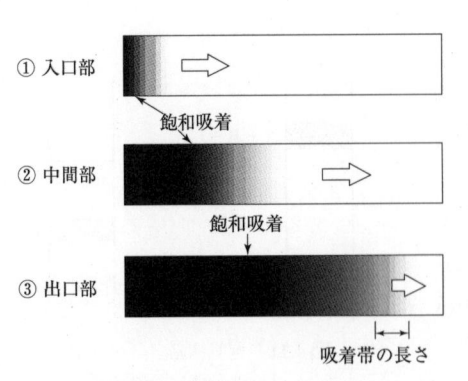

図 4.13 吸着ゾーンの移行[15]

剤の入った別の塔に切り替える．

吸着はショ糖，アミノ酸などの脱色，微量成分の除去，上下水や工業排水の二次，三次処理などに利用される．

[例] 果糖生産

果糖（フルクトース）とブドウ糖（グルコース）の分離には，現在は陽イオン交換樹脂を使用した擬似移動層型吸着装置が使用される．塔に詰めた吸着剤を吸着の進行に従い少しずつ順に押し出し移動させる移動層方式は，吸着剤をスムーズに移動させねばならず，閉塞などの問題を抱えている．そこで塔を幾つかの固定層吸着塔に分割し，1つの吸着塔を操作の単位として，吸着の進行度に従って順次新しい吸着剤の入った塔に切り替えることで，吸着剤を移動させるのと同じ効果を持たせ，実質的に連続的な操作のできる，擬似移動層型吸着分離装置が考案された．

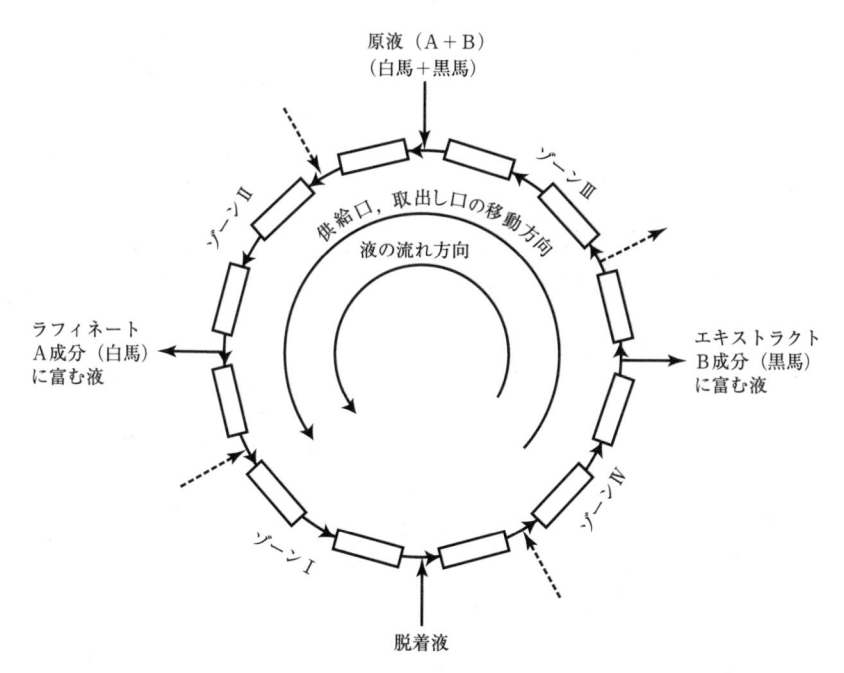

図 4.14 擬似移動層型吸着装置[16]

4.7.2 クロマトグラフィー

吸着とクロマトグラフィーは基本的な原理はほぼ共通である．吸着では吸着剤に吸着した溶質はそのままになっているが，クロマトグラフの場合は，一度吸着した溶質が，時間差で再び遊離する．両者では分離の目的，装置の構成および操作の仕方がかなり異なる．

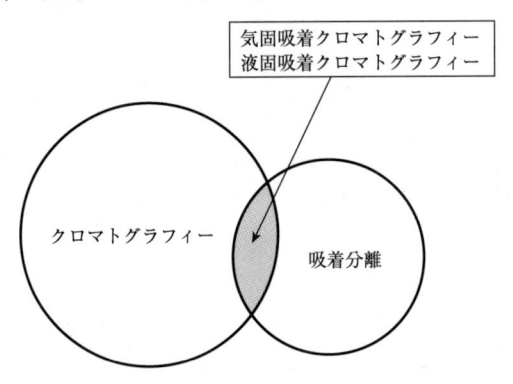

図 4.15　吸着とクロマトグラフィーの違い[17]

クロマトグラフィーは 1906 年，ロシアの植物学者 M. S. Tswett による，植物の葉から抽出した色素の分離に端を発する．クロマトグラフィー法（クロマ：色の彩度，色度．グラフィー：書写法．いずれもラテン語）は，成分によって吸着される強さに差があることを利用して，精密な分離に利用される．機構の違いにより，回分クロマト法，イオン交換法，ゲルクロマト法，アフィニティ法などに分けられる．

(1) 回分クロマト分離

少量の試料をカラム入口に注入後，移動相を流して分離する回分クロマト分離（固定相）は，似ている物の分離には長いカラムが必要である，大量の試料を連続的に分離できないなどの欠点がある．そこで擬似移動層型吸着装置が使用される．またカラム内で吸着剤を移動相の流れ方向とは逆向きに移動（向流操作）させることで，移動速度のあまり変わらない 2 成分でも，短いカラムで分離できる移動層型吸着装置が考案されている．

(2) イオン交換クロマトグラフィー

イオン交換樹脂のもつイオンと親和力の大きなイオンほど強く交換樹脂に

4. 分 離 技 術

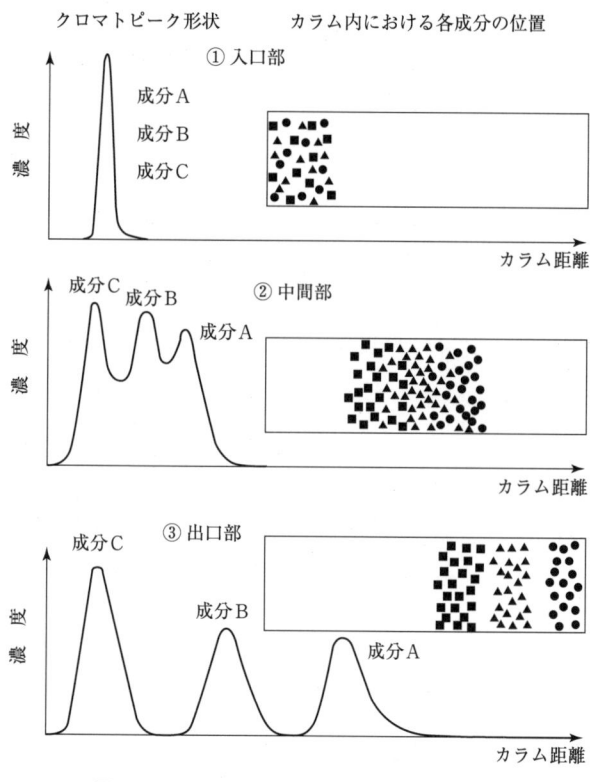

クロマトピーク形状　　　カラム内における各成分の位置

① 入口部

成分A
成分B
成分C

② 中間部

成分C　成分B
　　　　　　成分A

③ 出口部

成分C
　　　成分B
　　　　　　成分A

図 4.16　クロマトグラフィーの分離の原理[18]

吸着される性質を利用する．

(3) ゲルクロマトグラフィー

　三次元網目構造の多孔性ゲル粒子（セファデックス）を使う．多孔性のゲル粒子の細孔内部に網目より小さな粒子が進入すると，カラムでの滞留時間が長くなり，分離される．

(4) アフィニティクロマトグラフィー

　特定の酵素と阻害剤，抗原と抗体，ホルモンとレセプターといった関係にある物質の一方を固体粒子に固定してカラムに充填する．もう一方の物質に対する特異的吸着（生物学的親和力）を利用する．多成分，低濃度の系から高純度の生物学的活性を有する目的物質を得たいときに有効である．

(a) 吸着　(b) 吸着　(c) 洗浄　(d) 溶離

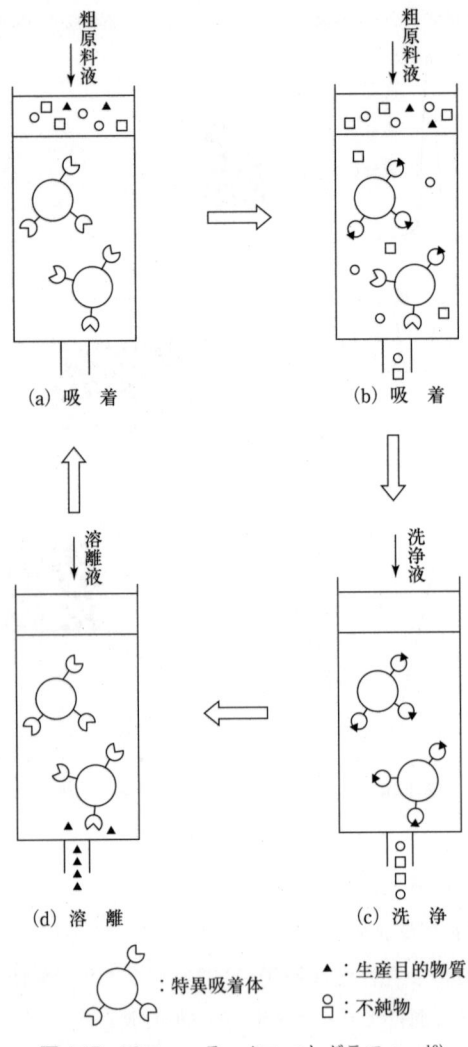

🍴:特異吸着体　▲:生産目的物質　🔓:不純物

図 4.17　アフィニティクロマトグラフィー[19]

4.7.3　晶　　析

　原料混合物に加熱, 冷却, 減圧などの操作を行うと, 原料相とは別の相が新たに生成することがある (相:化学的, 物理的に均一になっているもの).

　例えば溶媒を蒸発し濃縮させるなどした溶液を冷却し, 飽和溶解度以上の

濃度(過飽和)になると,安定な微結晶(核)の発生とその成長によって,液中に溶解していた成分が高純度の結晶として析出する.

結晶が一旦析出すると,結晶表面に付着した微結晶の離脱,結晶どうしや結晶と撹拌翼の衝突により表面の微結晶がはがれるなどの現象が原因となって二次的な核発生が起こる.工業的な晶析装置内では数多くの結晶が懸濁している場合が多く,この二次核発生が支配的である.

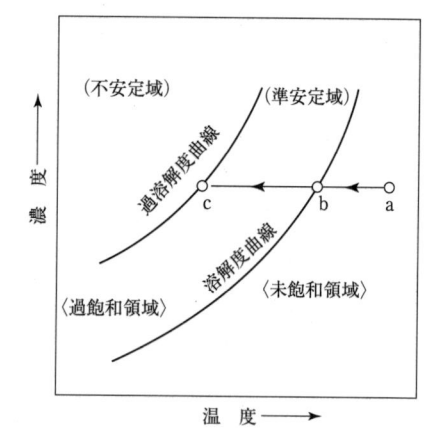

図 4.18 溶解度曲線と過溶解度曲線[20]

製品の純度を上げるには,共存する不純物や晶析の条件をコントロールし,いかにして,① 母液の付着の少ない大きな結晶を作るか,② 生成した結晶を装置の中できれいに洗浄して取り出すかがポイントになる.

晶析後の母液には,目的とする成分がまだ含まれているので,これをさらに回収する目的で,晶析前の液にリサイクルさせることもある.

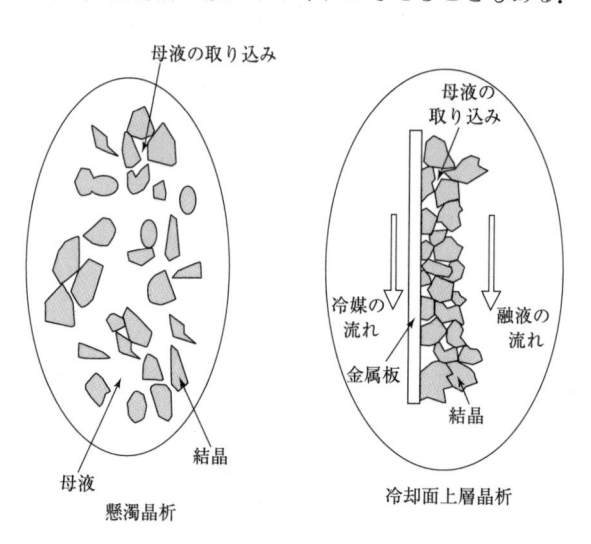

図 4.19 結晶中への母液の取り込み[21]

この方法は,蒸留法では不都合があり,かつ原料中に沸点のかなり近い類似成分が含まれている場合,また天然物などのように熱的に不安定で劣化・分解・変質しやすい成分の場合,あるいは高温では重合などを引き起こす物質が含まれている場合などに適用される.アミノ酸のほか食塩,砂糖などの製造に利用される.

4.7.4 抽　　出

抽出は,液体または固体の中のある成分を選択的に溶かす溶剤を使い,溶かしだすことで分離する方法である.液体どうしで抽出を行う場合を液液抽出と呼ぶ.水溶液からの有機化合物の分離,特に濃度が薄い場合や,目的物の沸点が水より高く蒸留が用いにくい場合などに応用される.

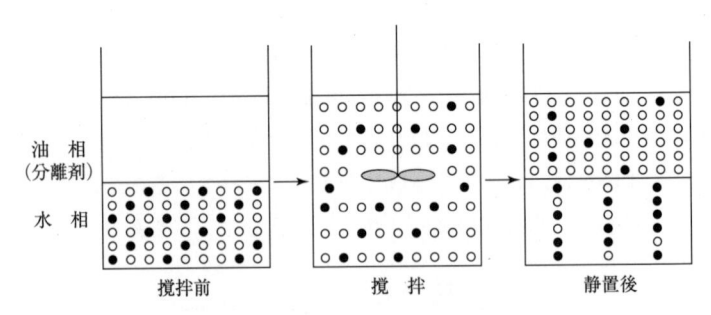

図 4.20　分離剤を用いる液液抽出[22]

［例］　コーヒー豆からのコーヒー液の抽出（図 4.21）

抽出の順序

　　抽出1：豆は既にかなり抽出されて出がらしに近い.濃度差がある高温の水で最後の抽出を行う.

　　抽出2,3：抽出1から出た液で抽出2,抽出2から出た液で抽出3を行う.抽出する液の温度は順次低下してくる.

　　抽出4：充填後のフレッシュな豆を,熱でフレーバーが損なわれないように,温度が下がってきている抽出3からの液で最初の抽出を行う.

4. 分離技術

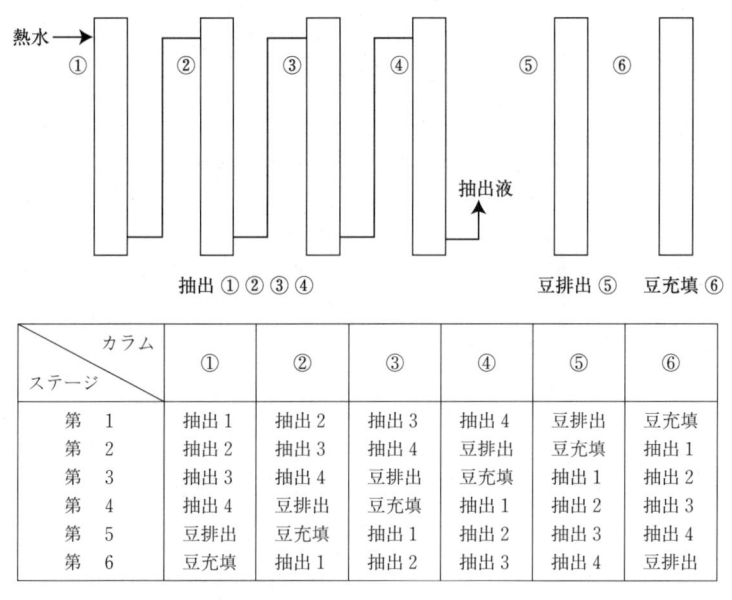

熱水 → ① ② ③ ④ ⑤ ⑥

抽出液↑

抽出①②③④　　　　豆排出⑤　豆充填⑥

ステージ＼カラム	①	②	③	④	⑤	⑥
第 1	抽出1	抽出2	抽出3	抽出4	豆排出	豆充填
第 2	抽出2	抽出3	抽出4	豆排出	豆充填	抽出1
第 3	抽出3	抽出4	豆排出	豆充填	抽出1	抽出2
第 4	抽出4	豆排出	豆充填	抽出1	抽出2	抽出3
第 5	豆排出	豆充填	抽出1	抽出2	抽出3	抽出4
第 6	豆充填	抽出1	抽出2	抽出3	抽出4	豆排出

図 4.21　コーヒー豆からのコーヒー液の抽出概要図

超臨界抽出

水や炭酸ガスを，ある温度・圧力（臨界点）以上の状態にすると，液体と気体の両方の特徴を合わせ持つようになる（超臨界状態）．この現象はオランダのファンデルワールス（J.D. van der Waals）により突き止められた．

臨界とは一般的に境界を意味し，物理化学的な定常状態が大きく変化する境目を指す．また核分裂反応が持続的に起こり始める境目も臨界という．

超臨界状態の物質は気体と同じように活発に動き回り，他の物質への浸透性が高く，同時に液体のように分子の密度が大きくなり溶解力が高い状態になる．超臨界の水の場合，体積が2倍くらいになる．この状態で抽出操作を行うと高品質な抽出物が得られる．また抽出物質は圧力を臨界値以下に下げるだけで得られる．

よく使われる超臨界流体	臨界温度	臨界圧力
二酸化炭素	31℃	7.39 MPa（ 73 気圧）
水	374℃	22.08 MPa（218 気圧）
メタノール	239℃	8.10 MPa（ 80 気圧）

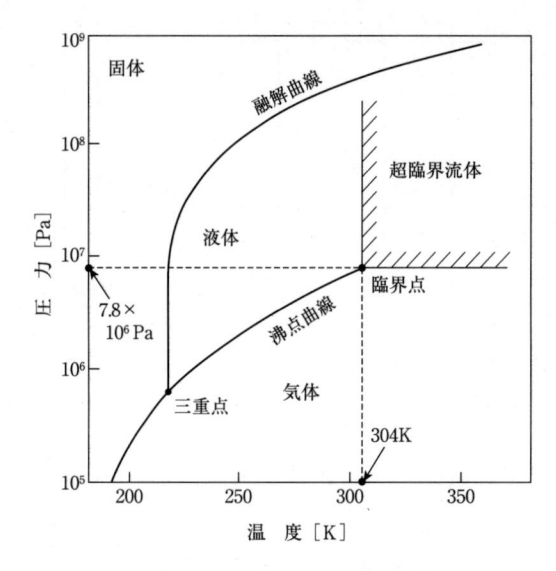

図 4.22 二酸化炭素の相平衡図[23)]

超臨界二酸化炭素によって，コーヒーからカフェイン，麦芽からホップ，各種香料，などが抽出される．最近では卵のコレステロールを取り除くのにも利用されるという（図4.23参照）．

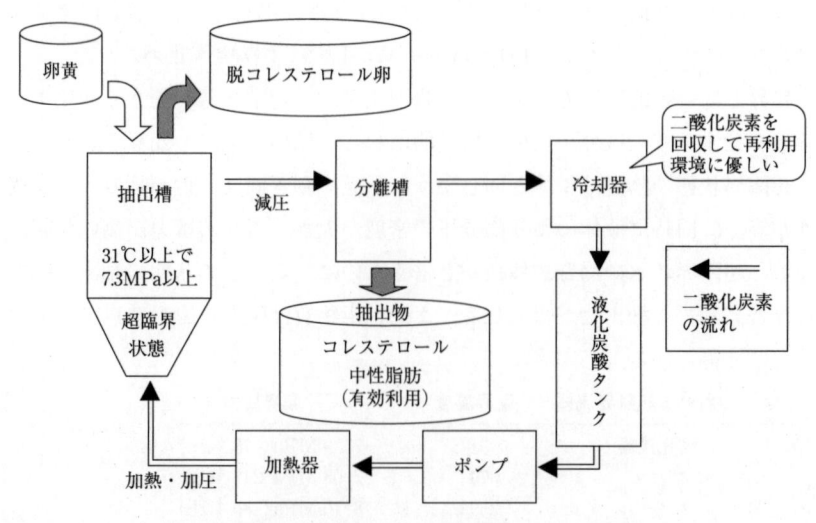

図 4.23 超臨界二酸化炭素の利用例とプロセス概要[24)]

超臨界水の利用法としては人工水晶の合成が知られており，また最近ポリウレタンの原料のTDI（トリレンジイソシアネート）の製造工程など，有機物質の反応への応用が検討されている．問題は高温高圧のため，設備が技術的に高度になり，価格が高いことである．

4.7.5 蒸留による分離

蒸留は蒸留酒をはじめ酒類，アルコールの製造，あるいは香気成分の分離などに利用される．

液体混合物を加熱すると蒸気が発生するが，通常その組成が元の液体と異なり，より沸点の低い成分が蒸気側に多く含まれる．これを利用するのが**蒸留の原理**である．例えば，メタノール（沸点64.7℃）と水（沸点100℃）の等モル混合物（メタノール，モル分率50％）を加熱沸騰させると，発生する蒸気中には メタノールが78.5％含まれる（＝濃縮される）．

平衡にある系の液組成 x mol と蒸気組成 y mol の関係を表す線図を x-y 線図という．x-y 線図の対角線から上の部分は，液より発生する蒸気の方が，組成（モル分率）が大きいことを意味する．組成 x_w のメタノール-水混合溶

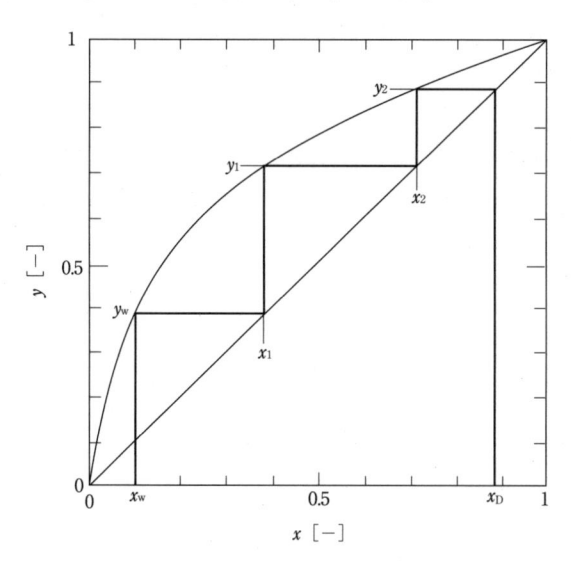

図 4.24 メタノールの x-y 線図[25]

液を加熱し，温度 T_W で沸騰，組成 y_W の蒸気 V_1 が留出，これを全て凝縮液化すると組成 $x_1 = y_W$ の留出液となる．

簡単な単蒸留装置を図 4.25 に示す．

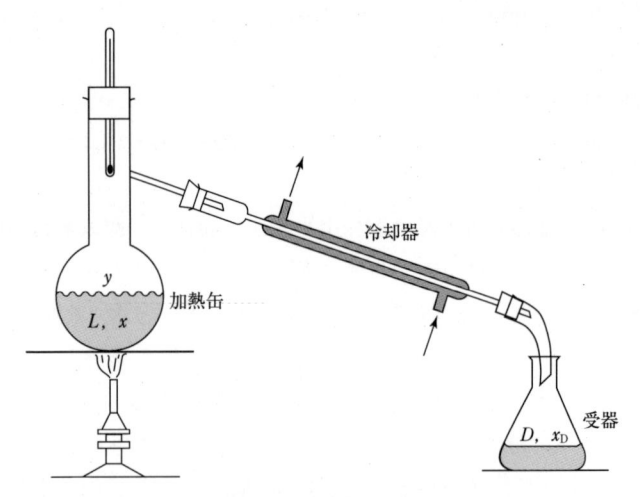

図 4.25 単蒸留装置[26]

1回の操作（単蒸留）では分離が不十分の場合は，さらに単蒸留を繰り返す．そこで装置を多段化して何回も分離を繰り返すことにより，目的の純度が得られる．

蒸留装置の原理を図 4.26 で説明する．図 4.26(a) に示すものは図 4.25 の単蒸留装置を3つつなげたものに相当する．ただし発生蒸気の冷却は最上段でのみ外部から行われ，中段，最下段は1つ上の段の液で冷却する．(b) では最下段の加熱蒸気を吹き込むことで中段の加熱を行う．最上段の加熱は中段の発生蒸気で行う．(c) は実際の設備の模式図である．このような設備を段塔または棚段塔という．

製品を得るために凝縮液の一部を取り出し，残りを還流として塔頂へ戻す．この操作を回分蒸留という．

大量の液を分離するには連続蒸留装置が用いられる．原料は塔の中間部に連続的に供給され，低沸点成分に富む液は留出液として塔頂より，高沸点成分に富む液は缶出液として連続的に取り出される．

4. 分離技術

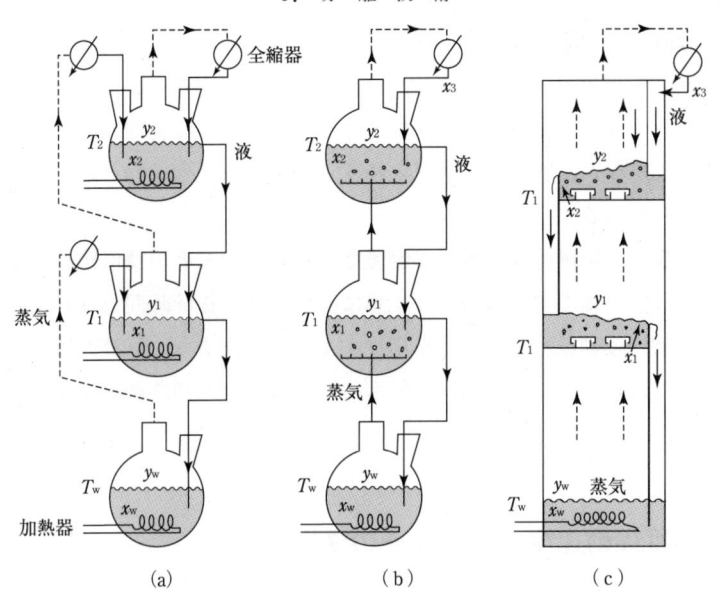

図 4.26 蒸留装置の原理[27]

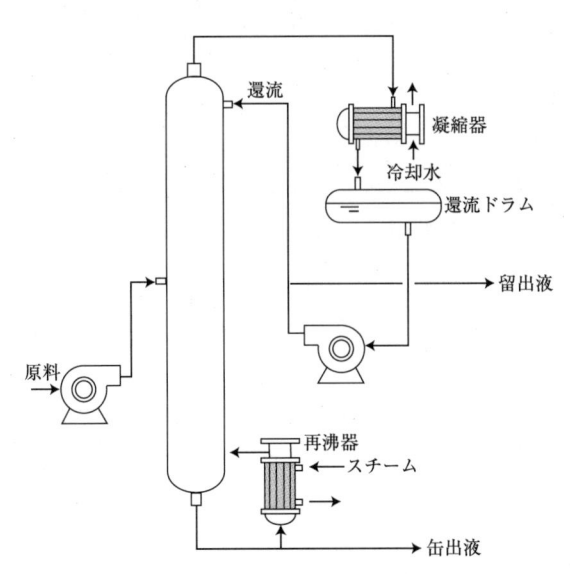

図 4.27 連続蒸留装置[28]

4.7.6 ガ ス 吸 収

混合ガスを吸収液と接触させて，液への溶解度の大きい成分を吸収または除去する．吸収させるガスを高圧にするなどして液中に物理的に溶解させる物理吸収と，ガスが吸収液中の反応物質と反応しその生成物として吸収される反応吸収がある．

吸収速度は，接触面積，物質移動係数，推進力の三者の積に比例する．したがって吸収をよくするためには，単に接触面積や接触時間を長くするだけでなく，物質移動係数，推進力を増やすように工夫する．気液の接触面積を大きくするために，ガスを細かい気泡にしてその表面積を増やすなどがその例である．

4.8　物質移動速度とヘンリーの法則

流れのない静止している状態で，成分の濃度に分布があるとき，高濃度域から低濃度域へ移動して濃度が均一になってゆく．気体と液体が接触している境目（界面）では図 4.28 に示すような濃度差が生じている．

この界面における吸収を解析してみる．成分A（モル分率 y：モル分率とは混合物の全体に対するAのモル数の割合）を含む気体が吸収液に接触している場合，Aがガス本体から気液界面（y_i）へと移動して，界面で液相に溶解し（x_i），溶解したAが界面から液相本体（x）に移動する．界面近くでは，分子拡散によって物質移動が起こるので，大きな濃度差が生じる．

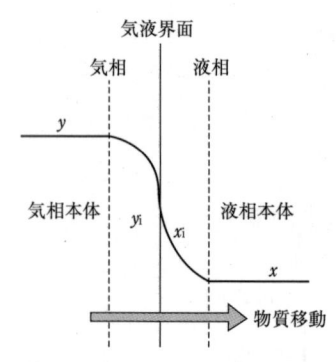

図 4.28 気相-液相間の物質移動と濃度分布[29]

気相本体から液相本体への移動速度 J_a [mol m^{-2} s^{-1}] は

$$J_a = \quad k_y(y - y_i) \quad = \quad k_x(x_i - x) \cdots\cdots (1)$$
$$\text{気相での移動速度}\quad\text{液相での移動速度}$$

k_y, k_x はそれぞれ気相物質移動係数，液相物質移動係数と呼び，物質の移動の起こりやすさを表す係数．

ここで, x, y をそれぞれ混合物の液相, 気相のモル分率としたときに, 気液界面では気体の溶解度に関するヘンリーの法則 $Y_i = mX_i$ (m: ヘンリー定数) が成り立つと考える.

$$J_a = k_y(y - y_i) = k_y(y - mx_i) \cdots\cdots\cdots (2)$$

(1) 式より

$$J_a/kx = x_i - x \cdots\cdots\cdots (3)$$

(2), (3) 式より

$$J_a = k_y\{y - m(J_a/kx + x)\}$$
$$J_a + m \cdot J_a \cdot k_y/k_x = k_y(y - mx)$$
$$(1 + m \cdot k_y/k_x)J_a = k_y(y - mx)$$
$$(1/k_y + m/k_x)J_a = (y - mx)$$

$1/K_y = (1/k_y + m/k_x)$ と表すと

$$J_a = K_y(y - mx)$$

ここで K_y は総括物質移動係数.

$(y - mx)$ は気相と液相の A の濃度差であり, これが物質移動の推進力となって相間の移動が起こる.

物の流れは, 推進力を抵抗で割ったものである. 電気の場合のオームの法則 $I = E/R$ と同じ形となる.

参考文献

1) 小林　猛: バイオプロセスの魅力, 初版, p.125, 培風館 (1996)
2) 海野　肇他: 生物化学工学, p.168, 講談社サイエンティフィク (2000)
3) 小林　猛: 前掲書, p.124.
4) 相良　紘他: 分離, 初版, p.86, 培風館 (1998)
5) 林　弘道他: 基礎食品工学, p.189, 建帛社 (1998)
6) 鴨居郁三監修: 食品工業技術概説, p.163, 恒星社厚生閣 (1997)
7) 化学工学会編: 基礎化学工学, p.232, 培風館 (1999)
8) 鴨居郁三監修: 前掲書, p.241.
9) 化学工学会編: 前掲書, p.163.
10) 東レ(株)メンブレン事業部パンフレット.
11) 相良　紘他: 前掲書, p.112.

12) 同上書, p.114.
13) 同上書, p.115.
14) 化学工学会編：前掲書, p.137.
15) 相良　紘他：前掲書, p.75.
16) 橋本健治編：ケミカルエンジニアリング, p.62, 培風館 (1998)
17) 化学工学会編：前掲書, p.74.
18) 相良　紘他：前掲書, p.62.
19) 古崎新太郎編：ケミカルエンジニアリングのすすめ, 初版, p.195, 共立出版 (1988)
20) 化学工学会編：前掲書, p.147.
21) 相良　紘他：前掲書, p.42.
22) 橋本健治編：前掲書, p.57.
23) 化学工学教育研究会編：新しい化学工学, p.106, 産業図書 (1999)
24) 松岡亮輔：食品工業, **45** (21), 50 (2003)
25) 橋本健治編：前掲書, p.65.
26) 化学工学会編：前掲書, p.108.
27) 同上書, p.112.
28) 相良　紘他：前掲書, p.23.
29) 橋本健治編：前掲書, p.58.

III. 保存技術

1. 加 熱 殺 菌

1.1 食品の変質

1.1.1 食品の変質原因と保存技術

　食品の品質，特にその化学的成分，物理的状態および組織的状態が，我々にとって好ましくない方向に変化することを変質と呼ぶ．

　食品変質の原因として，
　① 食品自体の生物的な変化
　② 微生物・酵素による変化
　③ 温度や湿度などの環境
　④ 光・紫外線による化学的変化
　⑤ 酸素による酸化
などがある．

　例えば，食品中に混入した微生物は，水分，温度，pH，雰囲気のガス組成などの条件が整えば，繁殖して食品を腐敗させる．

　対策としては，温度（加熱，冷却），水分などの条件の管理や，薬品などの化学作用により，微生物の増殖や酵素の活性を抑制する，また光，酸素など環境の影響については包装などで遮断するなどである（表1.1参照）．

　濃縮，乾燥などで水分活性を低くすれば，微生物による腐敗や変質は防止できるが，それに代わって酸化，褐変化，テクスチャーの変化などでの品質劣化が生ずる場合がある．すなわち食品の成分，構造，形態，温度，光，雰囲気のガス組成などにより，微生物によらなくても変質を生じて商品価値を失うことがある．

　保存技術も，従来のともすれば品質を犠牲にした単に保存を目的とするものより，近年の交通の発達も活用し，より積極的に**鮮度を保持して，安全な**

1. 加 熱 殺 菌

表 1.1 微生物制御法の分類[1]

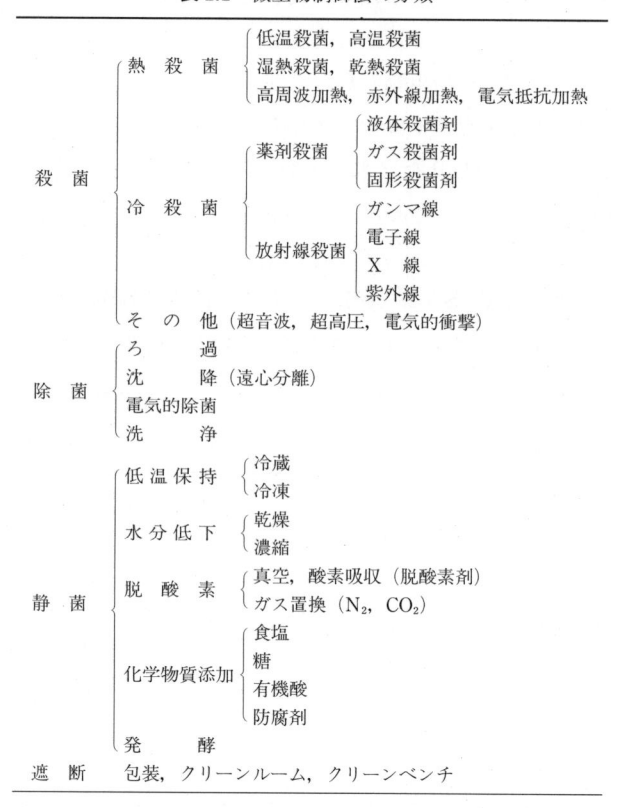

殺菌	熱殺菌		低温殺菌, 高温殺菌
			湿熱殺菌, 乾熱殺菌
			高周波加熱, 赤外線加熱, 電気抵抗加熱
	冷殺菌	薬剤殺菌	液体殺菌剤
			ガス殺菌剤
			固形殺菌剤
		放射線殺菌	ガンマ線
			電子線
			X 線
			紫外線
	その他 (超音波, 超高圧, 電気的衝撃)		
除菌	ろ過		
	沈降 (遠心分離)		
	電気的除菌		
	洗浄		
静菌	低温保持		冷蔵
			冷凍
	水分低下		乾燥
			濃縮
	脱酸素		真空, 酸素吸収 (脱酸素剤)
			ガス置換 (N_2, CO_2)
	化学物質添加		食塩
			糖
			有機酸
			防腐剤
	発酵		
遮断	包装, クリーンルーム, クリーンベンチ		

商品を消費者に届けるという視点に立つ必要がある．このためには，生産工程はもちろんのこと，原料の調達段階から，輸送や保管など流通段階，消費に至るまでの，トータルのシステムを整備する必要がある．

1.1.2 水分活性と保存食品

食品で起こるいろいろな変化の中で，微生物の増殖，食品自体が持つ酵素による生化学的反応，化学的酸化や褐変反応などは，食品の含水率により，その進行速度が著しく左右される．しかし食品の種類が異なるとその含水率の影響の程度が異なる．

食品中の水分は，実はその存在状態で，結合水 (bound water) と自由水

(free water) に分けられる．結合水は文字通り，食品を構成する糖質，タンパク質，ミネラルなどに組み込まれ，水としての動きができなくなっている状態にある．したがって微生物も結合水は利用できない．そこで微生物による腐敗は，自由水の量を基準にして考える．

結合水と自由水を合わせた含水分子数に対する自由水の割合を**水分活性**(water activity) と言い，食品中での相対湿度ともいえる．これは無次元数である．

水分活性の概念は W. Scott (1957) により，食品の塩蔵，糖蔵，乾燥などの貯蔵法に共通する原理を示すために用いられた[2]もので，食品が水分を吸収する力の強さを表す．宇宙食，ペットフードなどの開発の過程で普及した．

表1.2 幾つかの食品の水分活性，水分含量と微生物の増殖[3]

a_w	左の欄の a_w 以上で増殖が阻止される微生物	左の欄の a_w を持つ食品
0.95	グラム陰性桿菌，芽胞細菌の一部，ある種の酵母	40％のショ糖または7％の食塩を含む食品，例えば，多くの肉製品，パン(の中身)
0.91	大部分の球菌，乳酸菌，Bacillaceae科の細菌，ある種のカビ	55％のショ糖または12％の食塩を含む食品，例えば，ドライハム，中程度熟成チーズ
0.87	大部分の酵母	65％(飽和)のショ糖を含む食品，15％の食塩を含む食品，例えばサラミ，長期熟成チーズ
0.80	大部分のカビ，*Staphylococcus aureus*	15〜17％の水分を含む小麦粉，米，豆類，フルーツケーキ
0.75	好塩細菌	26％(飽和)の食塩を含む食品，15〜17％の水分を含むアーモンド菓子，ジャム，マーマレード
0.65	耐乾性カビ	約10％の水分を含むロールドオーツ
0.60	好浸透圧酵母	15〜20％の水分を含む乾燥果実，約8％の水分を含むキャンデー，キャラメル
0.50	微生物は繁殖しない	約12％の水分を含むめん類，約10％の水分を含む香辛料
0.40		約5％の水分を含む乾燥全卵粉
0.30		約3〜5％の水分を含むビスケット，ラスク，乾パン
0.20		2〜3％の水分を含む全粉乳，約5％の水分を含む乾燥野菜，約5％の水分を含むコーンフレーク，砂漠における湿度

(Mossel, 1971 から，一部訂正)

1. 加 熱 殺 菌

$$\text{水分活性} \quad a_w = P/P_0 = n_2/(n_1+n_2)$$

ここで，P：その温度における溶液（含水食品）の平衡水蒸気圧，P_0：その温度における純水の飽和蒸気圧，n_1：溶質のモル数，n_2：溶媒（水）のモル数．

純水は水分活性が1であり，食品中の自由水の割合が減少するに従い低下して0に近付く．水に塩類，糖類などの溶質が溶け込むと，あるいは食品が乾燥していると，すなわち n_1 が大きくなると水分活性 a_w は小さくなり逆に吸水性は高くなる．

微生物の生存する最低水分活性と食品の水分活性は表1.2のようになっている．

中間水分食品といわれるジャム，サラミソーセージ，乾燥果実（干しブドウ，干し柿など）は，a_w が 0.65～0.85 の範囲で，多くの細菌の生育，酵素の活性は抑制されるため，保存性が向上した食品である．

1.2　微生物の加熱殺菌

1.2.1　微生物の種類と耐熱性

微生物には種類により活動と繁殖の最高温度，最適温度および湿度がある．

　低温細菌：最適温度はおよそ20℃であるが，0℃，2週間で明確な増殖が認められる[4]．多くは水中細菌で，食品水分が凍結するまで生育．

　中温細菌：最適温度およそ37℃，0℃以下および55℃以上で増殖が認められない[4]．病原菌と腐敗菌の大部分が含まれる．

　高温細菌：55℃以上で増殖が認められる[4]．最適温度およそ60℃．常温ではほとんど生育できないが，加熱殺菌後の冷却が不十分のときに活動する可能性がある．

無胞子細菌の死滅温度は60～80℃で余り高くないが，ボツリヌス菌のように胞子（芽胞）を形成する細菌があり，100℃の湿熱でも十分でなく，120℃以上の高温を必要とする．ウイルスの耐熱性は小さく，70℃前後で失活する．

表 1.3 微生物の熱抵抗力[5]

微生物の種類	死滅させるに必要な温度と時間	
	温度（℃）	時間（分）
カ　　　　ビ	60	10〜15
酵　　　　母	54	7
サルモネラ菌	60	5
ブドウ球菌	60	15
大　腸　菌	60	30
乳　酸　菌	71	30
細菌の胞子		
Bacillus	100	1 200
Clostridium	100	800

(松田，1974)

各種微生物の熱抵抗力を表1.3に示す．

1.2.2　微生物の耐熱性に影響する因子

微生物の耐熱性は，湿熱と乾熱では大きく異なるなど，種々の要因によって影響を受ける．食品の加熱殺菌においては微生物が生息する環境，すなわち食品の性状によって左右され，特に食品のpHと水分活性は重要である．細菌胞子の耐熱性は，食品の水分活性が低下すると増大する．これは食品中の自由水が少ないと胞子の死滅に必要な湿熱が少なくなるためと考えられる．しかし食品の水分活性が低いと胞子の生育も押さえられるので，実際上は水分活性の低い食品の方が保存性は高い．

1.2.3　耐熱性指標（D 値，Z 値，F 値）

(1)　D 値

ある特定の微生物の集団をその微生物の致死温度で加熱すると，全ての菌が一度に揃っては死なずに，時間の経過とともに菌数 N が減少する．他の因子が同じなら，微生物の死滅速度は対数的に変化し，化学反応における一次反応に類似している．

生菌数が十分多いときは，熱死滅速度定数 k [s^{-1}]，加熱時間 t とすると

1. 加 熱 殺 菌

$$\frac{dN}{dt} = -kN \cdots\cdots\cdots (1)$$

(1) 式を積分すると，初発の菌数 N_0 との間には次の関係が成り立つ．

$$N = N_0 e^{-kt} \cdots\cdots\cdots (2)$$

生残菌数の対数と t の関係を求めると直線のグラフが得られることが分かる．このグラフを生残曲線（survivor curve）と呼ぶ．

この生残曲線から，生残菌数をもとの菌数の 1/10 にする（つまり 90％を死滅させる）に要する時間を求め，これをその温度における D 値（decimal reduction time）と呼ぶ．

(2) 式より $1 = 10\, e^{-k \cdot D}$

両辺の対数をとると

$$0 = 1 - (kD)\log e$$

$$D = 1/k \log e = 2.303/k \quad (\log e = 0.434)$$

微生物は高温下ではより迅速に，低温下ではより緩慢に死滅するので，D 値は高温ではより小さく，低温ではより大きい．

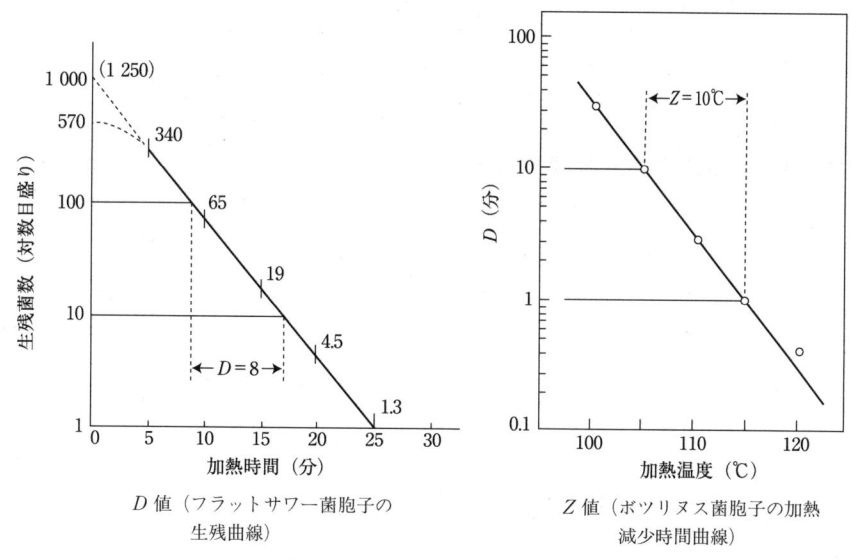

D 値（フラットサワー菌胞子の生残曲線）

Z 値（ボツリヌス菌胞子の加熱減少時間曲線）

図1.1 D 値および Z 値[6]

(2) Z 値

さらに加熱温度を変えて D 値を測定し，D 値の対数と加熱温度の関係を求めると直線のグラフが得られ，これを加熱死滅時間（thermal death time：TDT）曲線と呼ぶ．この加熱死滅時間曲線から，D 値の 10 倍あるいは 1/10 の変化に対応する加熱温度の変化を求め，この値を Z 値（℃）と呼ぶ．Z 値が小さければ，加熱温度が死滅速度に大きく影響する，つまり耐熱性が小さいことを示す．

(3) F 値

一定温度（通常 250°F）で一定菌数の微生物を死滅させるのに必要な最小加熱時間（熱死滅時間）を F 値（分）と呼び，加熱殺菌効果の実用的な評価に用いられる．特に 250°F（121.1℃），$Z=18$°F（10℃）のときの F 値を F_0 値と呼ぶ．熱死滅時間曲線と D, Z, F 値の関係を図 1.2 に示す．

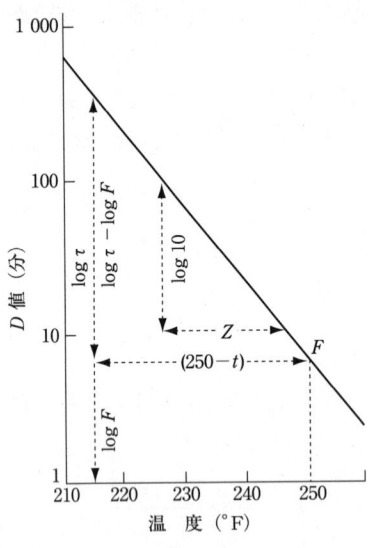

図 1.2 熱死滅時間（TDT）曲線[7]

1.2.4 微生物の加熱温度と死滅時間

一般には次の式が使われている．

$$\log(\tau/F) = -(t-T)/Z \cdots\cdots\cdots (1)$$

τ：温度 t における加熱致死時間
T：殺菌温度（°F）
t：被殺菌物の温度（°F）
　注）華氏温度 F は $5(F-50)=9(C-10)$ で換算する．

図 1.2 の TDT 曲線において，三角形の相似の関係から

$$\frac{\log \tau - \log F}{T-t} = \frac{\log 10}{Z} \cdots\cdots\cdots (2)$$

(2)式を整理すると(1)式が求まる.

(1)式に通常のレトルト殺菌温度250°F,ボツリヌス菌の$Z=18$, $F=4$を入れると

$$\log(\tau/4) = -(t-250)/18$$

温度 t で殺菌する場合における必要な加熱致死時間 τ は

$$\tau = 4 \times 10^{-(t-250)/18}$$

殺菌対象物を加熱し温度を上げてゆく場合に,ある温度 $t_①$ の状態での必要加熱致死時間は $\tau_①$ である.温度が変化してゆく時に,温度 $t_①$ の状態に τ_1 時間だけあったとすると,この τ_1 時間の殺菌効果全体に占める貢献割合は $\tau_1/\tau_①$ である.F 値としての貢献度 F_1 は $(\tau_1/\tau_①) \times F$ である.したがって,全加熱時間についての各温度におけるこの F 値貢献度を逐次求めて積算してやれば,その対象物が受けたトータルの加熱致死効果が求まる.この積算値が必要な F 値を満たせば殺菌終了となる.そしてその時の経過時間が必要な殺菌加熱時間である.

耐熱性菌の場合,100℃以下の温度効果を無視して,100℃以上の部分の加熱致死時間を計算して,これを積算する.実際のレトルト機械では計算はコンピューターが自動的に行う.

1.2.5 加熱殺菌法

加熱殺菌を行うに際して,直接熱媒体を対象物に当てて加熱する場合と,間接的に加熱する場合がある.

直接加熱する殺菌法には乾熱法と湿熱法とがある.乾熱法は乾燥空気を使用し160℃ 1時間程度加熱する熱殺菌法であるが,微生物の死滅は酸化反応がその原因とされる.一方,湿熱法は水蒸気により80℃ 10分程度での殺菌が可能であるが,タンパク質(=酵素)の変性が原因である.湿熱法の方が殺菌効果は高く,食品の加熱殺菌には主に湿熱法が用いられる.

湿熱殺菌で採用される150℃程度までの温度で水素結合などが部分的に切断される結果,タンパク質(=酵素)の高次構造に変化が生じる.しかし,何段かある代謝系の酵素の1つが仮に失活しても,代謝経路上でその失活位置より先に位置する物質が供給され,それを補なえれば菌は生き残れるので,

栄養に富んだ環境では菌は死ににくいといえる．つまり菌の死滅速度定数の値は菌の栄養環境で変わる[8]．

加熱殺菌は，殺菌温度が高く，殺菌時間の長いほどその効果は大きいが，一方品質は低下する．したがって加熱殺菌は，できるだけ低い温度で，短時間の加熱条件が望ましい．牛乳を種々の温度に加熱した場合の褐色化反応速度の変化を表 1.4 に示す．

表1.4 牛乳の殺菌温度と褐色化の関係[9]

加熱温度 (°C)	相対的胞子 破壊速度	相対的褐色 化反応速度
100	1	1
110	10	2.5
120	100	6.2
130	1 000	15.6
140	10 000	39.0
150	100 000	97.5

なお「殺菌」という用語は厳密には病原菌や腐敗菌を殺滅する殺菌（pasteurization）と，芽胞の殺菌までを含む滅菌（sterilization）に分けられる．

(1) 低温長時間殺菌（LTLT：low temperature long time pasteurization）

100°C 未満の加熱による殺菌で，通常は所定温度に加熱した水中に食品を浸漬する．病原菌は死滅するが，耐熱性の大きい細菌胞子（芽胞）などは生存するので，冷蔵しても食品を長く保存することはできない．

牛乳の殺菌は 62～65°C，30 分以上で行う．一般に pH 4.0 未満の食品では 65°C，10 分，pH 4.0 以上の食品では 85°C，30 分が基準となっている．なお瓶詰ビールの場合は，低温殺菌であるが，アルコールや炭酸ガスが微生物の生育を抑制するため，常温で長時間保存が可能である．

(2) 高温短時間殺菌（HTST：high temperature short time sterilization）

高温短時間加熱の方が食品の品質劣化が少なく，作業も短時間で済む．牛乳では 72°C 以上 15 秒の殺菌条件のものを HTST としている．

(3) 超高温瞬間殺菌（UHT：ultra high temperature sterilization）

短時間に 120～130°C 程度の所定の温度に上昇させ，その温度を 1～3 秒

程度保持したあと，再び短時間に冷却する必要があり，連続式殺菌装置により可能となった．大量生産向きではあるが，牛乳の場合LTLTに比し品質の劣化が多少ある．適用は熱伝達率の良い液状食品，飲料に限られる．

(4) 超高温瞬間滅菌（UHT：ultra high temperature sterilization）

ロングライフミルク（LL牛乳）や果汁など，135～150℃程度の所定の温度に上昇させ，その温度を1～3秒程保持し無菌充填包装されたもの．

1.2.6 缶詰，瓶詰

食品を缶あるいは瓶容器に詰め，脱気，密封して加熱殺菌したもの，またはあらかじめ加熱殺菌した食品を殺菌した缶あるいは瓶容器に無菌的に詰めて密封し，保存性を持たせたものである．単に缶，瓶容器に食品を詰め密封した物は缶入り食品，瓶入り食品であり，缶・瓶詰食品とは異なる．

製造は，食品を容器に充填後，脱気，密封，殺菌が行われる．脱気は加熱，機械的真空，蒸気吹き込みなどにより行う．密封は，缶は缶シーマー，瓶は打栓機またはキャップ巻締機で行う．殺菌は必要な加熱温度に応じて，常圧または高圧殺菌機で行う．

加熱殺菌が不十分であったり，缶の密封が不完全であったりした場合，缶詰中で微生物が生育して食品が変敗する．変敗原因菌によって発生するガスで缶詰容器が膨張することがある．これを発見するには製品打缶検査が簡便で実用的である．

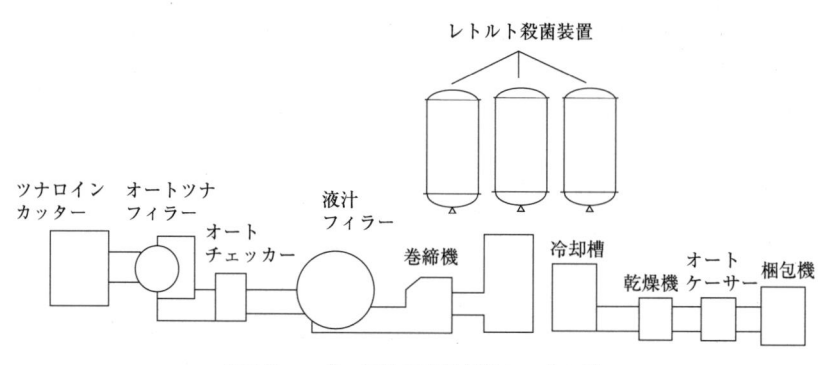

図1.3 マグロ缶詰の充填包装システム[10]

1.2.7 レトルト食品

レトルト（retort）とはもともとは加圧加熱殺菌釜（密封した食品を入れて加圧加熱して殺菌する装置）のことで，転じてこの装置で殺菌するという意味にも使われる．しかし日本では「レトルト食品」というのは通称で，法律的には決められていない．

厚生省は食品衛生法（1977年告示第17号）で「容器包装詰加圧加熱食品（食品（清涼飲料水，食肉製品，鯨肉製品及び魚肉ねり製品を除く）を気密性のある容器包装に入れ，密封した後，加圧加熱殺菌したものをいう）」として，製造基準を定めている．保存料，殺菌剤は使用しないことが規定されている．

殺菌条件は，pHが5.5を越えかつ水分活性が0.94を越える食品について，中心部が細菌胞子の死滅する120℃，4分以上で加熱，またはこれと同等以上の効力がある方法で殺菌されることである．

農水省の「レトルトパウチ食品」JAS規格では，「プラスチックフィルム若しくは金属はく又はこれらを多層に合わせたものを袋状その他の形状に成形した容器（気密性及びしゃ光性を有するものに限る）に調製した食品を詰め，熱溶融により密封し，加圧加熱殺菌したものをいう」と定義されている．

ここで調製した食品とは，現在カレー，ハヤシ，パスタソース，麻婆豆腐のもと，混ぜごはんのもと類，どんぶりもののもと，シチュー，スープ，和風汁物，米飯類，ぜんざい，ハンバーグステーキ，ミートボール，食肉味付，食肉油漬，魚肉味付，魚肉油漬など17品目をさすが，製造者から申請され認められれば数は増える．

日本缶詰協会のレトルト食品委員会では，「レトルト食品」とは，「レトルト（高圧釜）により，100℃以上の湿熱加熱を受けて，商業的無菌性*を付与された密封容器詰め食品のうち，プラスチックフィルムおよびアルミ箔を積層したフィルムを，熱シールによって密封した容器を用いて製造したもの」としている．

---

* 商業的無菌：病原菌および通常の貯蔵流通条件下で発育しうる微生物が陰性，すなわち恒温試験を14日間行った結果，容器包装の膨張または漏洩を認めず，かつその検体について細菌試験を行った結果，培養基のいずれも菌の増殖を認めないこと．異常な高温下で生育する高温細菌の胞子は生存している可能性がある．

1. 加熱殺菌

表1.5 食品衛生法における規格基準で定められている加熱殺菌条件

食　　品	殺滅条件
牛乳（加工乳，乳飲料など）	62～65℃，30分
無糖練乳	115℃，15分
豆汁または豆乳	100℃， 2分
清涼飲料，果汁 pH 4.0 未満	65℃，10分
〃　　　　 pH 4.0 以上	85℃，30分
食肉製品および鯨肉製品	63℃，30分
魚肉ハムおよび魚肉ソーセージ	80℃，45分
包装豆腐	90℃，40分
特殊包装かまぼこ	80℃，20分
その他の魚肉ねり製品	75℃
容器包装詰加圧加熱殺菌食品（pH 5.5 を超え，かつ a_w=0.94 以上のもの）	120℃， 4分

1.2.8　レトルト殺菌設備

　レトルト殺菌装置は，1917年フランスで回転式の装置が開発された．わが国では1968年に大塚食品工業でレトルトパウチに詰めたカレーが初めて商品化された．

　加熱源により，熱水式と水蒸気式がある．熱水式は F_0 値の変動が少ない．水蒸気式は連続殺菌装置に多く採用される．熱伝達を良くするために，加熱物体を回転あるいは揺動するなどの工夫をしたものもある．

　食品をレトルト殺菌する場合，ボツリヌス菌が死滅する，温度120℃，4

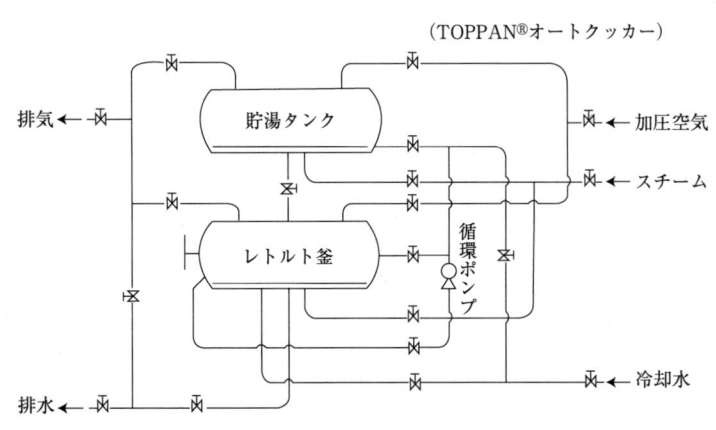

図1.4　熱水式レトルト殺菌システムのフローシート[11]

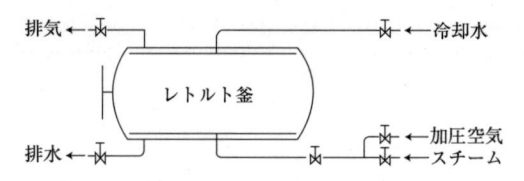

図 1.5 水蒸気式レトルト殺菌システムのフローシート[12]

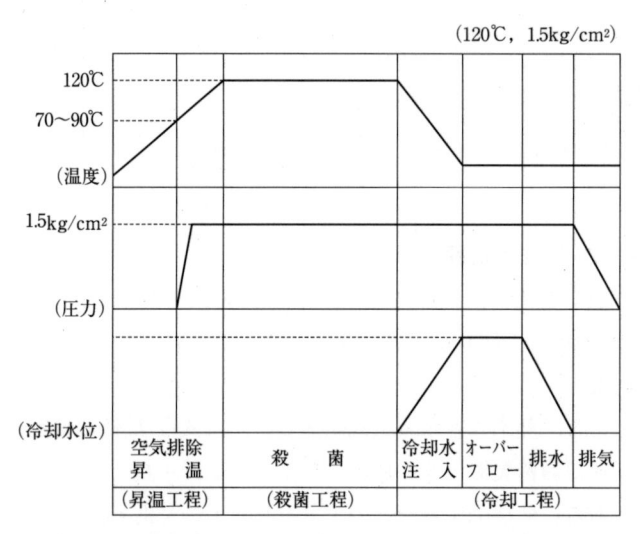

図 1.6 水蒸気式レトルト殺菌システムの殺菌プログラム[12]

分が F 値の基準になっているが,確実な殺菌が行われたかどうかの判定には,この F 値を算出する F_0 値コンピューター付き温度記録計が使用される.また殺菌後ピンホールが発生したかどうかを判定する検知器が開発されている.原理は,高圧電流を電極に印加して,ピンホールがあった場合に流れる放電電流を検知する.

参 考 文 献

1) 芝崎　勲他:新版・食品包装講座,p.58,日報(1999)
2) 清水　潮他:改訂 レトルト食品の理論と実際,p.23,幸書房(1986)
3) 同上書,p.25.

4) 同上書,p.50.
 5) 鴨居郁三監修:食品工業技術概説,初版,p.271,恒星社厚生閣(1997)
 6) 同上書,p.270.
 7) 林　弘道他:基礎食品工学,p.87,建帛社(1998)
 8) 矢野俊正:食品工学・生物化学工学,p.98,丸善(1999)
 9) 清水　潮他:前掲書,p.61.
10) 芝崎　勲他:前掲書,p.111.
11) 清水　潮他:前掲書,p.73.
12) 清水　潮他:前掲書,p.75.

2. 熱交換器, 濃縮・乾燥

2.1 熱移動現象

2.1.1 エネルギー保存の法則

　エネルギーとして, 電気, 化学, 光, 熱, 運動など種々のものがある. エネルギーは互いに変わり合いながら一定の総量を保つ (**エネルギー保存の法則**, または**熱力学第一法則**).

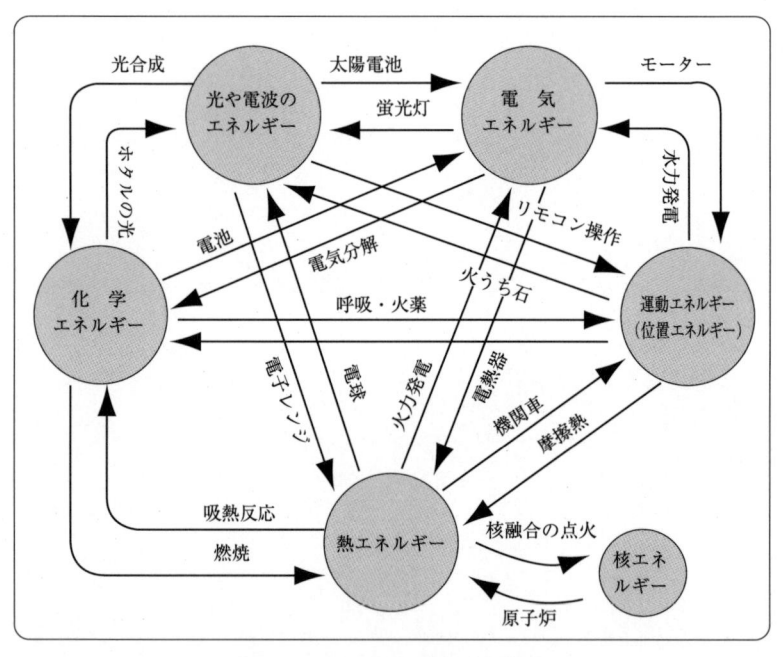

図 2.1　エネルギーが変換する様子[1]

2.1.2 エンタルピー

　液体が固体や気体に相が変化する，あるいは化学反応が起こる場合などに，物体の持つエネルギーを比較するのに，統一した尺度でその状態でのエネルギー量を示すことができれば便利である．

　実際には，物質が特定され，温度と圧力が決まると，その物質が持つエネルギーは，物質を構成している各分子の運動エネルギーおよび分子中の各原子の振動や回転のエネルギーとして保持され，決まってしまう．このエネルギーをその状態でのエンタルピーと呼ぶ．つまりエンタルピーは，その始めと終わりの温度，圧力，関与する物質の集合・結合状態で決まり，その過程の経路には無関係な，エネルギーについての状態量である．

　分子内部のエンタルピーは $H=U+pV$ で表される．ここで U：分子内部エネルギー，p：圧力，V：分子容である．

[例] 基準温度 T_1 [K] の水の，温度 T_2 [K] の時の水蒸気のエンタルピー増加 ΔH を求める．

ΔH [kJ kg^{-1}]

　$=$（水の比熱容量 C_{PW}）×（沸点$-T_1$）：沸点まで温度を上げるに必要な
　　　　　　　　　　　　　　　　　　　　　　エネルギー

　$+$蒸発潜熱　　　　　　　　　　　　：蒸発に必要なエネルギー

　$+$（水蒸気の定圧比熱容量 C_{PS}）×（T_2-沸点）：T_2 まで温度を上げる
　　　　　　　　　　　　　　　　　　　　　に必要なエネルギー

ここで C_{PW}，C_{PS} [kJ kg^{-1} K^{-1}] は温度により変化しないとした．

【計算演習】

　-10℃の氷 1 kg を 400 K の過熱水蒸気にするに必要なエンタルピーを求める．氷，水，水蒸気の比熱容量はそれぞれ 2.09，4.187，1.89 kJ/kg，氷の融解潜熱は 335 kJ/kg，373 K における水の蒸発潜熱は 2 257 kJ/kg．

状態の変化	エンタルピーの変化	
$-10 \to 0$℃ (273 K)	$2.09 \times \{0-(-10)\} = 20.9$	比熱容量×温度差
氷→水	335	融解潜熱
0℃ → 100℃	$4.187 \times (100-0) = 418.7$	比熱容量×温度差
水→水蒸気	2257	蒸発潜熱
100℃ (373K)→400K	$1.89 \times (400-373) = 51.03$	比熱容量×温度差
計	3082.63 kJ/kg	

2.1.3 定常流れ系のエネルギー収支 (energy balance)

エネルギー収支は，物質収支 (material balance) と並び，工学的評価の基本である．

変化がなく一定の状態で移り変わっている時のエネルギー収支を考える．定常状態では系内に蓄積されるエネルギーは0であるから，流体の質量流量を G [kg s^{-1}] とすると，

（系内に蓄積されるエネルギー）	0
＝（系内に流入する流体のエンタルピー）	GH_1
＋（系が周囲から受ける熱量 q）	q
－（系が外部に対してなす機械的仕事 w）	w
－（系から流出する流体のエンタルピー）	GH_2 [単位：kJ s^{-1}]

$$0 = GH_1 + q - w - GH_2$$

ここで $H_2 - H_1 = \Delta H$ とおくと

$$G(H_2 - H_1) = G\Delta H = q - w$$

$q \gg w$ であれば $G\Delta H = q$

2.1.4 伝 導 伝 熱

水が高いところから低いところに流れるのと同様に，熱も，温度差があると高温から低温に移動する．伝導伝熱とは，固体内，あるいは静止した液体内に温度差があるとき，温度の高い方から低い方へ，順次物質中を熱が伝わる現象である．

平面壁を熱が伝わる場合は下記の式（**フーリエの法則**）が成り立つ．

$$Q = k \times A(t_1 - t_2)/x$$

Q：通過する単位時間当たりの熱量 [W＝J/s]
k：熱伝導率 [W m^{-1} K^{-1}]．物質固有の値で，物質の熱の伝わり方を示す．
A：伝熱面積 [m^2]
x：壁の厚み [m]
$t_1 - t_2$：温度差 [K]

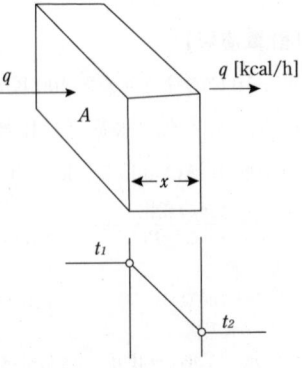

図 2.2 単一平板の熱伝導[2)]

厚みがあるほど，熱伝導率の小さいほど，温度差の小さいほど熱が流れないことを式は示している．

食品の熱伝導率は，その内部構造，気孔率，水分量などによって非線形的に変化する．また，固体＞液体＞気体の順に小さくなる．

表 2.1 熱伝導率の例[3]

	温度 [℃]	単　位 [W m^{-1} K^{-1}]
銀（純）	20	419
コンクリート	20	1.3
水	20	0.586
牛乳（全乳）	20	0.550
豚肉（水分75%）	5	0.44～0.49
オリーブ油	20	0.167
空気	20	0.026

【計算演習】

断面積 A の 2 枚の平板 1，2 を重ねたとき，定常状態においてこの板を通過する単位時間当たりの熱量 q を求める．

それぞれの板の熱伝導率が k_1，k_2，厚さが x_1，x_2，表面温度を t_1，t_2 に保つとする．平板 1 と 2 の接触面の温度を t_3 とする．定常状態において熱収支から，2 つの板を通過する熱量は等しいから

$$q = k_1 A(t_1 - t_3)/x_1 = k_2 A(t_3 - t_2)/x_2$$
$$q \cdot x_1/(k_1 A) = t_1 - t_3 \cdots\cdots\cdots (1)$$
$$q \cdot x_2/(k_2 A) = t_3 - t_2 \cdots\cdots\cdots (2)$$

(1)＋(2) で t_3 を消去すると

$$q \cdot x_1/(k_1 A) + q \cdot x_2/(k_2 A) = t_1 - t_2$$
$$q = (t_1 - t_2)/\{x_1/(k_1 A) + x_2/(k_2 A)\}$$

$x_1/(k_1 A)$ および $x_2/(k_2 A)$ をそれぞれ伝熱抵抗 R_1，R_2 とおくと

$$q = (t_1 - t_2)/(R_1 + R_2)$$

合板の場合も流れる熱量は温度差に比例し，伝熱抵抗に反比例する．

2.1.5 総括伝熱係数

管壁付近によどんで静止した状態と見なせる非常に薄い流体の層（流体境膜）を想定し，これを通した伝熱と，この時の熱の流れに対する抵抗について考える．δ を境膜の厚さとすると，境膜伝熱係数は h [W m^{-2} K^{-1}] $= k/\delta$ ($1/h$ は伝熱に対する抵抗) となる．

各面で伝導伝熱による熱収支は

管壁外側　$q_1 = k_1 A (T - T_{w1})/\delta_1$
$= h_1 A (T - T_{w1})$
………… (1)

管　　壁　$q_2 = k A (T_{w1} - T_{w2})/x$
………… (2)

管壁内側　$q_3 = k_3 A (T_{w2} - T')/\delta_3$
$= h_3 A (T_{w2} - T')$

$q_1 = q_2 = q_3 = q$ であるから，(1)式から

$q \cdot \delta_1/(k_1 A) = T - T_{w1}$

$T - q \cdot \delta_1/(k_1 A) = T_{w1}$
………… (3)

$q \cdot \delta_3/(k_3 A) = T_{w2} - T'$

$q \cdot \delta_3/(k_3 A) + T' = T_{w2}$
………… (4)

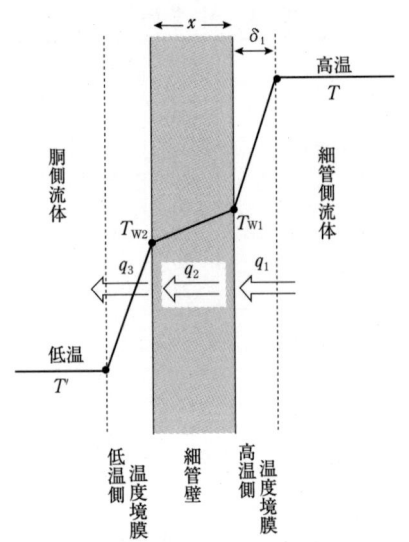

図 2.3 伝熱の温度分布概略[4]

(3)，(4)式を(2)式に代入すると

$q_2 = q = k A \{ T - q \cdot \delta_1/(k_1 A) - q \cdot \delta_3/(k_3 A) - T' \}/x$

$q \cdot x/(k A) = (T - T') - \{ q \cdot \delta_1/(k_1 A) + q \cdot \delta_3/(k_3 A) \}$

$q \cdot x/(k A) + \{ q \cdot \delta_1/(k_1 A) + q \cdot \delta_3/(k_3 A) \} = (T - T')$

$(q/A) \cdot (\delta_1/k_1 + x/k + \delta_3/k_3) = (T - T')$

$q/A = (T - T')/(\delta_1/k_1 + x/k + \delta_3/k_3)$
$= (T - T')/(1/h_1 + x/k + 1/h_3)$

$1/h_1 + x/k + 1/h_3 = 1/U$ とおくと

$$q/A = (T - T') \times U$$

ここで U [W m^{-2} K^{-1}] を総括伝熱係数と呼ぶ．U は熱抵抗の逆数である．この値は，伝熱部の①熱伝導度など材料の特性，②形状，③液の流れの状態，④表面の状態（平滑度，汚れの付着状況と付着物の物性），など多くの条件により変化する．熱交換器はいかに U の値を大きくするかの工夫がなされる．

　熱伝導の場合と同様に，電気のオームの法則 $I = E/R$（電流＝電圧/抵抗）

と同じかたちをしている．このように「得る量(成果)∝推進力/抵抗力」の関係にあることが多い．

【演習】
フライパンを使って加熱するとき，焦げ付きが起こる状態でのフライパンの表面温度はどのような状態か，テフロンコーティングした場合どうなるか．

2.1.6 流れに伴う対流伝熱
流体の流れに運ばれ熱が移動する現象である．自然対流（温度の違いから生じる流体の密度差によって起こるもの）と強制対流（外力によって起こるもの）がある．

2.1.7 熱　放　射
全ての物体は，その絶対温度に応じ，表面から可視光線や赤外線などの連続した波長の熱放射線を放射している．物体に熱放射線が当たると，一部は反射されるが残りは吸収され熱に変わる．

投射された放射線を全て吸収する理想的な物体を黒体と呼ぶ．黒体においては，次の**ステファン・ボルツマンの法則**が成り立つ．

熱放射エネルギー　$E\ [\mathrm{kJ\ m^{-2}\ s^{-1}}] = \sigma T_4 = \sigma(t+273)^4$

　　T：絶対温度 $[\mathrm{K}] = (t+273)\,\mathrm{°C}$

　　σ：ボルツマン定数 $5.67 \times 10^{-8}\ [\mathrm{W\ m^{-2}\ K^{-4}}]$

【演習】
温度923℃のヒーターは，温度723℃の時の，何倍の熱放射エネルギーを出すか？

　　$E_{923}/E_{723} = \sigma(923+273)^4/\sigma(723+273)^4 = (1200)^4/(1000)^4 = (1.2)^4 = 2.07$

　　　答　約2倍

2.1.8 熱移動現象まとめ

対　象	熱移動の原理
固体（動きにくい流体を含む）	熱伝導…熱伝導率に支配される
流体	対流……移動する流体物質の熱容量
空間	熱放射…絶対温度の4乗に比例したエネルギー

2.2 熱　交　換　器

ある流体と別の流体との間で，固体壁を隔てて間接的に熱交換する装置で，いかに総括伝熱係数を大きくするかの工夫が大事である．熱交換器には大別して多管式とプレート式がある．

2.2.1 多管式熱交換器

図2.4に示すような構造をしている．多数の伝熱管を円筒形の胴内に納めたもので，一方の流体を管内に，他方の流体を胴内に流し熱交換を行う．構造上堅牢なものが作れるが，反面伝熱管など内部の洗浄が行いにくい．

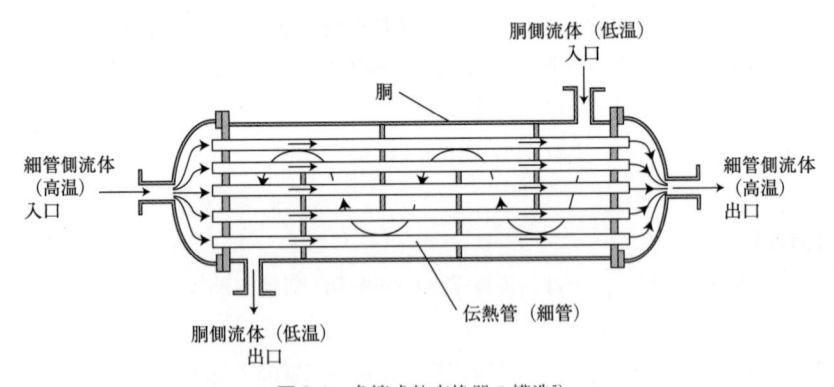

図2.4 多管式熱交換器の構造[5]

2.2.2 プレート式熱交換器

液体食品の急速な加熱，冷却，殺菌に広く使用される．伝熱効率を上げるために種々の形状の突起を与えた，ステンレスやチタン製のプレート板を，

合成ゴムで造ったガスケットを介して重ね合わせ，上下2本のガイドバー間に懸垂し，固定フレームと移動フレームによって締め付けられている．液体は，プレート板間（間隙2～6 mm 程度）の流路を，1枚おきに高温流体と低温流体が交互に流れて，プレートを介して熱交換がなされ伝熱が行われる[6]．殺菌条件の自記記録計を備える．

プレート式熱交換器には
① プレートの増減で簡単に伝熱面積や流路の変更ができるため能力の変化に対応しやすい，
② 分解が容易で洗浄しやすい，
③ 多管式熱交換器に比し熱効率がよい，

など多くの利点がある．

2.2.3 熱交換器の設計

次にような手順で行う．
① エネルギー収支から伝熱量 q を求める．
② U，ΔT_m より A を求める．$(T-T')$ の替わりに，対数平均温度差*
$\Delta T_m = (\Delta T_1 - \Delta T_2) / \{2.3 \log(\Delta T_1/\Delta T_2)\}$ を使う．
③ プレート1枚当たりの伝熱面積から，プレート枚数を求める．

【計算演習】[6]

プレート式熱交換器を用いて，牛乳を殺菌する．牛乳は5℃から50℃まで予熱されたあと，殺菌部に入り，80℃で維持され，その後再び熱交換部に入り，流入牛乳と向流で熱交換される．牛乳流量 12 000 kg/h （＝12000÷3600 kg/s），牛乳の比熱容量 3.9 kJ/kg・K，総括伝熱係数 $U=1\,100$ W/m²・K とする（W＝J s⁻¹）．

① 牛乳の出口温度は何度か．

　　熱交換される熱量＝流量×比熱×温度差
　　　　＝12000×3.9×(50−5)＝12000×3.9×(80−t)

---

* 対数平均温度差 $\Delta T_m = (\Delta T_1 - \Delta T_2)/(2.3 \log \Delta T_1 - 2.3 \log \Delta T_2)$
　　　　　$= (\Delta T_1 - \Delta T_2)/\{2.3 \log(\Delta T_1/\Delta T_2)\}$
注) $\log a - \log b = \log(a/b)$

162 III. 保存技術

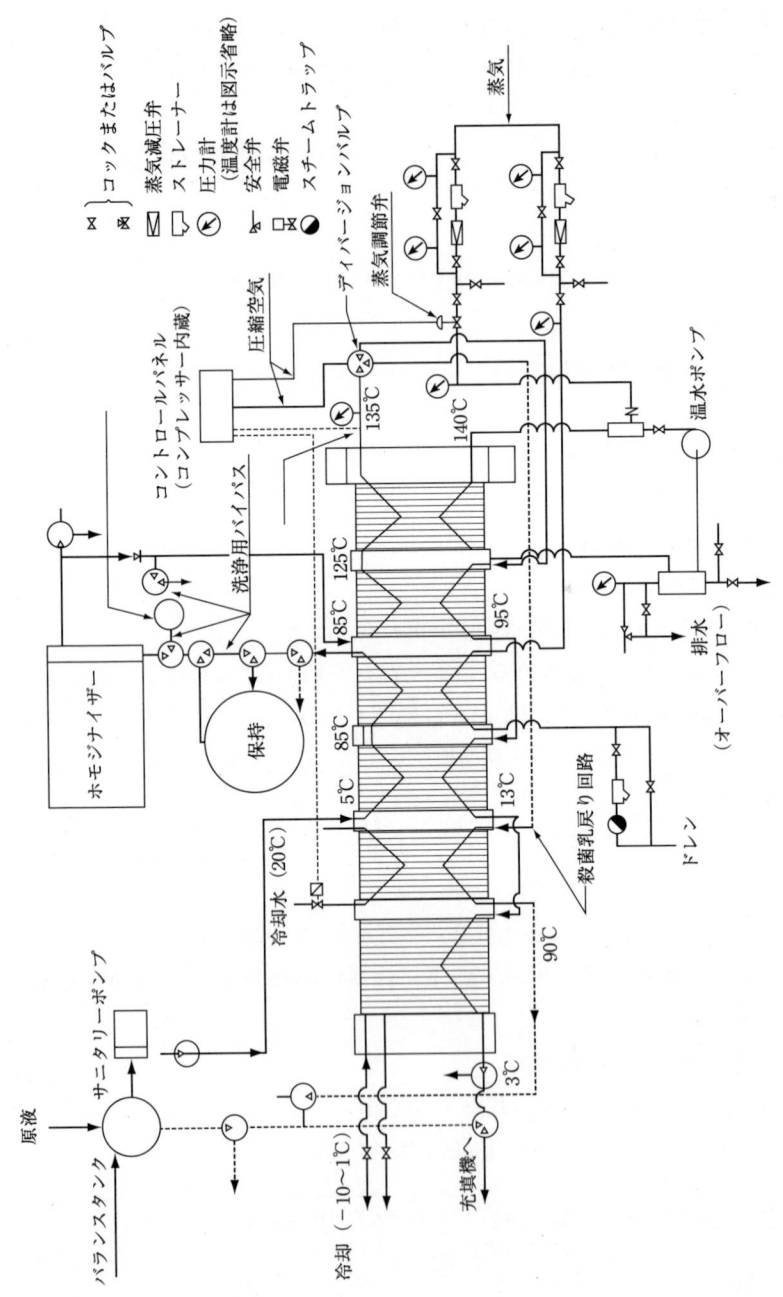

図 2.5 プレート式高温殺菌装置[7]

2. 熱交換器，濃縮・乾燥

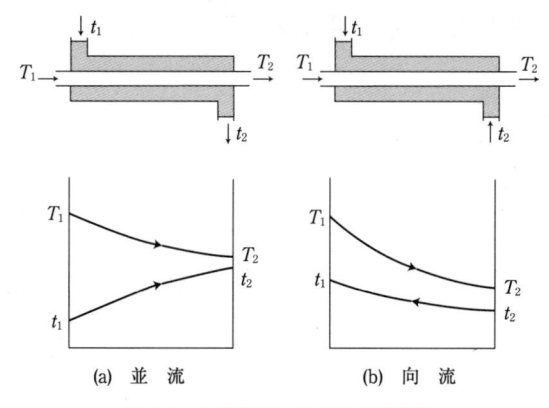

図 2.6 熱交換器の温度分布概要[8]
(a) 並流　　(b) 向流

$50-5 = 80-t$ から　$t = 35℃$

② 平均温度差は何度か．

$\Delta t_1 = (50-5)$, $\Delta t_2 = (80-35)$

共に温度差 45℃だから平均温度差 ΔT も 45℃

③ 1枚のプレートの伝熱面積を $1.0\ m^2$ とした時プレートは何枚必要か．

$A = q/(U\Delta T) = WC_p \Delta t/(U\Delta T) = (12000 \div 3600) \times 3900 \times (50-5)/(1100 \times 45) = 11.8\ m^2$

$n = A/1.0 = 11.8/1.0 = 11.8 \rightarrow n = 12$ 枚 ($12\ m^2$)

④ 質量流量が 20 ％増加した場合，プレートは何枚必要か．

$A = q/(U\Delta T) = WC_p dt/(U\Delta T) = (12000 \times 1.2 \div 3600) \times 3900 \times (50-5)/(1100 \times 45) = 14.2\ m^2$

$n = A/1.0 = 14.2/1.0 = 14.2 \rightarrow n = 15$ 枚

⑤ 通常の質量流量（12 000 kg/h）で，伝熱面に汚れが発生し，U が 15 ％低下した．温度差を一定にしたとき，5℃の牛乳は何度で出てくるか（$A = 12\ m^2$ とする）．

$12 = (12000 \div 3600) \times 3900 \times (t-5)/(1100 \times 0.85) \times 45$　　$t = 43.9℃$

2.3 濃縮，乾燥による水分分離

2.3.1 濃　　縮

乾燥操作におけるエネルギーの消費量を減らす目的で，その前処理として濃縮し水分を減らす．

［例］インスタントコーヒー生産におけるコーヒー抽出液の水分除去

　味と香りが製品の品質を左右するので，原料の豆を焙煎して得られる，フレーバーなどの特性をいかに保持するかの視点から，プロセス工程が組まれている．その一例を図2.7に示す．

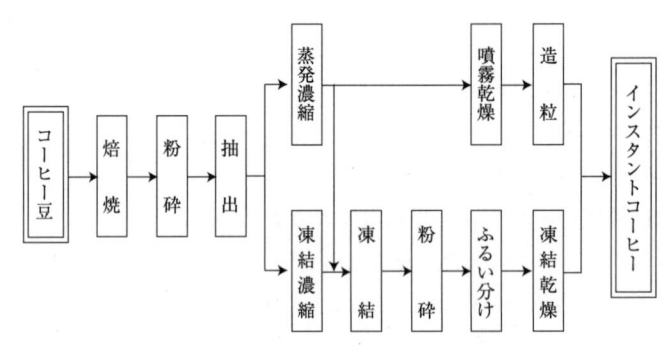

図 2.7　インスタントコーヒーの製造プロセス[9]

(1)　熱的濃縮

　溶液を加熱して，水分を蒸発させて取り除く．この場合に沸点上昇が起こる．沸点の上昇は液中の溶質によるものと，溶液の静圧頭（pressure head），すなわち液深の分の液の重量圧によるものがある．これは伝熱に有効な温度差を減少させることになり，蒸発能力を低減させるので，静頭圧によるものは液深をできるだけ少なくするようにするために，溶液を遠心力で均一の厚さの薄膜の状態にして加熱する蒸発器もある．食品では，洗浄性を考慮し，プレート式多重効用濃縮缶が多く用いられる．

【演習】

　固形分7.08％のコーヒー液を，濃縮缶で固形分58％まで濃縮する．1 000 kg/hで濃縮缶にコーヒー液を供給するといくらの濃縮コーヒーと水分が得

濃縮コーヒー液量を L とすると固形分の物質収支から

$$1000(7.08/100) = L(58/100)$$

$$L = 122.1 \text{ kg/h}$$

したがって

水分　$W = 1000 - 122.1 = 877.9 \text{ kg/h}$

(2) 濃縮の省エネルギー

蒸発操作で溶液を濃縮する場合，供給した熱エネルギーの大部分は，蒸発した水蒸気に潜熱として保有された状態にある．この潜熱の値は，凝縮温度の変化に対しても余り大きな変化はない．そこでこの水蒸気の潜熱を使い，より低い沸点の溶液を蒸発させる「多重効用蒸発」，あるいはこの水蒸気を圧縮することで温度を高めておいて熱源として再利用する「蒸気圧縮蒸発」などの方法により，この熱を有効に回収利用する．

n 重効用缶のシステムでは，各缶が 1 kg の蒸気で 1 kg の水を蒸発できるとすれば，各缶の蒸発能力が同じで熱損失を無視すれば，各缶で順に 1 kg ずつ蒸発させるので結果 n kg の蒸発量が得られる．1缶当たりの所要水蒸気は $1/n$ で済む．ここで注意がいるのは缶が増えるに従って加熱する蒸気と加熱される液との温度差が小さくなるので，缶の蒸発能力がそれに従って低下する点である．缶の設備費と省エネルギー費の兼ね合いなどの経済性を加味して，通常は 3～7 重効用缶が使われる．

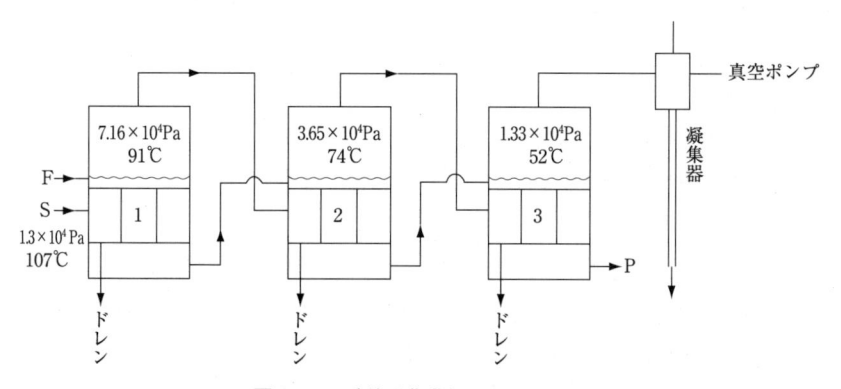

図 2.8　3 重効用蒸発缶のシステム[10]

(3) 凍結濃縮

フレーバーなど品質の保持の点から，低温で濃縮ができる方法として使われる．原理は，溶液を冷却することで生成した氷を除去することによる．装置は，低温に濃縮された液の物性や氷を含むスラリーの取扱いに注意がいる．目的物の回収率向上，空気との接触による品質劣化防止などのために，排出する氷を密閉容器中で洗浄しながら分離する「氷洗浄カラム」を設置した装置も開発された（図2.9）．

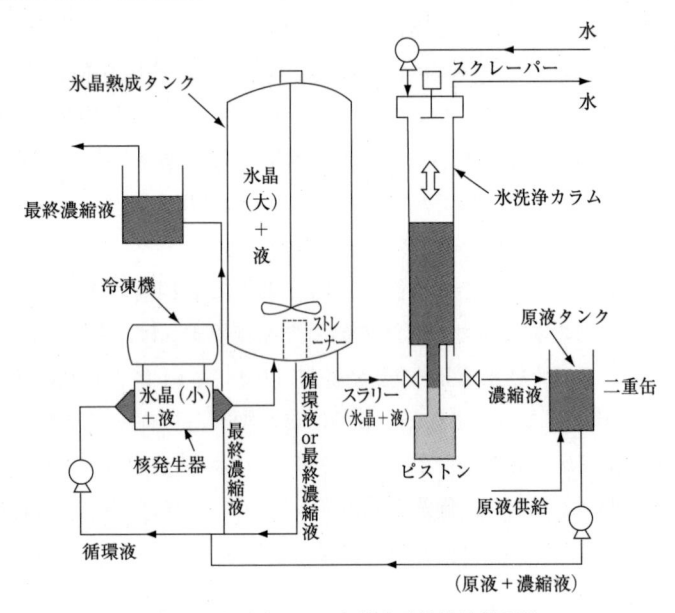

図2.9 氷洗浄カラムを使う凍結濃縮装置[11]

2.3.2 乾　　燥

比較的少量の水分を含む物質から，熱を加えて水を蒸発させて除去する操作である．適当な熱源を与えることと，気化した水分の除去をどうするかがポイントである．

乾燥は，ある程度水分が低下するまで単位時間当たり乾燥量が一定に進む定率乾燥期間と，表面蒸発と内部拡散速度のバランスが崩れ乾燥速度が低下する減率乾燥期間の2つの段階に分かれる．

熱を受ける材料が予熱され温度が上がり，次にその表面の水分が蒸発を始

める．表面が乾燥し，表面と内部との含水量の差が推進力となり材料内部の水分が表面に移動して蒸発が続く．空気から受ける熱は水分の蒸発に使われ，材料の温度は一定に保持される．

次第に表面への水分の移行が遅くなると材料の温度が上がり始め，その結果受熱量が減少し，受けた熱は材料の温度上昇にも費やされる．これ以上変化しない平衡含水率に達すると乾燥は終わる．

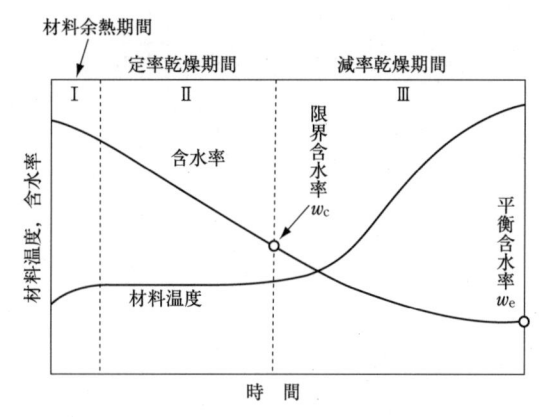

図 2.10 乾燥における含水率，材料温度の時間変化[12]

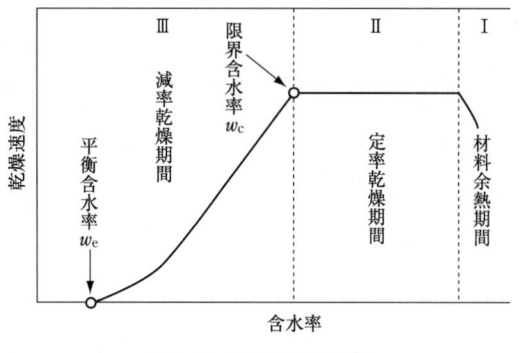

図 2.11 乾燥特性曲線[12]

乾燥には表 2.2 に示すような種々の乾燥方法がある．

(1) 噴霧乾燥

濃縮された液を，加圧ポンプで噴霧スプレーノズルから，微小な液滴とし

III. 保存技術

表 2.2 種々の乾燥機[13]

乾　燥　機	材料の乾燥様式	適 応 材 料
箱形乾燥機	棚の上の浅い箱に入れて乾燥 並行流および通気方式	粉粒体，短繊維，薄片，成形材料，ペースト
トンネル乾燥機	連続式，台車上の箱に入れて乾燥	粉粒体，成形材料，シート，ペースト
バンド乾燥機	エンドレスの金網などの上に積み，移動させながら乾燥 並行流および通気方式	フレーク，短繊維，ペースト
回転乾燥機	回転する円筒内で分散状態で移送される	粉粒体，塊状材料，フレーク
流動層乾燥機	熱風気流中で流動化，分散，移送される	粉粒体
噴霧乾燥機	液体原料を熱風中に噴霧し，熱風気流により移送	粉ミルク，洗剤

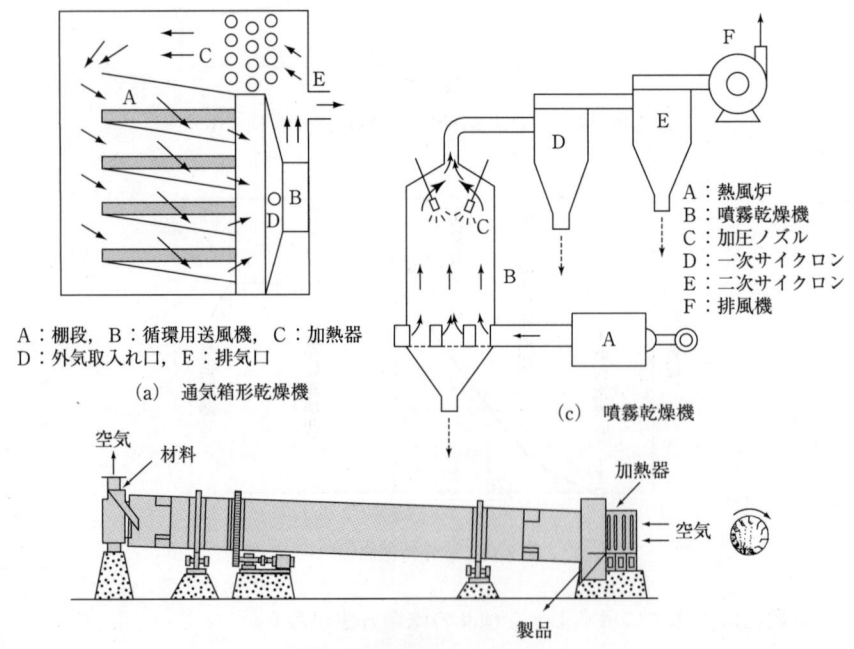

A：棚段，B：循環用送風機，C：加熱器
D：外気取入れ口，E：排気口

(a) 通気箱形乾燥機

A：熱風炉
B：噴霧乾燥機
C：加圧ノズル
D：一次サイクロン
E：二次サイクロン
F：排風機

(c) 噴霧乾燥機

(b) 回転乾燥機

図 2.12 代表的な乾燥機[13]

て熱風気流中に噴霧し，数秒～数十秒の短時間で粉末状に乾燥する．いかに微細な液滴に噴霧するか，また熱風と均一に混合して短時間に熱交換するかの2点がポイントである．高温気流にさらされるので，フレーバーの飛散は避けがたいが，蒸発潜熱により，液滴の温度は50～60℃程度に保たれるので，熱による食品の変化は少なく，また水に再溶解するとき復元性のある粉末が得られる．粉ミルクなど，それほどフレーバーにこだわらない各種水溶性食品の粉末化に多用される．設備は粉体の取扱い対策，熱風を取り扱うので火災などの安全対策に配慮がいる．

(2) 凍結乾燥

凍結乾燥では製品を凍結して氷点以下（コーヒーの場合－40℃以下）の温度にし，100 Pa程度の減圧下，加熱板からの輻射熱で蒸発熱を与える．水分が**昇華**して，氷の状態から直接水蒸気になり乾燥する．蒸発した水分はコンデンサー（凝縮器）で凝縮して外部に排出する．乾燥が効率良く行われるためには，製品内部で昇華により生じた水蒸気が早く抜けるようにする工夫がいる．

凍結乾燥は，噴霧乾燥などに比し乾燥温度が低いので，血漿，ワクチン，高温で不安定なものに適用され，またコーヒーなどフレーバーなどの特性を保持した製品を得るために用いられる．乾燥物は水分が蒸発した跡の空隙のため多孔質構造となるので，水を加えたときの復元性がよい．乾燥処理時間が長く，設備費，エネルギー費など運転コストは高い．

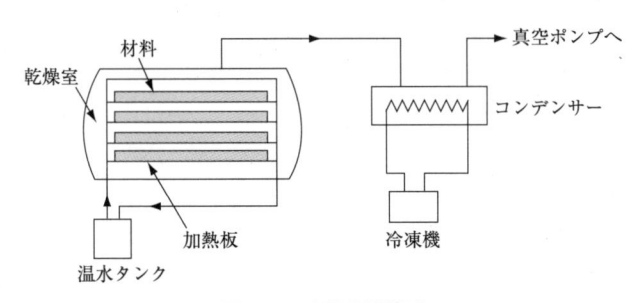

図 2.13 凍結乾燥機[14]

III. 保存技術

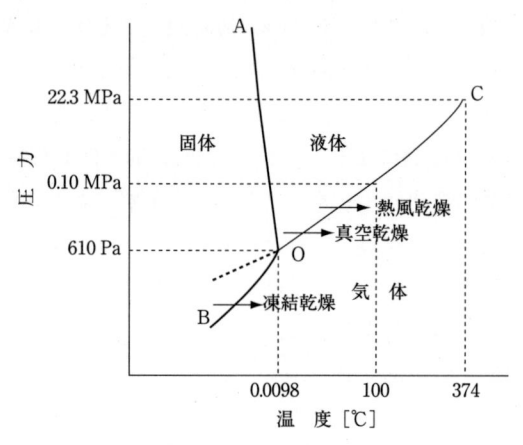

図 2.14 水の状態図[15]

参 考 文 献

1) 児玉浩憲：図解雑学 科学のしくみ, p.181, ナツメ社(1998)
2) 鴨居郁三監修：食品工業技術概説, 初版, p.257, 恒星社厚生閣 (1997)
3) 化学工学会編：基礎化学工学, p.253, 培風館 (1999)
4) 橋本健治編：ケミカルエンジニアリング, p.87, 培風館 (1998)
5) 同上書, p.86.
6) 林　弘道他：基礎食品工学, p.77, 建帛社 (1998)
7) 同上書, p.76.
8) 同上書, p.72.
9) 古崎新太郎編：ケミカルエンジニアリングのすすめ, 初版, p.206, 共立出版 (1998)
10) 鴨居郁三監修：前掲書, p.240.
11) 古崎新太郎編：前掲書, p.213.
12) 化学工学会編：前掲書, p.174.
13) 同上書, p.177.
14) 鴨居郁三監修：前掲書, p.250.
15) 林　弘道他：前掲書, p.176.

3. 冷蔵, 冷凍

3.1 化学反応速度と温度

　触媒の存在下で, A+B→Cなる反応を考える. 成分Aに着目した反応速度 r_A は, 反応混合物 1 m³について, 1 秒間に減少したAの物質量 [mol] と定義する. 単位は [mol m⁻³ s⁻¹] である. 原料成分Aは反応の進行と共に減少するから r_A は負の値をとる.

　反応速度は反応成分の濃度 C_j (j=A, B……), 温度 T, 触媒濃度などの関数であり, 一般に $-r_A = kC_A^m C_B$ で表せる. k は下記のアレニウスの式で表すことができる.

$$k(反応速度定数) = k_0(頻度因子) \times e^{-E/RT}$$

　　T：反応温度 [K]
　　E：活性化エネルギー [J/mol]
　　R：気体定数=8.314 [J/(mol・K)]

　アレニウスの式が示すように低温下では, 化学反応速度が遅くなり, 酵素も活性が低下, 微生物も繁殖ができなくなる. 微生物の低温での繁殖限界を図3.1に示す.

　したがって酵素, 微生物による品質劣化が抑制されるので, 食品を長期保存するために, 冷蔵, 冷凍が広く行われている. 食品の貯蔵温度について, 化学技術庁資源調査会が1965年に決めたものによると, 冷蔵は10〜2℃, 氷温冷蔵は2〜−2℃, 冷凍は−18℃以下とされている. 日本では, チルド食品の温度範囲は明確には定められてはいないが, スーパーチリングが−5〜0℃, パーシャルフリージングは−3〜−5℃とされている.

図中:

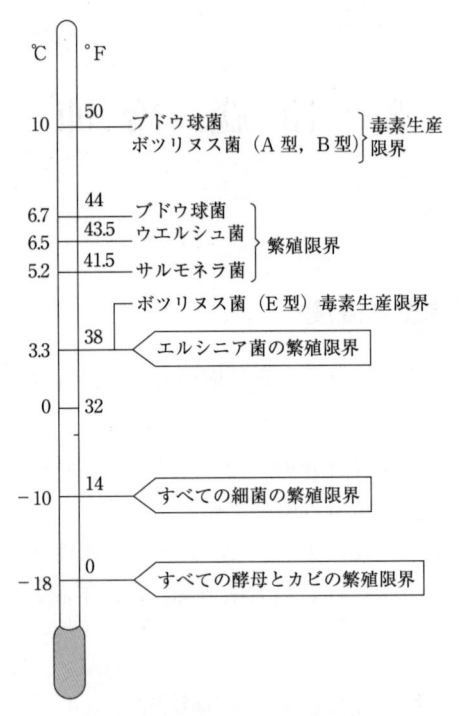

℃ / °F
10 / 50 — ブドウ球菌、ボツリヌス菌（A型，B型）｝毒素生産限界
6.7 / 44 — ブドウ球菌
6.5 / 43.5 — ウエルシュ菌 ｝繁殖限界
5.2 / 41.5 — サルモネラ菌
— ボツリヌス菌（E型）毒素生産限界
3.3 / 38 — エルシニア菌の繁殖限界
0 / 32
-10 / 14 — すべての細菌の繁殖限界
-18 / 0 — すべての酵母とカビの繁殖限界

図 3.1 微生物の繁殖限界温度[1]

3.2 冷蔵と予冷

冷蔵は冷凍開始温度以上（$-2 \sim -10$℃）での冷却貯蔵をいう．冷蔵する場合，事前に，冷蔵設備とは別の設備で，所定の温度まで予冷する．予冷は冷蔵設備のエネルギー負荷の軽減になり，また入庫時の庫内温度の変動を防止できる．

野菜・果実などは，呼吸による代謝活動は温度が高いほど激しいので，鮮度を維持するために，収穫時に迅速に冷却する．呼吸熱の発散は水分の蒸発を伴い重量の減少，萎縮が起こる．水分を失うことで，植物ホルモン「エチレン」が出てくるが，これは呼吸を増大させるなど，果物などが熟す作用を促進させる．冷却貯蔵する場合，品種により分けて貯蔵し，このエチレンの影響を避ける．

一方，果実・野菜などを冷蔵することにより，窪んだ斑点が出る（ピッティング），組織の破壊で水っぽくなる，黒褐色に変色する，不快臭の発生，熟さないなどが起こる．このように凍結点より高い温度で起こる生理的変調が原因の障害を低温障害という．そのメカニズムは，低温下で細胞膜がゲル状態になり，物質の流動が悪くなり，膜が機能不全に陥るためと考えられる．

3.3 冷　　凍

3.3.1 凍　結　法

食品を-2℃以下のある温度まで冷却し，大部分の水分（自由水）が凍結した状態を冷凍という．腐敗しやすい食品を，長期間貯蔵できる優れた技術であるが，食品中の水分が，液体から固体になる相変化を伴うことから，品質変化が避けられず，これをいかに最小にするかが課題である．

純水は0℃で凍結するが，生鮮食品は-0.5～-2.5℃位で水分の氷結が始まる．この温度を氷結点と呼ぶ．そして水分の大部分は，氷結点～-5℃の間で氷結するので，この温度帯を**最大氷結晶生成帯**と呼ぶ．

凍結に要する時間は，凍結の潜熱が大きく支配する．水の凍結には，冷却時の熱量の約80倍の熱量除去を要し，凍結時間を速めるには，それに対応した熱量の除去が必要である．氷結に当たり，水分は溶質を排除しながら凍結するので，未凍結部分の溶液濃度は上昇する．そのため氷点降下が連続的に起こり，凍結温度が少しずつ下がりながら進行する．

最大氷結晶生成帯を短時間で通過する冷凍法を**急速凍結**という．短時間，急速とは，温度-5℃の線が，表面から中心に至る距離を動く時の速度が5～20 cm/h程度をいう．つまり厚さ10～40 cmの，表面が-5℃の物体の中心部温度が，1時間で-5℃になる凍結速度といえる．

氷の結晶の大きさは，凍結時に，最大氷結晶生成帯を早く通過するほど小さくなる．氷の結晶が小さいほど食品の細胞膜が損傷せず，ドリップ（drip：冷凍した魚や肉を解凍した時に流れ出る液汁）の流出が避けられ，品質の劣化が少ない．

III. 保存技術

図 3.2 凍結・解凍曲線[2]

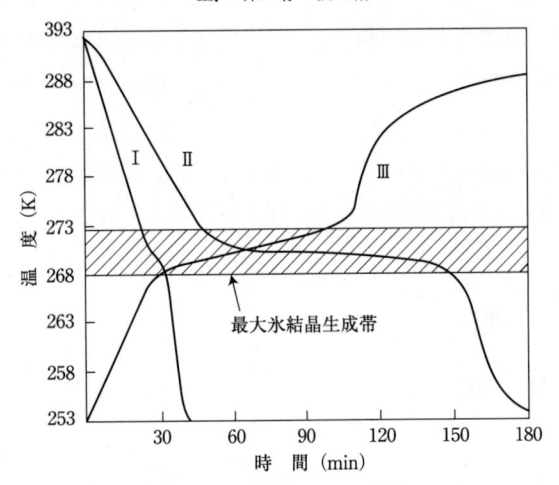

Ⅰ:急速凍結, Ⅱ:緩慢凍結, Ⅲ:解凍

表 3.1 凍結速度と氷結晶サイズ[3]

最大氷結晶生成温度帯 (0〜-5℃)通過時間	氷結晶サイズ 径×長さ	形 状
数 秒	1〜5 μm×5〜10 μm	針 状
90 秒	5〜20 μm×20〜500 μm	棒 状
40 分	50〜100 μm×1 mm 以上	柱 状
90 分	50〜200 μm×2 mm 以上	柱 状

3.3.2 凍結所要時間の推定

凍結・解凍所要時間の推定法には幾つかの方法があるが,温度差,形状(伝熱面積に影響),熱容量など熱移動に関わる項目を基礎にして組み立てたプランク(Plank)の式が著名である。Edeにより修正された下記の式[4]はこの様子がよく理解できる工学的な手法といえる。

$$t_F = \{\rho \lambda_f / (T_F - T_\infty)\} \times (P \cdot a / h_c + R \cdot a^2 / k)$$

ここで

 t_F:凍結所要時間 (s)

 ρ:材料密度 (kg/m³)

 λ_f:凍結潜熱 (kJ/kg) ………熱特性

T_F：初期凍結温度（K）………温度差
T_∞：冷媒の温度（K）………温度差
h_c：対流伝熱係数（W/m²·K）………熱移動（W=J/s）
k：熱伝導率（W/m·K）………熱移動
a：材料の大きさ（m）………形状
P, R：形状係数～無限平板：$P=1/2, R=1/8$,
　　　　　　　　　無限円盤：$P=1/4, R=1/16$,
　　　　　　　　　球：$P=1/6, R=1/24$

【演習】

球状物質をエアブラストで凍結する．初期温度10℃，冷空気温度-15℃，物質の大きさ10 cm，密度1 000 kg/m³，エアブラストによる対流伝熱係数は50 W/m²·K，凍結製品の熱伝導率は1.2 W/m·K，凍結潜熱は250 kJ/kg，初期凍結温度-1.2℃である．凍結時間 t_F を求めよ．

$$t_F = [(1000)(250 \times 10^3)/\{-1.2-(-15)\}] \times \{(1/6) \times (0.1) \div 50 + (1/24) \times (0.1)^2 \div 1.2\} = 12.3 \times 10^3 \text{s} = 3.42 \text{ h}$$

3.3.3　冷凍保存中の品質変化

冷凍保存中には下記のような品質の変化が起こり得るので，これを最小にする工夫がいる．

① 乾燥による

原因は水分が蒸発する，あるいは氷の昇華による．防止対策としては，表面を包装やグレーズ処理*で覆う，冷凍庫内の温度の振れを少なくするなど．

② 空気中の酸素による酸化

昇華により氷の保護膜がとれ酸化する冷凍やけ，同様に脂質が酸化し黄褐色に変色あるいは異臭が出る油やけ，変色・退色が起こる．いずれも①と同じ対策．

④ 酵素や光で色素が分解され色があせる

＊ グレーズ処理：凍結した魚介類を0～4℃の淡水に数秒間浸漬して，表面に薄い氷の層を生成させ，凍結後の水分の昇華あるいは表面の酸化を防止する．

対策はブランチング*やpH調整により酵素を失活あるいは活性を低下させる．

⑤　ドリップの発生による

生の魚，肉などを緩慢凍結すると，凍結時に出来る氷の結晶による肉質の損傷で解凍時にドリップが出て，タンパク質が変性する．また凍結濃縮作用による塩析，結合水の分離により起こる．急速凍結を行う，あるいは糖類・食塩を添加した後に凍結する．

⑥　コロイド破壊，ゲル状態などの組織の破壊

果汁ペクチン，牛乳などの酵素的分解，氷結晶生成や不凍部の塩濃縮による塩析などでコロイド，ゲルが破壊され分離する．加熱による酵素失活，急速凍結，ホモジナイズ処理など．

⑦　移り香

他のものからのにおいの吸収による．きちんと包装する，庫内のにおい発生物の除去をする．

3.3.4　T.T.T. (time temperature tolerance) の概念

T.T.T. は「時間-温度許容限度」とか「貯蔵期間-温度-品質耐性」と訳される[5]．食品は低温でも一定の速さで変化が進行すると考えられ，ある食品の温度履歴が分かれば，1日当たりの品質劣化率をもとに，どの程度劣化が進んだかが分かる．

品質劣化の判定はその食品の「色」と「フレーバー」の状態によってT.T.T. 判定パネルが行う．見分けがつく差が生じた時をもって品質保持期間とする．

【演習】

牛肉が，以下の条件で消費者に渡った時の品質は適正か．

①　−24℃の営業倉庫に4か月（120日）保管

②　−12℃の輸送車で2日間運搬

＊　ブランチング（湯通し）：凍結前に，熱湯または蒸気で短時間，加熱処理を行い，酵素を失活させる．

③ 店の冷凍庫（−15℃）で30日間保存される

ただし，この牛肉の貯蔵可能期間は温度ごとに，−12℃・7か月，−15℃・8か月，−18℃・10か月，−24℃・18か月とする（品質劣化の総量が1となる期間）．

それぞれの保管による劣化状況は
  営業倉庫での劣化は　$(1 \div 18 \div 30) \times 120 = 0.222$
  輸送車　　　　　　$(1 \div 7 \div 30) \times 2 = 0.009$
  店の冷凍庫　　　　$(1 \div 8 \div 30) \times 30 = 0.125$
   計　　　　　　　　　　　　　　$0.356 < 1$　まだ大丈夫

3.3.5 冷凍の原理

熱の移動は高温から低温に一方通行であり，この時すべての熱を仕事に変換はできない（**熱力学第二法則**）．このため効率100％にはならない．また低温の熱より高温の熱の方が，利用価値が高い．

低い温度から高い温度に熱を汲み上げる装置をヒートポンプという．圧力による蒸発・凝縮温度の変化や反応熱，吸収熱，吸着熱，希釈熱などを上手に利用する．

気体状の冷媒（フロン，アンモニアなど）を断熱圧縮すると温度が上がる．これを放熱部である凝縮器に送り，外部から水や空気で冷却すると容易に液化する．液化した冷媒を，膨張弁を介して，低い圧力の冷却部である蒸発器中に放出する．冷媒の一部が，瞬時に断熱膨張により蒸発して気体となり，このとき同時に蒸発潜熱により冷媒が冷える．残りの低温の冷

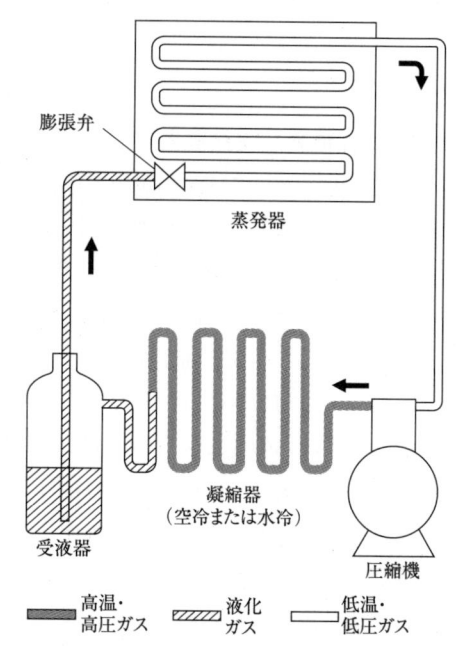

図3.3　冷凍機の原理[1]

媒も外部から熱をもらい，つまり外部の物を冷やしながら自身は蒸発気化する．このサイクルを繰り返し，低温を得ることができる．この原理を応用して，冷蔵・冷凍庫，空調機などが作られる．

冷媒には，より圧力の低い状態で液化できるガスとして，フロン，アンモニアなどが使用されている．しかし，オゾン層を壊すという地球環境問題からフッ素・塩素を含むフロンガスの使用は禁止の方向にある．特定フロンといわれる R 12, R 502 は 1995 年生産中止となり，指定フロンといわれる R 22 は 2020 年までの期限付きである．このため炭化水素，炭酸ガスなどの実用化が始まっている．

ちなみに，アンモニア，R 22 と CO_2 の物性を表 3.2 に示した．

表 3.2 アンモニア，R 22, CO_2 の物性

	アンモニア	R 22	CO_2
蒸発熱(-15℃) kcal/kg	314	52	64.8
凝縮圧力(30℃) kg/cm²	11.9	12.3	73.2
蒸発圧力(-15℃) kg/cm²	2.41	3.02	23.23
沸　点(0.1 MPa〈1気圧〉) ℃	-33.3	-40.8	-78.5

3.3.6　各種食品凍結装置

凍結の方法としては，小規模の場合，一定量ごとに凍結するバッチ式の凍結装置が使われる．しかし調理済み冷凍食品など規模の大きな場合，生産ラインに組み込まれた連続式のインラインフリーザー (ILF) が使用される．凍結もブロック凍結 (BQF) から，バラ凍結 (IQF：individually quick freezing) に変わってきて，品質的にも向上してきた．

凍結機の冷却装置には，製品から発生した水蒸気が霜となって付着し，凍結能力を下げるので，一定の時間ごとにデフロスト操作を行い，霜を落とす必要がある．製品の入庫・出庫口は外気との接触で霜が付着し，また冷凍庫内に外気が入ると庫内温度が上昇するので，前室などを設けて防止する．

凍結に際して，対象品の温度が高い場合，あらかじめ予冷装置で冷却してから冷凍装置に入れるのがエネルギー的にも有利である．

(1) 空気凍結室 (air freezing room)

保温材で保冷した室内に,冷却管,ファンを設置し棚段の上に食品を置いて冷やす.効率が悪く,小規模向きである.室内の温度が均一になるよう冷風の流れ,物の置き方に注意する.

(2) エアブラスト (air blast freezer)

トンネル状の凍結室の中で,コンベアーにのせた食品を移動させ,$-30 \sim -40$℃の冷風を $3 \sim 5$ m/s で吹き付け急速に凍結させる.コンベアー長が長くなるが,らせん状に巻いたスパイラルフリーザーを使用すると設置面積が小さくなる.

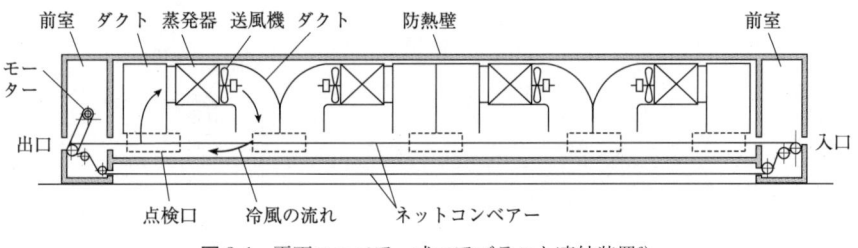

図 3.4 平面コンベアー式エアブラスト凍結装置[6]

(3) 金属板接触凍結装置 (contact freezer)

裏から冷媒(ブライン)で冷やした金属板の上に,食品をのせ凍結する.連続的に行う場合,ステンレスコンベアーベルトを使う.エアブラストとの併用も可能.

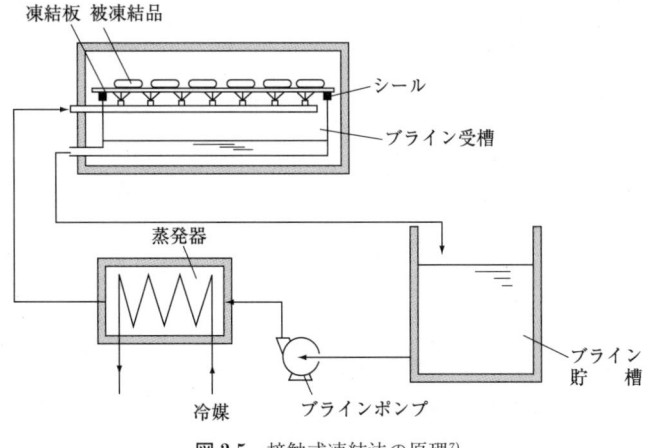

図 3.5 接触式凍結法の原理[7]

(4) 液体浸漬凍結装置 (brine immersion freezer)

塩化カルシウム，プロピレングリコール，アルコールなどを冷却して，食品を直(じか)に浸漬して凍結する．熱効率がよいが，付着した冷媒を取り除く必要がある．

(5) ガス散布式凍結装置

炭酸ガス，窒素などを液体の状態で食品に噴霧・散布して凍結する．炭酸ガスの場合ドライアイスも使用できる．急速な凍結が可能で，設備費が安いので変動費型である．液体窒素の価格が安い米国などで使用される．

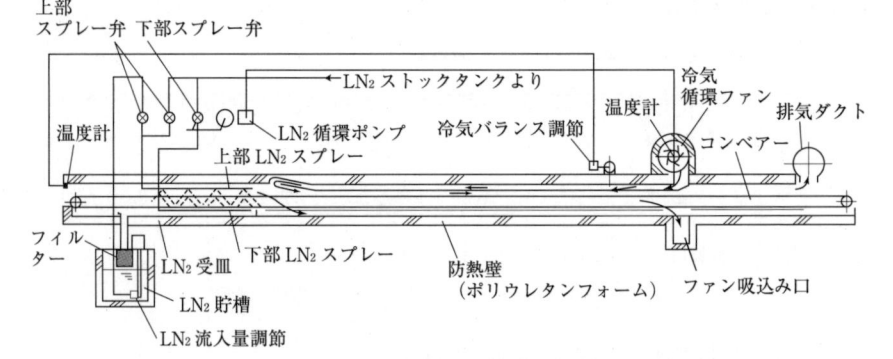

図3.6 液化窒素散布式凍結装置[8]

(6) 流動式凍結装置

凍結機内のネットコンベアーの下部から$-35 \sim -40$℃の冷風を吹き上げ，対象物を流動させながら凍結させる．コーンなど製品をバラの状態にしたい場合に使用する．

3.3.7 解　　凍

解凍とは凍結状態にある食品を加熱して融解状態にすることをいう．

解凍に当たって品質劣化を避けるには，急激な解凍によるドリップの流出や長時間解凍での微生物の繁殖などを防止することが大変重要である．大型の肉塊やマグロの解凍，短時間での解凍の場合などには特に注意がいる．この場合，過度のドリップの発生を抑制するには氷を融解するために必要な潜熱だけを加え，半解凍状態にとどめ，一部生成した水は食品組織に吸収保

持させることが望ましい.

表3.3に解凍方法の種類を示した.

表3.3　種々の解凍方法

空 気 解 凍	常温空気, 低温空気, 加圧空気など
水　解　凍	清水, 塩水, 砕氷, 水圧など
高 温 解 凍	熱風, スチーム, 熱湯, 熱油など
電磁波解凍	赤外線, 超音波, 低周波, 高周波など

3.4　冷凍技術を応用した食品

凍結濃縮, 凍結粉砕, 凍結乾燥などの技術が食品加工で応用されているが, 特にアイスクリーム, 調理冷凍食品などは, 冷凍技術によって存在できる商品分野である. ここでは調理冷凍食品について述べる.

3.4.1　調理冷凍食品

調理冷凍食品の定義には下記の5項目が要件としてあげられている.
① 原料品は前処理済み
② 急速凍結をする
③ 包装された規格商品である
④ 簡単な調理で食卓に供せられるもの
⑤ 消費者にわたる直前まで商品ストッカーで$-18°C$以下（$0°F$）に保存されたもの

表3.4に調理冷凍食品が事業として成立するための要件を示した.

表3.4　冷凍食品事業が成立するための技術的要件

原　料	季節変動や地域特性を考慮した上での必要量の確保, 鮮度保持, 解凍方法, 異物選別除去など取扱い方法
開　発	多種多様の商品開発
生　産	急速凍結方法, 衛生管理技術, 不定形の固形物のハンドリング方法, 少量多品種生産体制など
流　通	冷凍輸送体制の整備
消　費	冷凍冷蔵庫, 店頭用ストッカーなど貯蔵設備, 解凍器（電子レンジ, オーブントースター, 自動販売機など）の整備

表の内容からすると，社会的な条件として，**電気，流通などのインフラ環境の整備，家電器具を持てる生活の豊かさが根底に必要**なことがわかる．

3.4.2 氷温技術

鳥取県にある(株)氷温研究所では，0℃から食品が凍結を始めるまでの温度を「氷温」と呼び，登録商標として，多くの商品に「氷温＊＊＊」と名付けている．

食品を氷温状態におくと腐敗を起こす細菌類が減少して，長期間鮮度が維持できるので，防腐剤などの添加物を少なくできるが，それだけでなくアミノ酸や糖類が増加し，味覚が向上するとしている．伝統的な「寒仕込み」技術の再現ともいえるが，凍結に直面した細胞内部のタンパク質がアミノ酸へ，デンプンが糖類へ分解するのが原因ではないかと研究所では考えている．

3.4.3 ソフトフリーズ製法によるエッセンシャルベジタブル

大塚食品の開発によるもので，野菜の水分を 1/17 程度まで飛ばし半乾燥状態にして凍結する．細胞が壊れずに保たれた状態なので，ゆでることで水分が戻り，野菜本来の食感と風味が味わえるという．

3.5 その他の物理的保存方法

3.5.1 雰囲気ガス制御（CA: controlled atmosphere）貯蔵

低酸素・高二酸化炭素雰囲気においては，果実や野菜の呼吸作用が抑制されるので，糖の消費が減少して風味が保たれる．また緑色を保持し，成熟・老化ホルモンであるエチレンの生成を抑制して追熟を遅延する作用もある．実際には，冷蔵中，それぞれの貯蔵に適したガス濃度に制御してやる．

3.5.2 紫外線（UV）殺菌

波長 253.7 nm の殺菌用紫外線ランプで殺菌する．紫外線に対する抵抗性は，微生物の種類により異なり，酵母，カビは細菌より強い抵抗性を示す．
紫外線は透過力が弱いので，食品，包装資材，器具の表面に付着した微生

物あるいは，空気，水，果汁の殺菌などに使用される．欠点として表面殺菌であるから食品の層が薄い必要がある．また油脂の自動酸化を起こし，油脂変敗の原因になる．

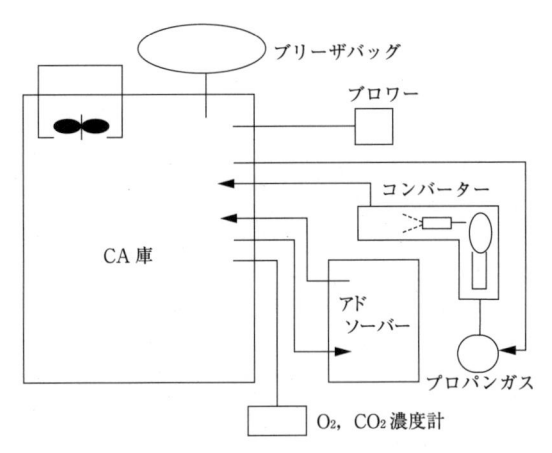

図 3.7 再循環方式 CA 貯蔵装置[9]

3.5.3 放射線殺菌

放射線は，酵素を不活性化し，DNA を破壊するので，殺菌作用，殺虫作用，発芽防止作用がある．食品照射には，コバルト 60，電子線（エネルギー 10 MeV 以下）が利用される．安全性を確認されたジャガイモ，タマネギの発芽防止にのみ使用ができる．

参考文献

1) 鴨居郁三監修：食品工業技術概説，p.260，恒星社厚生閣（1997）
2) 同上書，p.267．
3) 林 弘道他：基礎食品工学，p.112，建帛社（1998）
4) 同上書，p.116．
5) 高橋雅弘監修：冷凍食品の知識，p.30，幸書房（1982）
6) 同上書，p.139．
7) 同上書，p.143．
8) 同上書，p.146．
9) 鴨居郁三監修：前掲書，p.296．

IV. 包装技術

1. 包装について

1.1 包装技法の特質

　食品における包装は，人間における衣服・顔とも言えるもので，商品としても，生産者と消費者が最初につながる所であるだけに，そのデザインは大変に重要な役割を果たしている．包装の善し悪しはその商品の売上げに直結すると言ってもよい．

　種々の商品に対して，要求される機能を満たすための包材の選定と，生産現場における機器との適性などには，幅広い知識と経験が必要である．食品の生産工程の中でも，包装工程の比重は大きく，したがって工場の中でも大きなスペースを占めることが多い．その生産性はコストと品質に大きな影響をもたらす重要な工程である．

　一方，廃棄物の中で包装・包材の占める割合が高いことは，環境問題として今後の大きな課題であるが，これについては別途詳述する．

1.2 包装の定義

　日本工業規格（JIS Z 0101）によれば，包装（packaging）とは，「物品の輸送，保管などにあたって価値及び状態を保護するために，適切な材料容器などを物品に施した状態」を言い，個装，内装および外装の3種類に分けている．

　① 個装（item packaging）
　物品個々の包装を言い，物品の商品価値を高めるため，また物品個々を保護するために，適切な材料容器などを物品に施す技術および施した状態をいう．包装材料が直接食品と接している部分である．

② 内装（inner packaging）

包装貨物内部の包装を言い，物品に対する水，湿気，光熱，衝撃などを考慮して，適切な材料容器などを物品に施す技術および施した状態をいう．個装をまとめた物．

③ 外装（outer packaging）

包装貨物外部の包装を言い，物品を箱，袋，タル（樽），缶などの容器などに入れ，もしくは無容器のまま結集し，記号，荷印などを施す技術および施した状態をいう．輸送用の包装である．

これら包装の実例を表1.1に示す．

表1.1 包装の実例

	キャラメル	調味料	缶ビール	レトルトカレー	インスタントコーヒー
個装	グラシン紙	スティック	アルミ缶	レトルトパウチ	瓶詰
内装	紙ケース・内箱	プラスチック袋	カートン	カートン	
外装	段ボール	段ボール	段ボール	段ボール	段ボール

1.3 包装の機能

包装で要求される機能は次のような内容である．

(1) 食品の品質保持と保護

① 微生物による変敗の防止：細菌，カビ，酵素などの微生物により，食品が腐敗，異常発酵しないように，酸素が通りにくい材料で包装した後，加熱殺菌，冷蔵，冷凍などの処理を行う．

② 水分による変質の防止：食品中の水分や空気中の湿気により食品が変質する，あるいは逆に食品から水分が蒸発し乾燥して固くなることがある．これの防止には水蒸気の通りにくい材料で包装する．

③ 酸素，光，紫外線による変質の防止：直射日光や蛍光灯のもと，あるいは温度の高い場合，食品中に含まれる色素や脂肪が酸化し変質する．酸素，光，紫外線などを遮断する材料を使う．

④ 衛生性の確保：微生物やゴミなどの付着防止：製造されてから消費者の手に渡るまで，人の手に触れたり，道具に触れたりする機会が多く，

微生物やゴミなどが付着しやすいので，これによる二次汚染を防止する．
⑤　機械的な破損防止：機械的な振動・衝撃から変形・破損を防止する．
必要な強度を持つ材料を使用する．

(2) 取扱いやすさの向上

包装することで生産ラインが機械化できて，生産の省力化，大量生産が可能となる．

また段ボール包材，缶の採用などにより製品そのものが軽量・コンパクト化し，搬送，保管，輸送がしやすくなり，輸送コストが低減する．

漬物，みそなどの伝統食品をはじめ，多くの持ち運びしにくい食品の保存性，取扱い性が高まり，その結果楽に運ぶことと遠距離輸送が可能となり，流通が一変し市場も拡大した．

(3) 新たな商品性の付加による商品価値の向上

包装した包材を利用してゆでる，蒸すなどの調理機能を付加する，使用する量だけ小分けできることで保管性能を向上するなど新しい商品が誕生する．カップヌードルはその典型とも言える商品である．

見栄えが良く人目につくデザインの採用などにより差別化が可能となり，販売マーケティング上も大きな働きをする．

[例] カップヌードルは調理機能を持つが，その開発における包装材料の選定について安藤は次のように述べている[3]．

「欧米人はハシとどんぶりで食事をする習慣がない．そこで即席麺を世界商品にするために麺をカップに入れてフォークで食べられるようにしようと考えた．まず大事なのは容器であり，陶磁器，ガラス，紙，プラスチック，金属などの容器を収集した．その中で日本では当時は目新しい素材だった発泡スチロール（ポリスチレン）に目をつけた．軽くて断熱性が高く，経済性にも優れていたためである．

所が当時は発泡スチロールの厚みは 2 cm もあり，食品の容器としてはとても使えず，もっと薄く通気性の少ないものにする必要があったが，これを 1.2 mm まで薄くすることに成功した．しかし日本には一体成形出来るメーカーが無く，米国のダート社から技術を導入し，合弁で会社を設立し，自ら

1. 包装について

●いちごジャム

名　　　称	いちごジャム
原　材　料　名	いちご、砂糖、ゲル化剤(ペクチン)、酸化防止剤(V.C)、酸味料
内　　容　　量	400g
賞　味　期　限	2003.7.1
保　存　方　法	直射日光を避け、常温で保存してください。
製　　造　　者	㈶食品流通構造改善促進機構　東京都港区赤坂1-9-13

●ベーコン

名　　　称	ベーコン
原　材　料　名	豚バラ肉、食塩、砂糖、調味料(アミノ酸)、リン酸塩(Na)、酸化防止剤(ビタミンC)、発色剤(亜硝酸Na)
内　　容　　量	130g
賞　味　期　限	2003.7.1
保　存　方　法	10℃以下で保存してください。
製　　造　　者	㈶食品流通構造改善促進機構　東京都港区赤坂1-9-13

●カットサラダ

名　　　称	カットサラダ
原　材　料　名	レタス、ピーマン、トレビス、ルッコラ
内　　容　　量	200g
消　費　期　限	2003.7.1
保　存　方　法	5℃以下で保存してください。
製　　造　　者	㈶食品流通構造改善促進機構　東京都港区赤坂1-9-13

図 1.1　表示の実例[2)]

容器を製造することになった．

また蓋は，飛行機の機内で出るマカデミアナッツの容器に使われていた，紙とアルミ箔を張り合わせたものをヒントにして通気性のない素材を開発した．」

［例］卓上醬油瓶のデザインについて栄久庵(えくあん)は次のように述べている[1)]．

「1升瓶では，醬油差しに詰め替える時にこぼさぬ注意がいった．そこで醬油を工場で小容器に詰めてそのまま卓上に置けるようにと考え，卓上醬油瓶が1961年に販売開始された．透明感を持たせるため，ガラスで瓶をデザインすると醬油の量も外からわかる．また温かさを表現するため，注ぎ口

をプラスチックの赤いキャップにした．塩分の強い醬油を注ぐときに，醬油のしずくが落ちないようにするには，注ぎ口に60度ほどの角度で切れ目を入れた．」

 表示による情報提供が義務づけられ，便利性が高まったが，包装により表示スペースが確保できてこそ消費者に有効な情報が伝えられる．
 なお表示をする際，原材料名は原材料に占める重量の割合の多いものから順に（複合原料も同様，多い順に），その最も一般的な名称で記載することが表示基準で定められている．図1.1に表示の実例を示す．

参 考 文 献
 1) 栄久庵憲司：私の履歴書，日本経済新聞，8月20日（2002）
 2) 食品表示の方法と具体例，食品表示の早わかり，食品流通構造改善促進機構（2002）
 3) 安藤百福：私の履歴書，日本経済新聞，9月22日（(2001)

2. 包装容器と材料

2.1 包装容器材料

食品用の包装容器の材料および形態には表2.1のようなものがある．

これら材料は，「資源の有効な利用の促進に関する法律」（資源有効利用促進法）に基づき指定表示商品と定められた容器包装に，材質を表示する「識別表示」が，「識別マーク」でなされる．

表 2.1 容器材料と包装形態

容　　器	形　　態
木製容器	樽，折り箱，経木など
紙，板紙，セロハン容器	段ボール箱，紙箱，袋など
アルミニウム缶，スチール缶	缶詰，防湿用容器，液体用容器
ガラス容器	瓶，防湿用容器，液体用容器
プラスチック容器	袋，トレー，プラスチック缶

プラスチック製容器包装
（飲料・酒類・しょうゆ用のPETボトルを除く）

紙製容器包装
（飲料・酒類用紙パックでアルミ不使用のものおよび段ボール製容器包装を除く）

PET
飲料・酒類・しょうゆ用のPETボトル

スチール
飲料・酒類用スチール缶

アルミ
飲料・酒類用アルミ缶

図 2.1 容器包装材料識別表示[1]

包装材料を選定するとき，包装目的に応じて概略下記の機能を満たすことが重要である．

① 食品を化学的に保護する性能：酸素・窒素・炭酸ガス・水分などの気体，および光・紫外線などの遮断性など．
② 食品の商品価値を上げる性能：中身がよく見えるための透明度・防曇性(ぼうどん)，印刷がしやすい，開封がしやすいなど．
③ 包装効果を維持する性能：生産時あるいは流通の取扱いに必要な強度，耐寒・耐熱性，機械適性（物性，寸法精度）が良い．
④ その他性能：食品安全性および取扱い時の安全性，商品に見合った価格，廃棄物としての処理のしやすさ，リサイクルの可能性など．

2.2 金属容器

金属容器の特徴として，酸素，水蒸気を通さないので品質の保持に便利，耐熱性があり殺菌が容易，強度があり充填包装スピードが上げられるなどがある．

缶はその構成により，3ピース缶と2ピース缶がある．3ピース缶は缶胴，缶蓋，缶底の3つの部分から構成されており，缶胴を作るときのサイドシーム部の接合方法は，ハンダ，接着，溶接の3方法がある．2ピース缶は，材料の打ち抜きにより缶胴，缶底が一体となったものである．

表2.2に缶の種類，性質と用途を示す．

(1) ブリキ缶

3ピース缶は魚肉・畜肉，総菜缶詰，各種飲料に使われる．2ピース缶の浅絞り缶は食肉缶詰，深絞り缶は各種飲料などに使われる．他の材料より厚みが薄くても，加圧殺菌時の強度が十分なことから，加圧殺菌缶に使われる．

(2) ティンフリースチール (TFS) 缶

ティンフリーつまりスズを使わないので価格がブリキ缶より安いが，耐食性を高めるためになされるクロムメッキはリサイクルの過程で有害な六価クロムが出るため環境上問題がある．また外面のさびの発生を防止するため，塗装は完全に行う必要がある．

2. 包装容器と材料

表 2.2 缶の種類, 性質と用途[2]

区　分	品　種　名	食品容器としての性質と用途
ブリキ缶	3ピース缶 ハンダ缶（丸缶, 角缶） 2ピース缶 浅絞り缶（変形缶, 丸缶） 深絞り缶（　〃　　） DI缶 (Drawn & Ironing Can)	内面塗装で缶胴をハンダで接着, 魚肉, 畜肉, そ菜缶詰と各種飲料缶詰用 ｝内面塗装で缶胴は打抜き缶であり, 魚肉, 畜肉, そ菜缶詰と各種飲料缶詰用 内面スプレー塗装で各種飲料缶詰用
ティンフリースチール缶	3ピース缶 接着缶（丸缶, 角缶） 溶接缶（丸缶, 角缶） 2ピース缶 浅絞り缶, 深絞り缶	内面スプレー塗装で缶胴はナイロンテープなどを用いて接着する. 調理缶詰と各種飲料缶詰用 内面スプレー塗装で缶胴は溶接によって接着. 調理缶詰と各種飲料缶詰用 ブリキ缶と同じ
アルミ缶	3ピース缶 接着缶（丸缶, 角缶） 2ピース缶 浅絞り缶, 深絞り缶 DI缶 (Drawn & Ironing Can)	ティンフリースチール缶と同じ ブリキ缶と同じ
アルミ箔容器	軟質アルミ箔容器 硬質アルミ箔容器	パイ, ケーキ類, 調理食品用 容器の内面, 蓋を熱可塑性ラッカーをコーティングして, 高温に耐える完全密封容器
金属チューブ	アルミチューブ スズチューブ	融点が高いため, 内面耐食塗装ができ, 外面の印刷が可能. ソフトバター, ねりわさびなどの容器 成形性が優秀であり, 耐薬品性, 光沢などの外観にすぐれている. 特殊な食品の包装容器に使われている.

　3ピース缶は調理缶詰, 各種飲料に, 2ピース缶は炭酸飲料, ジュース, ビールなどに多く使われる.

(3) アルミ缶

　軽量である, イージーオープン性に優れている, スクラップ価格が高いなどの利点があるが, 塩素イオンなどの存在下では腐食するので, トマトや野菜のジュースなど塩分含有量の多いものには不向きである.

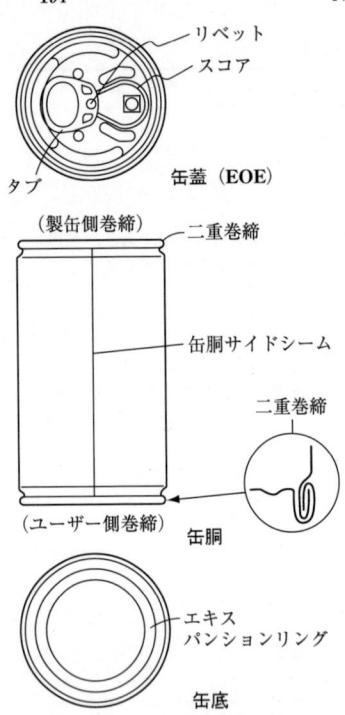

図 2.2　3ピース缶の構造[3]

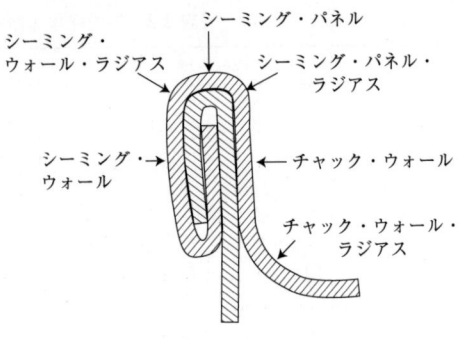

図 2.3　二重巻締部の構造[4]

2.3　ガラス瓶

　ガラス容器は，透明で中が見える，化学的に安定で腐食しにくいなどの利点があるが，重い，温度の急激な変化や衝撃に弱い，光の透過で内容物が変色するなどの欠点がある．

　何回も使用される「リターナル瓶」は資源の無駄使いにならず環境にやさしい包材と言えるが，重いことなどから，1998年度は新しい瓶の85％が使い捨てのワンウェイ瓶に変わってきている．ワンウェイ瓶は使い捨てのため，ガラス瓶の肉厚が薄く，厚みを均一化し，また強度を上げた軽量化瓶となっている．

　ビール瓶などは，外表面をプラスチックでコーティングし，内圧に対する強度を保つ．シールは，ゴム，プラスチック，コルクなどのシール材を塗布あるいははめ込んだ蓋を，瓶口に打栓機で圧着締め付け，キャップ巻締機でねじ締めして密封する．

　表2.3に食品容器用の瓶を示す．

表 2.3　食品包装容器として使われるガラス瓶[5]

区　　　　分	品種名	食品容器としての性質と用途
一般ガラス瓶	細口瓶	瓶の成形方法は，ブロー&ブロー方式，ビール，清酒，しょうゆなどの調味料の容器として使われる．クロージャーは王冠が多い．
	広口瓶	瓶の成形方法は，プレス&ブロー方式，牛乳，ジャム，つくだ煮と果実，野菜，インスタントコーヒーの容器として使われる．クロージャーは紙栓，スクリューツイストなどが多い．
軽　量　瓶	細口瓶	NNPB の軽量化技術でブロー&ブロー方式でも広口瓶と同じような均一な肉厚となり，軽量化される．ビール瓶などの容器として使われる．
軽量・化学強化瓶	細口瓶	軽量化にともない，瓶表面の傷により，強度が低下するので，瓶表面をホットコーティングかコールドコーティングを行う．果汁飲料，炭酸飲料の容器に使われる．
プラスチック強化瓶	細口瓶	ガラス瓶の表面にポリウレタンなどのプラスチック樹脂をコーティングして，瓶の破損を防止する．コーラなどの炭酸飲料の容器として使われている．

2.4　プラスチック

　プラスチックは新しい包装機械の開発とともに，単体フィルム，複合フィルムやシート，容器の形態で使われるようになってきた．また最近は，プラスチックフィルムが，紙やアルミ箔とラミネートされるようになった．
　表 2.4 に食品包装材料として使われるプラスチックフィルムと容器を示す．

2.4.1　プラスチック材料単体の特性

　プラスチック材料で使用上注意することは，① 多くの材料から適性の合ったものを探すことと，② 同じ材料でも製法が異なるとその持つ物性が微妙に異なることがあることの 2 点である．例えばフィルムの生産メーカーを変えると，それで作った包材と包装機械との相性が異なり，今まで順調に動いていた機械が不調になり機械の再調整が必要になることもある．

(1)　ポリエチレン

　低密度ポリエチレン（LDPE）は透明性が比較的良く，柔軟で強度，防湿性も優れている．軟化点が 85℃程度と低いので，軟化しにくい包材と複合

表2.4 食品包装材として使われるプラスチックフィルムと容器[6]

区　分	品　種　名	食品包装材料としての性質と用途
プラスチック単体フィルム	ポリエチレン / ポリプロピレン / 塩化ビニル / 塩化ビニリデン / エチレン・酢酸ビニル / ナイロン / ポリエステル / ポリビニルアルコール / アイオノマー	単体フィルムで食品包装材料として使われているが，大部分のプラスチックフィルムは複合フィルムの形で，粉末食品，固形食品と流動性食品の包装材料として使われている．
プラスチック複合フィルム	ラミネートフィルム	2枚または3枚以上のプラスチックフィルムを接着剤などを用いて貼り合わせる．レトルト食品，水畜産加工品，菓子類の包装材として使われている．
	押出しラミネートフィルム	印刷したプラスチックフィルムなどにポリエチレン，ポリプロピレン樹脂を押し出して貼り合わせるフィルム．
	共押出しフィルム	2～5種の押出機から，プラスチック樹脂を押し出してフィルムを作る．食肉や食肉加工品の包装材として用いられている．
真空蒸着フィルム	アルミ真空蒸着フィルム	ポリエステルフィルムなどに，アルミを真空蒸着したフィルムで，ラミネート基材に多く使われる．
プラスチックシート（巻取り）	ポリプロピレン / 塩化ビニル / ポリスチロール / ラミネート複合シート	プラスチック単体またはラミネート複合シートで，連続充填包装機に巻取り原反として使われる．
プラスチック容器	真空成形品	成形カップ，アイスクリーム容器など
	ブロー成形品	複合ブローボトルで，食品調味料の容器に使われる．
	インジェクション	トレーとして高級食品の容器に使われる．
	スタンドパック	自立袋で，粉末食品，みそ，しょうゆの容器に使われる．

させて用い，熱接着剤としても広く利用されている．高密度ポリエチレン（HDPE）は透明性が良くないが，$-50℃$以下の低温にも耐えるので，冷蔵・冷凍食品の包装や防湿包装材料などとして利用される．

(2) ポリプロピレン (PP)

ポリエチレンより耐熱性（120℃）が良好である．強靱性，透明性，防湿性にも優れ，印刷，ラミネートに優れた適性を示す．スナック菓子類など乾燥食品，中間水分食品の防湿包装，生鮮青果物の蒸散防止などに利用される．

(3) ポリ塩化ビニル (PVC)

可塑剤の添加で容易に軟質化する．フィルムは透明性，伸展性に優れているため，魚や野菜などのラップフィルムに利用される．

(4) ポリ塩化ビニリデン (PVDC)

透明性，熱収縮性，酸素など気体遮断性が極めて良好である．単体で家庭用ラップフィルム，あるいはソーセージのケーシングなどに使用される．気体遮断性を生かし，ポリアミドやポリエステル，ポリプロピレンなどのフィルムに溶融状態のポリ塩化ビニリデン樹脂をコーティングしたり，レトルト食品用ラミネート包材の基材として利用される．

(5) エチレン・ビニルアルコール共重合物 (EVOH)

非常に酸素遮断性が高いが，吸湿で性能が劣化することと，熱接着性が弱いことから，その多くが共押出しのシートやラミネートフィルムに加工される．みそ，マヨネーズなど酸素を嫌うものの容器に使用される．

(6) ポリアミド (PA) またはナイロン (Ny)

透明性が良く，低温から高温まで幅広く使える．また耐ピンホール性，ガスバリヤー性も高く，レトルト・冷凍食品用ラミネートフィルムに加工される．

(7) ポリエステル (PET：ポリエチレンテレフタレート)

透明性，耐湿性，耐熱性（260℃）が良好で強靱，寸法安定性，保香性にも優れる．飲料用ボトル（PETボトル），ラミネート基材に利用される．

(8) ポリスチレン (PS)

良好な成形性を生かし，各種カップ，トレーに加工される．合成ゴムを加え，耐衝撃性を高めたもの (HIPS) は，アイスクリーム，ヨーグルトなどの低温流通食品の容器に利用される．樹脂に発泡材を加え加熱し気泡を含ませた発泡ポリスチレンは，トレーや緩衝材に利用される．

2.4.2 複合フィルム

ほとんどの複合フィルムは数種のプラスチックを組み合わせたものである．種類の異なるプラスチックフィルムあるいはアルミ箔を接着剤で貼り合わせたものを，**ラミネート法複合フィルム**と言い，代表的な複合フィルムとして多用されている．また溶融状態の数種のプラスチック樹脂をダイスと呼ばれるスリットから同時に押し出し（共押出し：co-extrusion），複合材料にする技術もある．

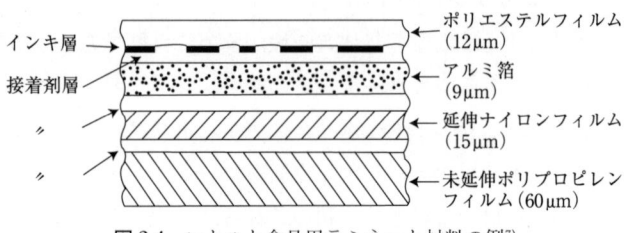

インキ層
接着剤層
〃
〃

ポリエステルフィルム (12μm)
アルミ箔 (9μm)
延伸ナイロンフィルム (15μm)
未延伸ポリプロピレンフィルム (60μm)

図 2.4　レトルト食品用ラミネート材料の例[7]

電子レンジで加熱すると火花が出るので使えないアルミ箔の代わりに，アルミナを真空蒸着（真空状態で金属を加熱し，蒸発した金属分子を貼る）することで電子レンジ加熱ができるフィルムが開発された．アルミ箔の酸素遮断性には及ばないものの実用上，半年程度の保存には使用可能と言われる．レ

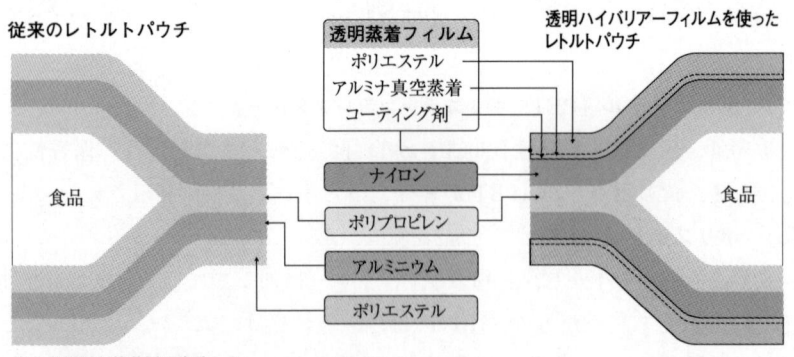

従来のレトルトパウチ

透明蒸着フィルム
ポリエステル
アルミナ真空蒸着
コーティング剤

透明ハイバリアーフィルムを使ったレトルトパウチ

食品

ナイロン
ポリプロピレン
アルミニウム
ポリエステル

食品

注：印刷層と接着層は省略した．
透明ハイバリアーフィルムの断面は，大日本印刷の「IB-PET-PRB」の場合

図 2.5　レトルトパウチ（従来のものと透明ハイバリアリーフィルム使用）の比較断面図[7]

トルトに使用する場合，常温では必要なシール強度を持ち，レトルトの殺菌条件に耐えると同時に，かつ食品を加熱した時に発生する内部の水蒸気を逃がす仕組みが必要になる．この条件を合わせ備えたレトルトパウチと従来のものとの比較を図2.5に示す．

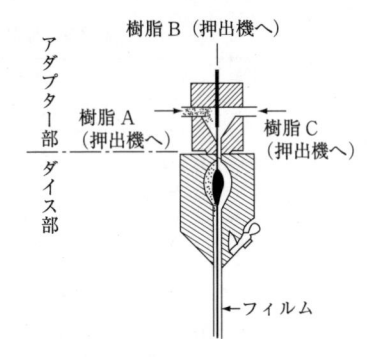

図2.6 共押出し多層フィルムの製造法[8]

2.5 包材の衛生安全性

化学製品を多用する食品包装材料の，食品に対する安全性は重要である．食品包装材料から食品中に移行すると思われる物質として表2.5のようなものが考えられる．

表2.5 食品包装材料から食品中に移行すると思われる物質[9]

包装材料	移行物質
紙類（セロハンを含む）	着色剤（蛍光染料を含む），充填剤，サイズ剤 パルプ用防腐剤（残留）
金属製品	鉛（ハンダ由来），スズ（メッキ由来） コーティング剤成分（モノマー，添加剤）
陶磁器，ホウロウ器具，ガラス器具類	鉛（釉薬，鉛クリスタルガラス），その他の金属（釉薬，顔料）
プラスチック	残留モノマー（塩化ビニル，アクリロニトリル，スチレンなど） 添加剤（金属系安定剤，酸化防止剤，可塑剤など） 残留触媒（金属，過酸化物など）

これらについて順次法律により規制がされてきた．さらに最近は内分泌撹乱化学物質（通称：環境ホルモン）の問題がクローズアップされてきたが，これについては項を改めて述べる．

食品衛生法による包材の規定（厚生省告示）を表2.6に示す．

表2.6　食品衛生法による包材の規定

昭和23年	第106号	食品に使われる器具・容器包装に関する規格基準
34年	第370号	第54号，106号を廃止，一元的に総括
41年	第434号	試験項目に重金属，蒸発残留物，過マンガン酸カリウムを追加
48年	第178号	ポリ塩化ビニルフィルム，容器の規格基準制定
54年	第98号	ポリエチレン，ポリプロピレン，ポリスチレンの個別規格制定
55年	第109号	ポリ塩化ビニリデン，ポリエチレンテレフタレートの個別規格
57年	第20号	食品，添加物等の規格基準（第3　器具及び容器包装の部）全面改正及びポリメタクリル酸メチル，ナイロン，ポリメチルペンテン器具及び容器包装の個別規格制定
61年	第213号	食品，添加物等の規格基準一部改正
平成6年	第18号	ポリカーボネート及びポリビニルアルコールを主成分とする合成樹脂の器具または容器包装の個別規格制定

参考文献

1) 識別表示義務，識別表示を義務化，p.2，経済産業省（受託：日本容器包装リサイクル協会）(2002)
2) 芝崎　勲他：新版・食品包装講座，p.176，日報（1999）
3) 同上書，p.180.
4) 鴨居郁三監修：食品工業技術解説，p.276，恒星社厚生閣（1997）
5) 芝崎　勲他：前掲書，p.186.
6) 同上書，p.193.
7) 田中成省：日経ビジネス，11/25，100（2002）
8) 鴨居郁三監修：前掲書，p.308.
9) 芝崎　勲他：前掲書，p.222.

3. 各種食品包装技法と包装システム

3.1 各種食品包装技法

包装材料と設備を組み合わせて品質や保存性の向上を目指した技法が開発されている．これら技法を表3.1に示す．

表 3.1 食品包装技法[1]

包装技法	特徴	対象食品
真空包装	容器中の空気を脱気して密封，一般に再加熱する	乳製品，食肉加工品，水産加工品，総菜・漬物
ガス置換包装	容器中の空気を脱気し，N_2，CO_2，O_2ガスと置換後密封	削り節，スライスハム，スライスチーズ，生肉，生鮮魚，スナック菓子，茶
レトルト殺菌包装	バリアー性容器に脱気，密封した食品を120℃，4分以上の殺菌	カレー，米飯，食肉加工品，魚肉ねり製品，油揚げ，豆腐
脱酸素剤封入包装	バリアー性容器に食品とともに脱酸素剤を入れ完全密封	菓子，もち，米飯，食肉加工品，乳製品
無菌充填包装	食品を高温短時間殺菌し，冷却後殺菌済み容器に無菌的に充填	ロングライフミルク，果汁飲料，酒，豆腐，豆乳
無菌化包装	食品を無菌化し，バイオクリーンルーム内で無菌化包装する	スライスハム，スライスチーズ，無菌化米飯，魚肉ねり製品

3.1.1 脱酸素材封入包装

食品の腐敗・変質には酸素が関わっていることが多い．そこで小袋詰めした脱酸素材（鉄の酸化反応を利用）を，ガス透過性の低いフィルム（ポリプロピレン，ポリアミド，ポリエステルなどに，ポリ塩化ビニリデンを塗布）を使用した包装容器中に封入する．

空気中には21％もの酸素があるので，内部の空気をガス置換するか，ガ

ス置換包装と併用するのが経済的である．

3.1.2 無菌包装 (aseptic packaging)

包装容器と食品を別々に減菌して，無菌の環境下で包装・密封する．牛乳など液状食品で，薄層にして熱交換器による減菌（UHT）が行われる無菌充填包装と，スライスチーズ，ハム，米飯など加熱殺菌が困難な固体食品をできるだけ菌数を少なくしておいて，バイオクリーンルーム内で包装を行う無菌化包装がある．

液体無菌充填包装は，紙包材の製函工程と殺菌，充填工程が一体となった，テトラパック，ピュアパックなど，大型のシステムが幾つかの会社でそれぞれ開発されている．包装材料は，過酸化水素，エタノール，紫外線照射あるいはこれらの組合せにより，包装ライン中で減菌され，別途加熱殺菌された中身が充填される．

クリーンルームは空気中の浮遊塵埃が一定の基準に制御されている空間のことで，温湿度や気流も対象になる．特に食品の生物粒子を規制するものはバイオクリーンルームという．フィルターを通した無菌状態の空気を送り込み，部屋を陽圧に保つことによって外部からの塵埃や微生物が入れない状態になっている．清浄度は，1 ft^3 中に 0.5 μm 以上の微粒子が何個あるかで表され，例えば，1 ft^3 中に 0.5 μm 以上の粒子が 100 個あるとすれば，「クラス 100」の清浄度であるという．食品無菌包装の場合は「クラス 1 000」から「クラス 10 000」の設定が多い．

食品の無菌化包装では，包装後の殺菌工程が無いので通常の包装工程とは異なり，それなりの管理技術が必須といえる．

① 作業者に対する微生物汚染防止教育実施

通常包装作業を行う現場は，加工現場に比し作業者は必ずしも微生物汚染に関する衛生知識が十分であるとは言えない場合も多い．そのような場合，微生物汚染に対する基礎的な教育を徹底する必要がある．特に設備，器具の洗浄・殺菌方法，バイオクリーンルームの温度管理などには注意がいる．

② 現場の管理ポイント

原料の初発菌数，二次汚染源の有無のチェック，流通での温度管理などを

はじめ，原料・製品・設備・環境などで得られた微生物検査結果で異常または何らかの変化が認められた場合は直ちに現場へ適切なフィードバックを行い，作業方法のチェックや見直しを行う．

3.1.3 ホットパック

ホットパックは液体食品を通常の菌が死滅する70℃程度に加熱して，そのまま包材に充填するものである．充填シール後横にして，空白部やキャップ部に液を満たして，液温で殺菌後冷却する．無菌充填ほど殺菌の厳密さはないが，タレ，ドレッシングなどの液体調味料に応用される．

3.2 包装機械と包装システム

3.2.1 包装システムの特徴

食品の包装システムは，**単に包むだけではなく，製品の秤量を始めとして，各種の必要な検査を行いながら，包装・梱包するまでの一連の機械装置システム**である．使用される機器は，それぞれは自動制御装置が装備された自動機械になっているものが多いが，対象となる食品の性状，形，物性，量に応じて，構成される機器は全く異なったものとなる．

包装工程で不良品を出すことは，包装工程で扱う製品は，原料が加工され一番付加価値が高くなっており，かつそれに包材まで無駄になるのだから，損害が大きい．包装工程のどの機器においても，万一不確実な動作をすると，直ちに不良品の発生につながる．しかも一旦包装されてしまうと，開封して内部を見ることができないので，完璧な仕事が要求されミスが許されない．安定・確実な運転を目指すことが大事である．

包装工程では「**チョコ停**」と称して，度々チョコチョコ停止することも多いが，停止は，品質の振れも生じやすい．包装する食品そのものが不定形で，また包材も機械の要求精度に比し寸法精度が良いとは言えず，プラスチックなどは物性も微妙に差があったりするので，機械適性上で難しい点が多い．また同じラインで機械の部品を交換して，多品種の製品の包装を行うことが多いが，微妙な調整が難しく，これもチョコ停の原因になる．やっとうまく

調整ができた頃には，その製品の生産は終了となることもままある．

そのような点に留意して，包装ラインを構成する．

外部から納入される包材は，埃(ほこり)などで汚れているので，包装室に入れる前に前室であらかじめ清掃し，梱包を解くようにする．

3.2.2 包装機械

包装機械は各機能に応じて以下のようなものがある．

(1) 充填機

液体・流動性食品，粉体食品を缶，瓶，袋などの包装容器に充填する．包材中に異物が混入している恐れがある場合，充填機の入口前にクリーナーなどの除去装置を設置する．

充填機をはじめ包装機器が正常に作動するためには，

① 機械部品を正しくセットする

② 食品のこぼれや粉立ちなどで，機械内部が汚れないように工夫する

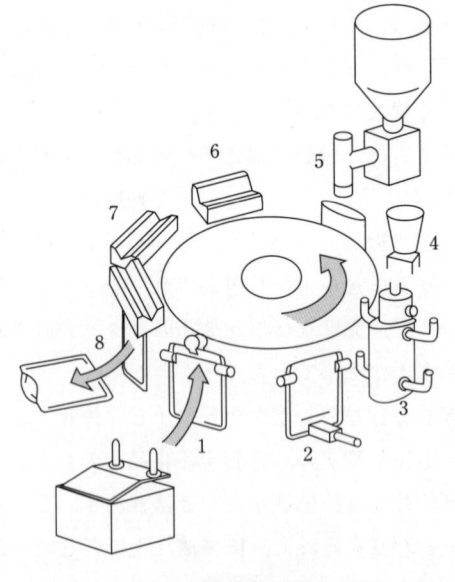

1. 袋装着
2. 開　　袋
3. 具投入
4. 具投入終了
5. 液投入
6. 袋口封
7. 投入口シール
8. 袋取出し

給袋式充填包装機

図 3.1　包装機の例[2]

③ 寸法の正確な包材が，正しいタイミングで確実に機械に入るようにする

④ 製品性状に合った，無理のない適切な速度で運転を行う

などの注意がいる．

これらを守ることで，袋ものの充填においては，確実に投入部に装填された袋の口が決められたタイミングで開く，充填する食品が所定の重量に計量され，袋へ確実に投入され，シール部が汚れずにシールが確実に行われることなどが実現される．シールが確実に行われるためにはシール機のシール部温度が適切に保持される必要がある．

(2) コンピュータースケール

あらかじめ計量物をプールホッパーに分散投入する．計量物は計量ホッパーに移行し，各ホッパーのロードセルで精密に計量され，その数値をコンピューターが処理して，計量設定値に最も近く，かつそれを下回わらない組合せを選び出し，その組合せの計量物のみを排出し充填する（図3.2参照）．

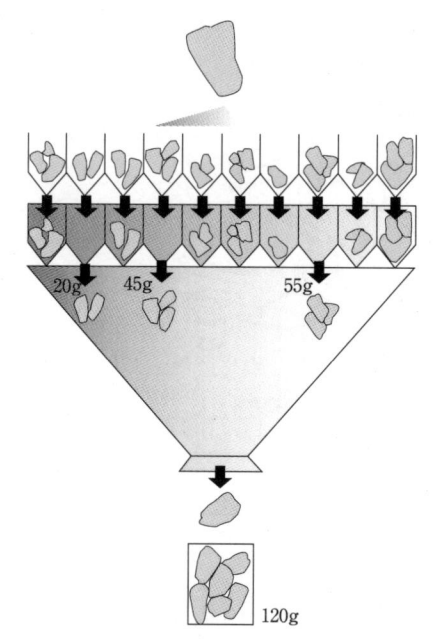

図 3.2 組合せ計量の仕組み[3]

(3) キャッパー

瓶にキャップをする装置で，キャップが確実に取り付けられて，かつ瓶のシールが完全にできているかどうかがポイントである．万一シールが不完全であると製品は不良品となる．広口瓶の場合はキャップの内側にインナーシールをあらかじめ入れておき，瓶の上側に糊付けしてからキャップをし，その締め付け力でシールを糊付けする．この時にキャップがわずかでも斜めに入るとシールが不完全になり不良品となる．

(4) ピロー包装機

包材フィルムから製袋しながら充填する．機械が正常に作動するためには，一定の間隔で製品が包装機に供給されるようにする，また包材は，機械とのなじみが重要で，ロットの変更時などには特に注意する，シール不良を起こさないようにラインスピードごとに適切なヒーターの温度の管理をするなどの注意をする．

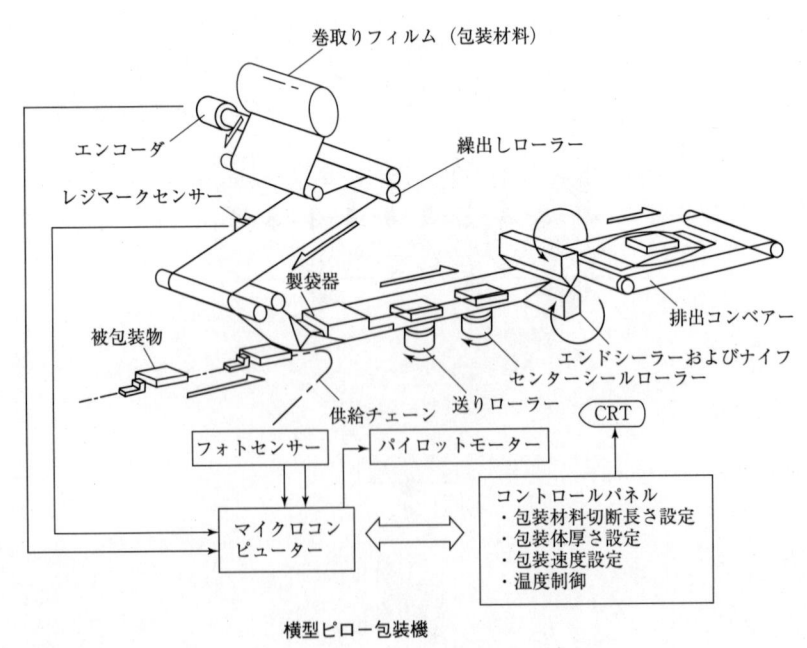

横型ピロー包装機

図 3.3 包装機の例[2]

(5) ラベラー

ラベルを貼る機械である．ラベルは印刷時の方向性や湿度などでカールして上手く貼れなくなることがあるのでラベルの保管管理に注意がいる．この点，ロール状のラベルを使う機械の方が，ラベルを貼る位置のずれが少ない．

(6) カートン包装機

個包装後カートン詰めする．

(7) ケーサー

個包装されたものをケース詰めする．使用する段ボールが湿度などで変形すると機械適性が悪くなるので注意がいる．

(8) コンベアー

製品がコンベアーでスムーズに運ばれるためには，コンベアーのつなぎの部分でひっかかったりしないように注意がいる．

(9) 機能別自動検知機

ラインを止めずに自動検出し，異常品が検知されれば，ラインから自動排出されるように設計する．検出感度が，対象物により一律でないことが多いので，現場での実地テストがいる．下記のような機器が使用される．

① 形状検査機，個数検知器，日付検査機：近年進歩した，画像処理技術が多く使われる．
② 寸法検査機：光電管式など．
③ 重量チェッカー：自動はかり．
④ 金属検出器：サーチコイル式．
⑤ X線異物検知器：近年開発が進んでいる．X線画像をコンピュータ一処理する．
⑥ ピンホールテスター：レトルトパウチ用．放電電流検知式．

参 考 文 献

1) 芝崎 勲他：新版・食品包装講座，p.338，日報 (1999)
2) 鴨居郁三監修：食品工業技術解説，p.310, 311, 恒星社厚生閣 (1997)
3) イシダ・コンピュータスケール総合カタログ 1101 (ITP) 23, No.2081 D．

V. 品質と安全性

1. 品質について

1.1 品質について

1.1.1 品質の中身

2000年の夏,一流著名企業の製品の品質不良に関する事件が多発し,1960年代以降に築いた「メード・イン・ジャパン」の品質神話も崩れてきた.製造現場を含めた日本全体の水準低下が本質の一端にあるとも思われる.

さらに2002年にはBSE (牛海綿状脳症) に始まる食肉虚偽表示,違法添加物混入など食品にまつわる問題が続出し,企業倫理に対する消費者の不信がますます高まり,政府は食品安全専門の組織設立を決めた(食品安全委員会).一連の事件を通して言えることは,企業の倫理が失われてはいけないということが改めて浮き彫りになったことである.その中でも特に重要なのはトップの倫理感・責任感であり,その行動判断は即企業・組織の浮沈を左右する.

製品の品質は,その企業組織の体質そのものを表しており,要するにそれに係わる人の問題に帰結するといえる.

品質と一言でいわれるが,その持つ内容をより深く考えてみると次のような内容を含んでいる.

① 本来その製品に要求される内容
・製品がそれを持つ人のどんな問題を助けてくれるために作られているか,あるいは何を与えてくれるかなど,製品の本来持つべき期待される機能,例えば食品で言えば栄養,健康機能,嗜好性(おいしさなど)など.
・どれだけ使いやすいか,例えば調理の簡便性,保存しやすいパッケージなど.
・製品が人々との関係でどのように受け入れられるか.例えば安全性・廃棄性に問題が無いか,好まれる見栄えの良さ,果てはパーティーなど人

の集う場づくりに役立つなど．
② 製品の性能が長く持続されるための内容
・機能の保持しやすさ，ブランドが強いために長い間使われるなど．
・製品を改良するときのしやすさ．
・社会環境の変化へも対応しやすい．
③ 製品の普及率，製品のライフサイクルに従って，要求される品質の課題や重点の置き方がどう変化するか．

熊谷は製品の品質の構造を解析し，多元の品質構造を持っているとして，図1.1の立体構造に表している．

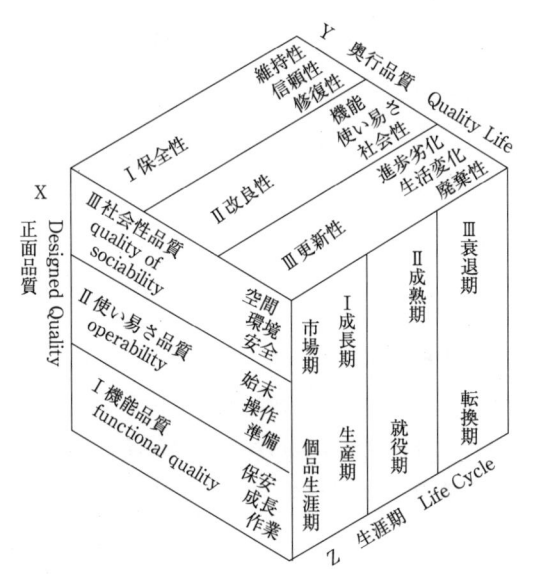

図1.1 品質の総構造[1]

1.1.2 生産と品質

品質の保持に対しては2つの面がある．

1つは積極的に良い品質を提供してゆくという**攻撃的**な面である．すなわち，他社にない優位性のある品質の製品こそが，価格競争の土俵に乗らずに，適切な価格設定ができ，しかも顧客に満足してもらえる．客の満足度を高める製品の提供は，顧客の利益と相反することなく，企業利益を確保する基本

的な方策である．

　一方，あらかじめ設定された品質の製品を，狙ったとおりキッチリ作りあげるという**防御的**な面の性格がある．当たり前のことをきっちりやることは普段でもなかなか難しいが，この設定品質を維持管理することが，実際には実に難しい．生産現場のあらゆるシステムは，これを達成するために作り上げられていると言っても過言ではない．

　食品生産において品質を確保するための問題点が幾つかあげられる．

① 原料は天然物であり時期・産地によっても変化する上に，変質しやすいので，常に均質の原料を得ることが難しい．

② 食品原料は，加工すれば保存性などの面では向上しても，加工するほど原料の持つ特性は薄れてしまう．加工により原料の本来持つ品質が向上することはないので，原料の最初の品質が重要である．

③ 品質を規定する上での，計測・数値化する技術が難しく，最終的には官能に頼ることが多くなる．官能検査体制は重要な役割を占めるが，それにかかわる人の要素が決定的となる．

④ 経験的な要素が高いにもかかわらず，パートなどの未熟練労働者を使用することが多い．

　厳しい品質基準を達成するためには，原料から生産・流通・消費に至るまでの，製品に係わる系全体の原料・設備・人それぞれの信頼度を引き上げることが必要であり，それにはそこに携わる人の教育・管理体制を作り上げることも大事な要件である．品質管理は，品質管理部門，あるいは品質検査部門がやればよいと，考え違いをしてはならない．

1.2 品質事故

1.2.1 食品・薬品事故の特性と事例

　化学工場の爆発事故などと異なり，食品・薬品事故で恐ろしい点は，**広い地域に多くの犠牲者が出る**可能性があることである．社会がよりグローバル化したことにより，被害が国際的にも拡散拡大する恐れもある．

　過去国内で発生した著名な幾つかの食品の事故を表1.1に示す．

1. 品質について

表 1.1 食品事故例

発生年	内　　容	原　　因
1954	水俣病	メチル水銀
1955	ヒ素混入粉ミルク	ヒ素
—	イタイイタイ病	カドミウム
1968	カネミオイル	PCB（PCDF：ポリ塩化ジベンゾフラン）
	からしレンコン	ボツリヌス菌
1996	腸管出血性大腸菌感染症	O 157
2000	加工乳による中毒	黄色ブドウ球菌（エンテロトキシン A 型）

　これらの事故は，極微量の化学成分あるいは微生物による毒素などが，生産工程中に混入したり，または自然界を経由して食品を汚染し，その結果，人体に入り起こったものなどである．明らかに人に有害であることが当時分かっていたのに何らかの事故で誤って入った場合と，もう 1 つは，その事故が発生した当時は有害原因が認識されていない状況の下で，結果として事故が起きた場合である．後者は原因として認識されていないために被害が一層拡大しがちである．

　また，薬品などにおける副作用として発生した薬害も，表 1.2 に示すものをはじめ，多数発生しており，中には裁判で係争中のものもある．

表 1.2 薬品事故例

発生年	薬　　剤	副　作　用
1956	ペニシリン	アレルギーによるショック死
1961	サリドマイド（睡眠薬）	催奇形：妊娠時の服用による奇形児
1967	クロロキン	視力障害（本来抗マラリア薬であったが慢性腎炎，続いて慢性関節リウマチや気管支喘息，てんかんに適応拡大）
1970	キノホルム（整腸剤）	SMON（亜急性・脊髄・視神経・末梢神経障害）
1988	血液製剤	HIV 感染
1993	ソリブジン（帯状疱疹治療薬）	発売前の第 2 相試験で既に死亡者発生

　現在問題になっている幾つかの事例をあげる．

　牛海綿状脳症（BSE：bovine spongiform encephalopathy）は，効率性を追求した種々の技術開発が行われる過程で発生した，「共食い」ともいえる，自然の摂理に反したような処置が，結果としては誤っていたのではないかと

考えられ，今までの枠を越えた事例ともいえる．

BSEは1985年に英国で発見された，牛の脳がスポンジ状になって死ぬ病気で，体内にもともとあるタンパク質プリオンが異常型プリオンに感染し，異常型に変化することが原因といわれる．プリオンは沸騰した湯の中で30分煮ても分解されない．動物性飼料にタンパク源として使用される，家畜の骨や肉粉を加工した肉骨粉が，感染経路として疑われている．感染した牛の肉を食べると人間にも感染する可能性がある．変異型クロイツフェルト・ヤコブ（Creutzfeldt-Jakob）病といって死亡率が高い病気である．

日本では，2001年9月にBSE感染牛が発見された．当時すでに欧州，とりわけ英国では多数の感染牛が発見され，EUからわが国に対して感染の可能性の警告があったにもかかわらず，適切な予防措置がとられず，また感染牛発見後の対応も不適切であったため，消費者に大きな混乱を引き起こし，その後，急遽検査態勢を整備した．さらに2003年，これまで発見されなかった米国でもBSE牛が発見され新たな問題になった．

技術的な問題よりも，企業経営者の倫理的な問題で起こった例では，2002年，BSEの日本国内における発生に関連した食肉に関する虚偽の表示，あるいは肉まんや香料に未認可食品添加物を使い続けてきたことが発覚し，これを使用した製品の大規模な回収が行われ，食品に対する信用が失われた．

行政に関する問題では食品添加物の許可における例がある．2002年5月，香料メーカーが食品衛生法で認められていない指定外の3物質（アセトアルデヒド，プロピオンアルデヒド，ひまし油）を香料に使っていたことが判明して，これを使用した600社にのぼるメーカーの加工食品400種類以上が対象となり，回収，焼却処分された．使用量は微量であり，例え健康被害はなくとも，法律的には認めていない添加物が使われた食品は違法となってしまうからである．

食品添加物には，2002年7月現在，天然のものが489，化学合成によるものが339ある．これ以外に法規制の対象外となっているもの，例えばイチゴやレモンなどそれ自体が食べられる素材を着色料・香料として使うケースが，700品目ほどある．

新しい添加物は，メーカーが動物実験などで安全性を確かめた上で厚生労

働省に申請し，同省に認可してもらう必要がある．しかし実験には費用がかかる上に，利益が小さいので申請は少なかった．また未承認の添加物には欧米などで既に広く使われている例も多く，この場合加工品に使用され，それと共に国内に入ってくることは避けられない．

今回の問題を契機に，海外で広く使われており，国際的に安全性が確認されている物質，例えば固結防止剤として輸入食塩の8割に含まれているという，フェロシアン化物については食品添加物指定がなされた．

また，ほぼ時期を同じくして中国産の冷凍ホウレンソウから食品衛生法の基準値を超える残留農薬（多くは有機リン系の殺虫剤クロルピリホス）が検出され，全面的な輸入禁止となった．従来，冷凍野菜は冷凍前に下ゆでをするために加工食品扱いになり，残留農薬の基準の対象にはなっていなかった．中国の農家が日本の品質に合わせるために，過剰の農薬を使用するなど，薬に対する意識や管理体制の問題がある．

1.2.2 品質事故の与える影響の事例――牛乳加工品による集団中毒事件

2000年6月X日，「Y社B工場製の低脂肪乳」を喫食した大阪市内の1家族が，「嘔吐，下痢等の中毒症状を呈している」旨，医療機関から同市保健所に届出があったことが事件の始まりとなった．中毒患者が発生したにもかかわらず，対外的な公表と製品の回収が遅いなど，会社側の対応が不適切なために被害が拡大し，最終的には15 000人近くの中毒発症者が出た．生産停止で牛乳生産者，関連原料および包材生産者，製品撤去および営業休止で販売者など，売上げが減少し，一部販売店は倒産に追いこまれた．学校給食などは，製品供給に不足を来たし混乱した．

中毒原因は，同社A工場で製造した脱脂粉乳中の黄色ブドウ球菌毒素エンテロトキシンによるものであった．A工場で3月末に，つららが電気室に落下したことがもとで停電事故が発生した．そして50℃に加熱，数分後に冷却工程に送られるべき原料乳が，3時間以上にわたり30〜40℃のまま放置され，その他の工程でも仕掛品が長時間にわたり冷却されずに放置されたために，黄色ブドウ球菌が増殖した．この原料乳を使用して生産された脱脂粉乳製品には黄色ブドウ球菌の毒素A型エンテロトキシンが含まれていた．

この脱脂乳製品は,そのままB工場に原料として送られ使用したために,毒素に汚染された加工乳など幾つかの製品が生産され,そのまま出荷され市場に出回った.

その後,全国21か所の工場で操業停止が2か月近く続き,大量の回収製品の廃棄処理も大変だった.当該年度だけで,通期で475億円の赤字となり,無配転落した.経営立て直しのために10工場程度を閉鎖,会社従業員は3年間で1000人の削減計画を立てた.社長はじめ関係役員計8人は辞任したが,信用失墜は大きく,この後会社は事実上解体状態になった.

会社の対応の遅れは,当社の製品は完全というおごりによる油断,社内だけで処理しようという消費者不在の内向き姿勢,情報伝達処理の仕組みをはじめ管理体制に問題があるなど,上から下までの会社の体質的なものが背景にあったと見なされた.官庁も監督体制の不備が指摘され,HACCPなどにも制度的な不備が露見した.この結果は食品全般についての不信,不安感の醸成を招いた.

なお牛乳の加工牛乳化は,夏の不需要期に牛乳が余ることに対応することと,消費者が加工乳を要望することに応えるために,必須なことと考え行われてきた.

参 考 文 献

1) 熊谷智徳:生産経営論,改訂版,p.31,放送大学教育振興会(1997)

2. 食品・包材の安全性

　技術の進歩によって，今まではこの世に無かったようなものが出来たり，今まで不明であったことが分かるようになり，食品・包材に対する安全性の問題は一層重要性を増してきた．安全性の確保は当然であるが，それをベースとした**安心が求められている**．最近の幾つかの話題を以下に取り上げる．

2.1 包材の安全性と内分泌撹乱化学物質（EDCs）

　包材から食品中に金属や化学物質が移行する恐れがある．これらについて，厚生省告示により，それぞれ規格基準が定められている．

　内分泌撹乱化学物質（endocrine disrupting chemicals：EDCs）は通称"環境ホルモン"といわれる．表2.1のようなものが包装容器のEDCsとして発表され，これらの人体への影響が話題になっているが，超微量でもあり，科学的に不明な点が多く，今後の基礎データの積み重ねによる解明が必要である．2002年6月，環境庁の調査で，新たに工業用の界面活性剤やプラスチックの可塑剤に含まれる4-オクチルフェノールが魚類をメス化する内分泌撹乱化学物質の作用があると発表された．

　表に示したビスフェノールAは，生体のホルモン受容体，特に女性ホルモン受容体に結合することにより，あたかも女性ホルモン（エストロゲン）のような作用をもつと見られる化学物質で，プラスチックや缶詰の塗料に含まれる．ほ乳瓶や給食の食器などは，別の素材のものに代換えされつつある．

2.2 遺伝子組換え（GM）農産物

　遺伝子組換え農産物は，除草剤に対する抵抗力や，病虫害の駆除力により

表2.1 わが国で発表されている包装容器のEDCs[1]

EDCs	食品用容器	試験方法と結果	資料または文献
スチレンダイマー スチレントリマー	一般用ポリスチレン容器(6) HIPS(6) 発泡PS(13)	①材質試験：25検体の製品すべてから，スチレンダイマーが90～1 030 μg/g，トリマーが650～20 770 μg/g，合計760～21 430 μg/g検出された． ②溶出試験：溶出溶媒の脂溶性が高くなるほど高い溶出が認められた．容器の種類では，耐衝撃性ポリスチレン＞発泡ポリスチレン＞一般用ポリスチレンであった． 水溶媒：スチレンダイマー，トリマー溶出されず． n-ヘプタン溶出：一般用ポリスチレンからダイマーが0.25 μg/cm^2，トリマーが1 μg/cm^{2}検出された．	川村葉子ら：食品用ポリスチレンダイマー及びトリマーの分析，食品衛生，**39**(3)，199-5(1998)
	8種類（うどん，ラーメン，そば）の発泡ポリスチレンカップ	発泡スチロールカップめんと調味料を入れ，熱湯を注いで30分後にスチレントリマーを分析した．スチレントリマーが5～62 ppb(10億分の1)検出された．	河村葉子：「内分泌かく乱物質をめぐる生活と食の安全性についての国際シンポジウム」で発表
ビスフェノールA	6種類のポリカーボネート樹脂製のほ乳瓶	ポリカーボネート樹脂性のほ乳瓶に95℃の熱湯を入れ，24時間後に溶出したビスフェノールAを測定した結果，すべてのほ乳瓶からビスフェノールAが検出された．何回も使った食器やほ乳瓶からビスフェノールAが溶出することがわかった．	横浜国立大学環境科学研究センター中原英臣．二木昇平：環境ホルモン汚染，p.182-183より

農薬の使用量が激減するなどの点で，環境への影響に対しプラスの面も少なくない．また過酷な気象条件や貧弱な土壌でも収穫が期待できる形質を付与することで，食糧問題に貢献することも可能になろう．

　従来は何代も交配を繰り返すなどして新しい品種を作ってきたが，長年掛かる従来の方法に比べて，遺伝子組換えは現在最も効率的に新品種を作り出す方法といえる．国内でも種々遺伝子組換え研究が行われて来たものの，近年GM作物に対しての消費者の拒否反応が強く，安全性評価から開発コス

トも高くなり，食品の開発は断念，当面は花などに方向を転換する企業が増えている．

日本で流通が認可された遺伝子組換え農産物は，飼料用を除き6作物35品種であり，そのうち，大豆，トウモロコシ，ジャガイモ，ナタネ，綿実の5種類の農産物と，これを原材料とし，加工工程後も組み換えられたDNAまたはこれによって生じたタンパク質が残る加工食品24品群が，平成13年4月の改正JAS法で表示対象とされた．

食用油，しょうゆ，コーンフレークなどは，加工工程でタンパク質が分解されるので検査できないということで，表示対象外である．

しかしながら2000年秋，国内で栽培や流通の認められていない遺伝子組換えトウモロコシ「スターリンク」が，米国産の輸入品から見つかり，輸入商社や食品業界など関連業界に混乱が生じた．厚生労働省は混入原料を使った加工食品の販売停止などの方針を示し，業界団体の1つは，混入が確認された場合は，接着剤などの工業用に転用することに決めた．しかし，それらの動きの中で，監視体制，検証の仕組み，取締法規，情報公開のあり方など多くの課題があることも明らかになった．

また2001年5月，スナック菓子に，日本で安全性が確認されていないため未承認の，遺伝子組換えジャガイモ（モンサント社，ニューリーフプラス）が検出された．メーカーは輸出先の米国納入業者の簡単な「証明書」に頼り切っていたことに問題があった．

遺伝子組換え食品について，消費者の動向に敏感な流通業界では，JAS法を上回る内容の表示の検討をするなど，課題を抱えている．また輸入業者や開発業者などが，現在は自主的に届けて，食品衛生調査会がガイドラインに従って審査をする仕組みであるが，今後安全性の確認を義務づけることを法律で定める検討も進んでいる．

遺伝子組換え食品は技術的にも難しい高度な内容を含むだけに，一般の人にもわかりやすい，根拠の明確な安全性情報を，隠さず速やかに公開することが必要である．今決められている試験を行ってパスした結果だから安全が保証されたと消費者が考えるかというと，それほどの信頼感はないだろう．

例えば，人体に対しての安全性は確認できたとしても，それが自然に対し

てどのような影響を与えるか，さらに自然の食物連鎖においてどのような影響がでるかを確認することは大変に困難であるからである．

消費者が納得できるまでの安全性が確立されないと，原子力発電のように既に3割を越す国内発電量を占めるにもかかわらず，未だに歓迎されないような状態の二の舞になる恐れがある．

科学が全ての安全性を絶対的に保証できるかというと，そんなことはないのだから，謙虚に科学の限界も示して議論した方が良いのではないか？ そこで新規物質の開発と同程度に安全性の確認作業を行うことが重要であるが，新しい物を作ることに比して地味な仕事だけに難しい．

生産者にとっては，情報の開示は避けられない方向であると考えて，分析能力の整備，表示などをはじめ，今後どのように対応すれば良いかも課題となろう．一方消費者も，この情報をよく理解できるように勉強して，相互の信頼関係が成り立つようにする必要がある．

必要であればリスク分析の手法も取り入れ，予防の措置を組み込む．いずれにしても「安全」にも科学と同様に絶対はなく，GRAS (Generally Recognized As Safe) の考え方で対応することになる．

2.3 安全性の確認

食品は絶対的な人体への安全性が望まれる．安全でないものは食品とは言えない．そこで食品添加物，医薬，農薬などの化学物質と微生物，遺伝子操作により出来たものなどを使用するに際しては，毒性試験など定められた方法での安全性の確認が必要である．

人間が体内に取り入れる点では食品も医薬も同じであるが，その安全性に対する考え方は多少異なる点がある．食品は絶対的な人体への安全性が望まれるのに対して，薬品はその持つ薬効が第一で，毒を以て毒を制する，つまり場合によっては多少の副作用があるのは仕方がないとも考えられる．食品は平和時のものとすると，薬品は戦争状態での対応というくらいの差があると考えられる．

2.3.1 毒性試験,安全性試験

薬物が市販許可されるまでには大まかには下記の過程が必要である.

① 臨床前試験:動物実験—動物(主としてマウスやラット,ときにはウサギ,イヌ,ネコ,ハムスター,さらにはサルなど)を用いて,その新薬の毒性,効き目(薬理学的作用),副作用(一般的な副作用のほか催奇性,不妊効果,発ガン性などを含む)に関する実験を詳細に行う.

② 第1段階:少数の健康志願者に投与し,安全性を確かめる.

③ 第2段階:少数の,その薬を用いる対象の特定の病気の患者への試用.

④ 第3段階:定まった臨床用量による正式臨床実験(数施設で大体100体以上).

⑤ 第4段階:市販後3年間,国際的にモニターを行い安全性の確認をし,その情報を加盟各国に通知(WHO安全モニター体制).

毒性を調べるに当たって,まず毒性試験が行われる.毒性の試験は,投与量の大小や観察期間の長短に従って,急性,亜急性,慢性の三者を区別する.

急性毒性とは主として,どの位の量を投与すれば動物が死亡するかということを調べる試験で,多くの場合マウス,ラットのメスおよびオスの両者について行われ,投与した動物の半数が死亡するに至る量をLD_{50}と言っている.もちろん,この値が大きいほど毒性が弱く,小さいほど毒性が強い.

慢性毒性は薬としての有効量の数倍から明らかに毒性が現れるまでの量を,少なくとも6か月以上(多くは1年またそれ以上)にわたって投与して毒性を調べる試験で,亜急性毒性は量,期間とも急性と慢性の中間の毒性試験である.慢性毒性試験では動物の発育(体重その他)曲線をはじめ,各臓器の機能検査を行うと共に,死亡例あるいは試験終了後は全例を剖検して,各臓器の肉眼的,顕微鏡的検査を詳細に行い,その薬が長期投与でどの臓器にどのような傷害を与えるかを調べる.

食品や農薬の安全性についても毒性あるいは副作用試験など,薬品の場合に準じて行われる.

2.3.2 組換え DNA 技術工業化指針

遺伝子組換え操作による形質転換細胞の利用は,今後のバイオテクノロジ

一の応用技術の中核をなすものと考えられる．しかしながら，今までに無い新しい技術を使って食品を生産する場合，利点と欠点が表裏の関係にあることもよくあることであり，その安全性評価は原料段階から生産段階まで含めて，今後益々重要になる．

形質転換処理をした細胞は微生物であれ動植物であれ，その程度の差にかかわらず，これまでの長い地球生態系の歴史の中ではおそらく出現したことのない細胞であろう．したがって，人類を含むあらゆる生物と新たな細胞との相互作用の結果は誰も予測できない．

評価の方法も今までと同じで良いとは限らず慎重さが必要である．そこで工業的に応用する際の指針「組換えDNA技術工業化指針 (Industrial Guideline for Recombinant-DNA Technique)」が定められ告示されている（通商産業省告示第223号）．事業者は宿主の安全性評価に加えて，組換えDNA分子の性質および組換え体と宿主との性質の比較などを総合して，組換え体の安全性評価を行うことが求められている．

具体的な評価項目は次のようなものである．

宿主については

① 分類上の位置づけに係わること．
② 遺伝的資質に係わること．
③ ヒトに対する病原性および生理的性質に係わること．
④ 安全に長期間工業的に利用された歴史の有無とその記録．

組換えDNA分子については

① 組換えDNA分子の構成に係わること．
② 組換え体の調製に係わること．
③ DNA供与体とベクター供与体の性質に係わること．

組換え体については

① 形質発現に係わること．
② 宿主との比較に係わること．

以上の評価に基づいて安全性のレベルが4段階に分類され，その結果に従って設備・装置の安全評価基準が定められている．設備のみならずプロセスの運転操作，管理は対応する作業形態で行わなければならない．

参 考 文 献

1) 芝崎　勲他：新版・食品包装講座, p.350, 日報 (1999)

3. 品質管理技術

3.1 食品の品質管理に対する制度

3.1.1 管理体系

　食材の生産から，加工，貯蔵，輸送を経て消費に至るまでのそれぞれの各過程において，衛生，品質面などでの所定の要件が満たされるようにするための法体系が作られてきた．

　食品衛生制度は，「食品衛生法」を主体とし，品質表示制度，栄養表示制度など，各種の法律や条例を初めガイドラインなどが制定されている．また設備の基準や作業方法についての基準なども定められている．また義務として課しているものばかりでなく，JAS規格制度など，任意の制度や，業界の自主的規制として位置づけられているものもある．さらに，HACCPによる生産面の管理，消費者保護のためのPL法，国際的にはISOの整備など，国際的な動きに対応した体制作りも急がれている．

　しかしながら，BSEはじめ一連の事故，事件を通して，政府，事業者の基本姿勢・倫理的な問題，法の欠陥など多くの問題点が浮かび上がってきた．そこで省庁間の壁を超えて，種々の食品行政の見直し検討が進んでいる．

　従来の法体系はともすれば生産者寄りであり，消費者の立場が弱いきらいがあった．食品の安全性確保のために，2003年には食品安全基本法の制定，食品安全委員会の設置が行われた．また食品衛生法も大きく改正された．そして組織再編が行われ，厚労省医薬局を医薬食品局に，同食品保健部を食品安全部に改編，また農水省に消費安全局が設置された．

　食品安全基本法の基本理念として次の3点が規定されている．
　① 国民の健康の保護が最も重要であること．
　② 最終的に消費される食品の安全性を確保するだけではなく，一次生産

にさかのぼって食品の供給体制の各段階で適切な対応が講じられるようにすること．

③ 食品を通じた健康への影響の科学的評価［食品健康影響評価（リスク評価）］を中心とする科学的手法（リスク分析手法）により健康への悪影響を未然に防止すること．

ここで「リスク」とは，食品中に「ハザード」が存在する結果として生じる健康への悪影響の確率とその程度の関数である．つまり「リスク」とは数学的な概念である．

「ハザード」（危害）とは，健康に悪影響をもたらす可能性を持つ食品中の生物学的，化学的または物理学的な物質・要因，または食品の状態をいう．生産，製造中に使用されるもの，生産，製造，貯蔵流通中に機械，器具，接触物体や環境から汚染する物質などを指し，微生物，化学物質，放射能などがその例である[1]．

食品衛生管理の考え方として，表3.1のようなステップで考えることができる．まず一般的衛生管理要件 PP が基本にある．そして GMP，さらには HACCP，ISO へと進む．

表 3.1　食品衛生管理のステップ

ステップ	管理項目	法令	国際基準
1	一般的衛生管理基準 （場所・施設・人の管理）	食品衛生規則第4条 別表第1　承認基準	**PP**
2	適正製造基準	厚生省令「衛生規範」	**GMP**
3	危害分析・重要管理点 （個別食品の管理）	食品衛生法第7条の3 「総合衛生管理製造過程」	**HACCP**
4	品質管理		**ISO** 9000
5	環境管理		**ISO** 14000

PP とは Pre-requisite Programs の略で，「一般的衛生管理基準」といわれ，下記10項目がその要件である．

① 施設設備の衛生管理．
② 従事者の衛生管理．

③ 施設設備，機械器具の保守点検．
④ そ族（ネズミ）・昆虫の防除．
⑤ 使用水の衛生管理．
⑥ 排水及び廃棄物の衛生管理．
⑦ 従事者の衛生教育．
⑧ 食品等の衛生的取扱い．
⑨ 製品の回収方法．
⑩ 製品等の試験・検査に用いる機械器具の保守点検．

3.1.2 GMP

　医薬品，医薬部外品，化粧品あるいは食品の製造に関しては，その製造管理，品質管理規則としてGMPが定められている．GMPはGood Manufacturing Practiceの頭文字をとったもので，「適正製造基準」として，総括的・間接的な製造管理システムである．

　GMPは1962年に米国で，「食品，薬品，化粧品法」の中に「薬品の製造規範（GMP）に関する事項」が取り入れられた．その後，世界保健機関（WHO）でGMPが作成され，1969年の総会で，加盟各国がこれを採択し，国際貿易においてGMPに基づく証明制度を採用実施するよう勧告された．

　日本では1974年に，厚生省薬務局長通達として医薬品に関するGMPが作成され，1980年に厚生省令として公布された．当時は遵守事項としての自主管理項目であったが，1994年，省令が改正され，「製造所のGMP体制が整っていること」が「製造業の許可を取得するための必要要件」となった．

　食品製造においては，具体的には，食品衛生法の規格基準の中の製造基準や，都道府県で定める「管理運営基準」あるいは「衛生規範」，さらに農水省で通知している「製造流通基準」などによる施設・設備や作業環境の整備などの規格基準などが該当する．

　GMPには3つの柱がある．
　① 管理体制の整備
　管理者，責任技術者が製造管理部門，品質検査部門を統括し，管理できる体制を整備する必要がある．特に医薬品では品質管理部門が製造管理部門か

表 3.2 製造管理および品質管理規則（GMP）

概　　略	医薬品，医薬部外品	医療用具
個々の製品の説明書（成分，原材料，構造など）	製品標準書	製品標準書
製造管理に関する事項	製品管理基準書	工程管理手順書
構造設備，作業員の衛生管理に関する事項	製造衛生管理基準書	
バリデーションに関する事項	バリデーション手順書	
品質管理に関する事項	品質管理基準書	試験検査手順書
出荷可否決定に関する事項	製造管理の業務	出荷可否決定手順書
苦情処理に関する事項	苦情処理手順書	苦情処理手順書
回収に関する事項	回収処理手順書	回収処理手順書
自己点検に関する事項	自己点検手順書	自己点検手順書
従事職員の教育訓練に関する事項	教育訓練手順書	教育訓練手順書
2以上の製造所にわたり製造を行う場合	委託者，受託者間での取決め	委託者，受託者間での取決め
修理に関する事項	―	修理手順書
設計管理が必要な医療用具について	―	設計管理に関する文書

ら独立し，それぞれの管理部門の責任者は兼任してはならない．

② 文書による規定の作成

作業担当者が知識，技能として習得していた製造手順などを，誰もが理解できる文章に表しルール化する．製造工程を科学的に検証（バリデーション）し作業の標準化を図る．

③ 実施結果記録の作成

文書化された手順書のとおりに製造し，品質試験を行い，出荷の可否について検討された旨の記録を作成し，定められた期間保存する．

製造に必要な設備について，法（薬局等構造設備規則）により許可条件が定められている．内容は床・窓など建物構造，採光，換気，温度・湿度，区分，面積，防塵，防虫，廃棄物，消毒，手洗いなど，外部からの汚染防止を含めた作業場の環境，作業に携わる人の衛生保持と作業性などに関して定められている．

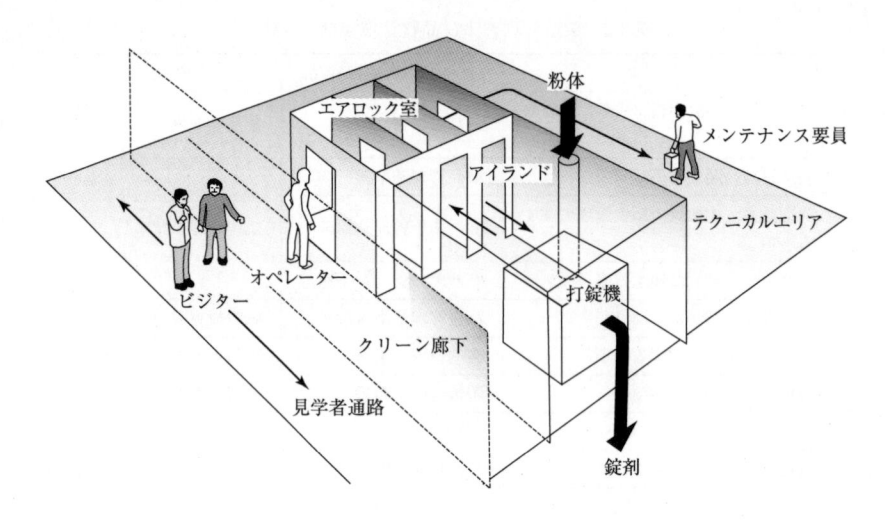

図 3.1 衛生保持のための人の動きの区分[2]

人の動きの区分の一例を図 3.1 に示す．

3.1.3 HACCP

Hazard Analysis Critical Control Point の各々の頭文字を取ったものであり，日本では「危害分析・重要管理点方式」と訳されている．

1960 年代にスタートした米国の宇宙開発計画の中で，航空宇宙局（NASA）が宇宙食を製造するに当たり，微生物学上の「高度の安全性確保」のために考案され，1971 年に Pillsbury 社の H.Bauman 博士らが，第 1 回米国食品保全会議で発表した．

個別製造過程ごとに，原材料の搬入から最終製品に至るまでの各段階で発生する「危害」を分析し(Hazard Analysis)，「重要管理点」(Critical Control Point：CCP) を設定し監視する方式である．「CCP」も重要度に応じ CCP 1, CCP 2 に区分されるようになった．

HACCP による工程管理の例を表 3.3 に示す．

HACCP 認証制度は，工程ごとに細菌による汚染を防止する手順を定め，作業を記録し，ある工程から次の工程に汚染が広がるのを防ぎ，汚染の原因がどこにあるのか，特定しやすくする仕組みである．つまり，製品とその生

表3.3 HACCPによる工程管理の例[3]

工程(段階)	危害	防除手段	CCP**の重要度	管理基準	監視/測定	修正措置	記録
原料受入 ↓	微生物的(細菌汚染)化学的(抗生物質,農薬等)物理的(異物)	証明書受入検査		受入規格	購入時または受入時チェック(購買,検査課)	不良品返品	証明書,検査結果の保存(1年)
保 管 ↓	微生物的(細菌の増殖)	保管温度管理	CCP 2	保管温度	自記温度計(担当者)	温度調整不良品廃棄	記録紙保存
下処理 ↓	微生物的(細菌の増殖)	保管温度管理		10℃以下	室温放置( )H以内(担当者)	冷蔵庫収納	異常時記録
金 検 ↓	物理的(金属異物)	金属検出機		テストピースチェック	スタート時,( )時間毎(担当者)定期チェック(メーカー)	修正・調整・廃棄	記録保存
計量・混合・成形 ↓	微生物的(細菌の増殖)	温度管理洗浄		10℃以下洗浄マニュアル	室温放置( )H以内(担当者)目視	冷蔵庫収納再洗浄	異常時記録
蒸 し ↓	微生物的(細菌の増殖)	時間,温度管理	CCP 1	品温( )℃〜( )℃	庫内温度(自記記録)品温測定( )時毎(担当者・検査)	再加熱または廃棄	記録
予冷・凍結 ↓	微生物的(細菌の増殖)	温度管理		品温( )℃以下凍結( )℃以下	自記温度計(担当者)	温度調整(製品は検査課判断)	異常時記録
金 検 ↓	物理的(金属異物)	金属検出機		テストピースチェック	スタート時,( )時毎(担当者)定期チェック(メーカー)	修正・調整・廃棄	記録保存
包 装 ↓							
保 管	微生物的(細菌の増殖)	温度管理	CCP 2	−18℃以下	自記温度記録計	温度調整	記録保存

* 微生物的(B),化学的(C),物理的(P)に分けて記載すること.
** CCP 1:1つの危害防除が確実にできるもの.
　　CCP 2:1つの危害を減少,軽減することはできるが,完全防除まではいかないもの.

産工程が特定され，それに対しての管理点，管理方法が明確になっていること，また後に記録が点検できることなどが従来の管理方式に比して厳しくなっている．

日本では，1995年5月24日付で，食品衛生法および栄養改善法の一部を改正，公布された中で「総合衛生管理製造過程による食品の製造等の承認制度」と銘打ってHACCPの概念が採用された．

現在，乳製品，食肉加工品など，導入が必要でかつ可能なものに適用されているが，逐次拡大される．

総合衛生管理製造過程（HACCP）では表3.4に示す7原則，12手順が定められている．

表3.4 HACCPシステムの7原則12手順

項目	原則	手順
HACCP専門家チームの編成		手順 1
製品についての記述		手順 2
意図する用途，対象消費者の確認		手順 3
フローダイヤグラム（製造工程一覧図），施設図面の作成		手順 4
〃 施設図面の現場確認		手順 5
危害分析，危害リストの作成	原則 1	手順 6
CCPの設定	原則 2	手順 7
管理基準の設定	原則 3	手順 8
モニタリング方法の設定	原則 4	手順 9
改善措置の設定	原則 5	手順10
検証方法の設定	原則 6	手順11
記録保存および文書作成規定の設定	原則 7	手順12

注）モニタリングとは管理基準が守られているか否かのチェック，検証とは計画書どおりに正しく実施されていたかどうかを確認し，また証明するための方法，方式および検査．

HACCPは当初その製品の安全保証書のように受けとめられてきた．しかしながらこの方式も，2000年の加工乳による大量食中毒事件の発生により，それまで基準づくりにメーカーを関与させ，事実上届出を審査するだけで認証してきたこと，基準違反にも米国のような販売禁止命令などの罰則を欠いているなど，問題点が浮かんできた．HACCPは欧州やアジア諸国でも採用され，システムとしては有効とされているが，日本への導入の仕方に問題があったと考えられる．

そこで2003年の食品衛生法改正で，今までは一度承認されたらそのまま

であったが，更新制度を導入するとともに承認施設に食品衛生管理者の設置が義務づけられた．

　システムや制度がきっちりしていることは当然であるが，これを運営する人の問題と一体であることが大変に重要である．仏造って魂を入れずにならぬように，上は管理者から，末端の作業者に至るまでが十分に内容を理解して事に当たる必要がある．

　食品工場においては，作業に従事する人の衛生管理にも十分に注意を払う必要があるが，これらの人が実際に作業に従事する際に，衛生管理に対して守るべきことを幾つか列記する．

① 清潔な作業衣と帽子（毛髪の混入防止のために頭髪を完全に包むようなヘアネット付きのもの）を着用する．毛髪については作業場に入る前に相互チェックし，粘着ローラーなどで除去する．
② 遵守する内容を具体的に規定し，点検表を作成し管理する．傷病者の就労管理，作業中に指輪，コンタクトレンズなど異物混入の恐れのある物は身に付けない，飲食・喫煙は所定の場所で行う，作業前後の手洗い・足洗いの励行などである．
③ 健康診断（年2回）と検便（月1回）を定期的に行う．

3.1.4 ISO

　ISO は International Organization for Standardization「国際標準化機構」の略で，様々な分野での国際的な「交換」を容易にするための諸規格を取り決め，これを普及促進させることを目的に 1947 年に設立された．全世界的な非政府機構で，本部はジュネーブにある．

　HACCP が食品の衛生・品質管理のための一手法であり，製造工程に限られるのに対して，ISO 9000 シリーズでは企業全体にわたって，品質管理の詳細な仕組みづくりを求めている．すなわち，製品そのものの品質を保証するものではなく，製品づくりの体制（品質システム）を規格化したものである．つまり**製品の規格ではなく，「品質システム」の規格**である．

　製品の製造工程においては，それぞれの仕事がキチンと行われるように，

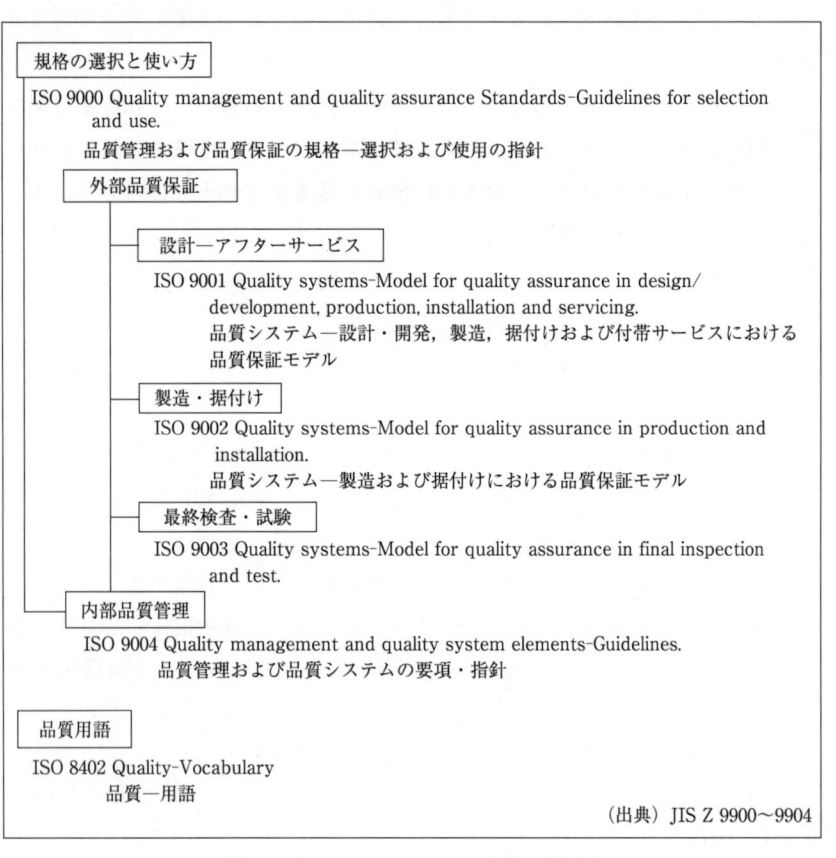

```
┌─────────────────────────────────────────────────────────────┐
│ ┌──────────────────┐                                        │
│ │ 規格の選択と使い方 │                                        │
│ └──────────────────┘                                        │
│   ISO 9000 Quality management and quality assurance         │
│           Standards-Guidelines for selection and use.       │
│      品質管理および品質保証の規格―選択および使用の指針         │
│      ┌──────────┐                                           │
│      │ 外部品質保証 │                                         │
│      └──────────┘                                           │
│           ┌──────────────────┐                              │
│           │ 設計―アフターサービス │                            │
│           └──────────────────┘                              │
│              ISO 9001 Quality systems-Model for quality     │
│                 assurance in design/development, production,│
│                 installation and servicing.                 │
│              品質システム―設計・開発，製造，据付けおよび        │
│                 付帯サービスにおける品質保証モデル             │
│           ┌────────────┐                                    │
│           │ 製造・据付け │                                    │
│           └────────────┘                                    │
│              ISO 9002 Quality systems-Model for quality     │
│                 assurance in production and installation.   │
│              品質システム―製造および据付けにおける品質保証モデル │
│           ┌────────────┐                                    │
│           │ 最終検査・試験 │                                  │
│           └────────────┘                                    │
│              ISO 9003 Quality systems-Model for quality     │
│                 assurance in final inspection and test.     │
│      ┌──────────┐                                           │
│      │ 内部品質管理 │                                         │
│      └──────────┘                                           │
│         ISO 9004 Quality management and quality system      │
│            elements-Guidelines.                             │
│         品質管理および品質システムの要項・指針                  │
│   ┌────────┐                                                │
│   │ 品質用語 │                                                │
│   └────────┘                                                │
│   ISO 8402 Quality-Vocabulary                               │
│          品質―用語                                           │
│                                  (出典) JIS Z 9900～9904    │
└─────────────────────────────────────────────────────────────┘
```

図 3.2　ISO 9000 シリーズの規格の構成[4]

共通の基準が決められているのが一般的であり，マニュアル，手順書，作業指示書などがこれに当たる．製品を作るためのこうした共通の基準を整備しておくことで，問題の多くを未然に防ぐことが可能となる．

　こうした物づくりのための共通基準を明確にし，整備する体制のことを「品質システム」と言い，**この「品質システム」を規格化したものが ISO 9000s** である．日本でもさまざまな企業が導入しているが，ISO の資格を獲得する過程で，品質管理の仕組みを見直す効果があったという企業も多い．

ISO 認証の仕組みは次のようである．審査登録機関は認定機関から認定された機関で，かつ信用できる第三者であることが必須である．日本においては審査登録機関として，(財)日本品質保証機構（JQA）などがあり，企業からの申請に基づき，審査を行う．

審査は書類と実地で行う．なお認定機関は各国に1つあり，世界的に共通な方法で組織されており，世界的に公平な機関といえる．日本は(財)日本適合性認定協会（JAB：Japan Accreditation Board for Conformity Assessment）である．

審査のポイントは

マニュアルはあるか？
マニュアルは全体で認識されているか？
マニュアルどおりに実践されているか？
その証拠としての記録があるか？

表3.5にISO 9000認証取得の所要期間例を示す．

表3.5 ISO 9000認証取得の所要期間例

①準備期間	審査登録準備体制整備	0～2.5月
②文書化段階	各マニュアルの作成・改訂	1.5月目～6.5月目
	職務分掌の作成・改訂	
	規定の制定・改訂	
③実施段階	啓蒙活動	0.5月目～5月目
	運用体制整備	4月目～12月目
	内部品質監査（監査員養成・実施）	1.5月目～10月目
④登録段階	審査登録申請書提出	0.5月目
	予備審査（一次，二次）	6, 9月目
	本審査	12月目

なおBSE問題で食品の安全性が問題になっているなか，ISOでは，HACCPとISO 9001を融合させたISO 22000（食品安全のマネジメントシステム—要求事項）の検討をし，規格としては2003年3月CD（committee draft）が発行され，2004年末までに正式に認証をスタートする計画となっている．

3.1.5 表示制度

表示は外からはうかがい知れない製品そのものについての情報を提供してくれる．しかしながら，近年の消費者の食品安全に関する関心の高まりと，一方これを裏切るような生産者側の不当・虚偽表示の表面化，また行政側の縦割り行政による用語・定義の違いなど表示の複雑さ，あいまいさがあることなど，表示について大きな問題があることが浮かび上がってきた．

(1) 賞味期限の表示

例えば商品の期限表示については下記のように基準が定められている．

① 賞味期限

商品に表記されている定められた方法で保存した場合に，例えば風味など，生産者が決める本来の期待される品質の保持が十分に可能であると認められる期限を示す年月日をいう．この期限を過ぎた場合でも，これらの品質を保持しているものもあり，したがってこの期限を少しでも過ぎたら，もう食用に適さないということではない．

従来，食品衛生法に基づく「品質保持期限」も使用されてきたが，食品表示行政の見直しが行われ，2003年より賞味期限に統一されることになった．

製造者は製品について，この期限の期間を求めるためには，虐待テスト（通常の決められたその製品の保存方法に比べてはるかに過酷な虐待保存条件での試験）を行う．すなわち実際の保証期間よりは短いが，ある程度の期間，例えば温度とか湿度を上げるとか，強力な光を当てるとかして，劣化速度を速め，その変化の度合いを確認する．なお，この定め方についても検討されている．

② 消費期限

品質が急速に変化しやすく製造後速やかに消費すべきもの，例えば弁当，生鮮品などが，定められた方法で保存した場合において，腐敗，変敗その他の品質の劣化に伴い安全性を欠く恐れがないと認められる期限を示す年月日をいう．通常5日程度である．

(2) 有機農産物の表示

消費者の安全志向の高まりに対応し，平成11年7月JAS法の改正により，有機農産物および有機農産物加工食品のJAS規格を定め，JAS規格に適合

するものかどうかの検査を受けた結果，これに合格し，有機JASマークが付けられたものでなければ「有機栽培トマト」，「有機納豆」などの表示ができない制度が導入された．この制度は輸入品についても適用される．

マークの添付については農水大臣から認可を受けた登録認定機関（第三者認定機関）が生産工程管理者（生産者や生産者組合）や製造業者等を認定し，認定された生産工程管理者等が自ら格付けを行い，有機JASマークを添付する仕組みである．

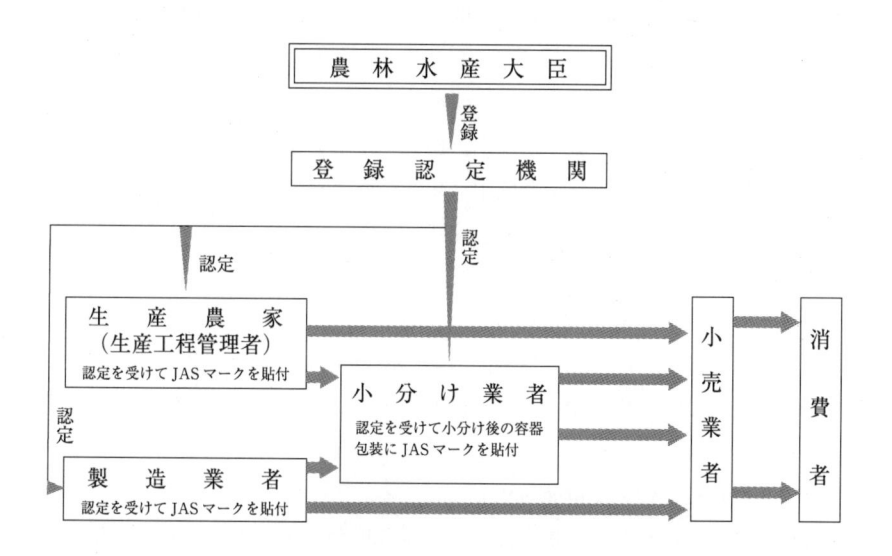

図3.3　農産物検査認証制度の仕組みと有機JASマーク[5]

有機農産物と有機農産加工食品は，それぞれ下記のように定義づけられた．

「有機農産物」：化学的に合成された肥料および農薬の使用を避けることを基本として，播種または植付け前2年以上（多年生作物にあっては，最初の収穫前3年以上）の間，堆肥等による土づくりを行った，ほ場において生産された農産物．

「有機農産物加工食品」：原材料である有機農産物の持つ特性が製造または加工の過程において保持されることを旨とし，化学的に合成された食品添加物および薬剤の使用を避けることを基本として製造された食品．食塩および水の重量を除いた原材料のうち，有機農産物および有機農産物加工食品以外の原材料の占める割合が5％以下であることが必要．

なおこれとは別に，「特別栽培農産物」として，次の2つがある．

「無農薬栽培農産物」：栽培期間中，農薬を使用しない農産物．

「減農薬栽培農産物」：栽培期間中，化学合成農薬の使用回数を慣行的に使われる回数の5割以下に削減した農産物．

しかしながら，有機農産物については幾つかの課題がある．供給面では，特に日本のように耕地面積の狭く少ない所では，その実現が難しく，供給量が少ないうちはともかくとしても，大量に供給するとなると問題がある．そのため現状では，その供給の多くを海外に求めている．現に，有機米を使用する駅弁を企画した会社が，国内では有機米が確保できないため，米国で冷凍弁当を製造して輸入，解凍後販売している．

有機農産物を原料として加工品を生産する場合，原料に付く虫の除去などにも恐らく多大な注意がいるだろう．その他高価格など解決すべき問題は大きい．また国が安全と認めた使用基準を守っている農産物を「有機農産物でないものは，安全に問題がある」というのは問題ではないかという議論もある．

3.1.6 原料・生産履歴の追跡確認（トレーサビリティ）システム

BSE問題をはじめとして，原料の履歴由来が消費者に正確に伝わることが求められている．「生産，処理・加工，流通，販売のフードチェーンの各段階で，食品とその情報を追跡し，遡及できるようにする」ことをトレーサビリティという．目的は食品事故が発生した場合の製品の回収や原因究明の

迅速化，および食品の安全性や品質・表示に対する消費者の信頼を確保できるようにすることである．

したがってトレーサビリティの要件としては，フードチェーンとして繋がる全ての段階で，食品とそれに対する情報が結びついており，なおかつ川上からも川下からも双方に検索が可能であることが考えられる．

2003年7月より牛および牛肉の個体識別番号の管理と伝達が義務づけられ，2003年12月1日から「生産情報公表牛肉」のJAS規格が導入された．この規格は，消費者の安心と信頼を確保するため，食品を生産者が正確に記録・管理・公表し，消費者がその製品を買い求める際にもその生産情報を確認できる基準として制定された．認定された商品にはJASマーク（図3.4）と個体識別番号，ロット番号が付され，生産情報が得られる．

加工度が低い肉や野菜と異なり，加工食品は原料の種類や調達先も多岐にわたるうえ，製造工程も複雑でトレーサビリティ構築には多大な労力がいる．そのような中キユーピーがベビーフードやマヨネーズにITを利用したトレーサビリティシステムの運用を2003年夏から開始する計画である．10桁の数字とアルファベットの

図3.4 生産情報公表JAS規格のロゴマーク[6]

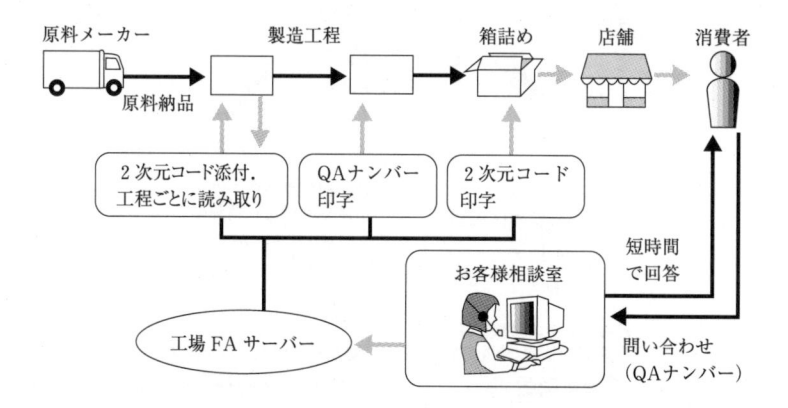

図3.5 キユーピーのトレーサビリティシステム[7]

QA ナンバーを1つ1つのパッケージに印字することで全体の情報システムを構築する．

従来は情報の伝達媒体としてバーコードが用いられてきたが，最近電子荷札（IC タグ）と言われるものが急速に開発されつつある．0.4 mm 角程度の小さな IC チップに無線通信用のアンテナを付け，データをやりとりすることができて，現在の標準バーコードに比し記録容量が最大 6 000 倍に増えるという．値札や食品のパックなどに取り付ければ，数十 cm 程度離れていてもデータのやりとりができる．商品価格に比しまだ価格が高いのが課題である．また今まではメーカーごとに仕様が違っていたが，国内外の有力メーカーでの統一規格策定の検討が進んでいる．

幾つかの実用化試験が開始されており，2004 年1月，京浜地区スーパーでは，ダイコン，キャベツ3万個のシールにタグを埋め込み販売する実証試験が行われた．情報を読み出す速度，タグの不具合が生じる確率など技術的な検証の他に，消費者の反応などを集め，さらに改善する目的である．来店者の実験に対する評価も高く，技術的な実用化の目途は付いたという．

情報技術に常につきまとう問題であるが，個人情報の管理方法，すなわち消費者のプライバシーをどう守るかも大きな問題になる．

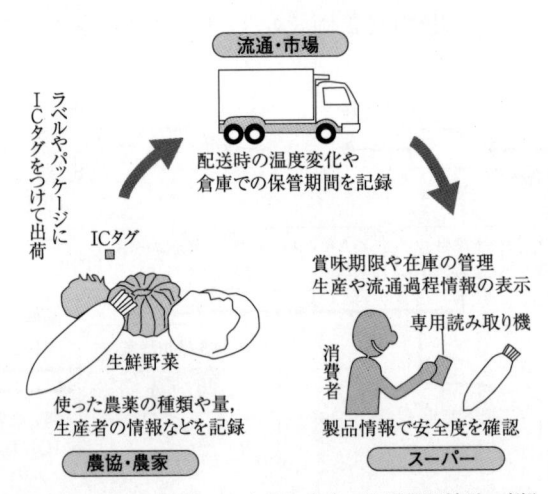

図 3.6 IC タグを使った食品の生産・流通過程追跡の例[8]

3.2 科学的管理・解析

問題は現場にある．まず現場をよく見る必要がある．しかし見ると言っても漫然と見ていてはその奥にある物事の本質は少しも見えてこない．まず**現場の状況を単なる思い込みでなく客観的に把握するためのデータを採り，そのデータを整理することで，データの間に存在するある種の秩序，規則性が見えてくる．**そこで以下に述べる QC 7 つ道具など幾つかの手法を使い，データの採り方を工夫し，そこで採ったデータをグラフ化することなどで内容の理解を深めることができる．

3.2.1 QC（Quality Control：品質管理）7 つ道具[9]

以下の 7 つを QC 7 つ道具とよぶ．

① チェックシート

データを取る前に，何のためのデータか，どんなことを把握するためのデータかを明確にしておく．漠然と数値やその条件を列挙するのでなく，また現状を把握した抜け落ちのないデータをとり，目的を効率よく達成するためのデータシート．

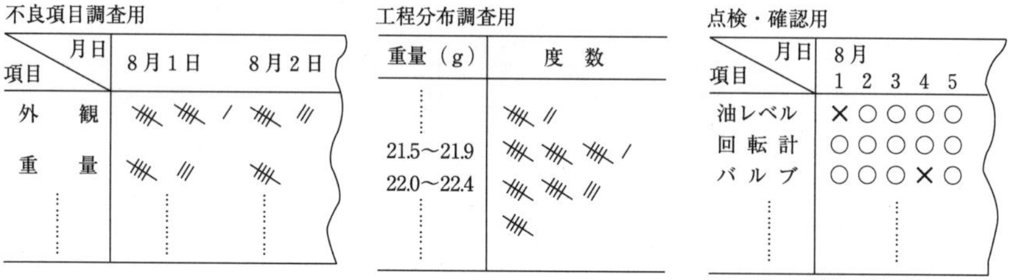

図 3.7 チェックシート

② ヒストグラム

どの位の値がどの位の頻度で発生したかのデータの数を度数図とする．データに非常に多くの種類の値がある場合や計量値の場合は，各区間に入ったデータの数を度数図としたヒストグラムにする．ヒストグラムにする前に，推移図・グラフに表現し，時間的な傾向や変化の存在を十分に検討して，顕著な変化が含まれない場合にヒストグラムにまとめるのがよい．

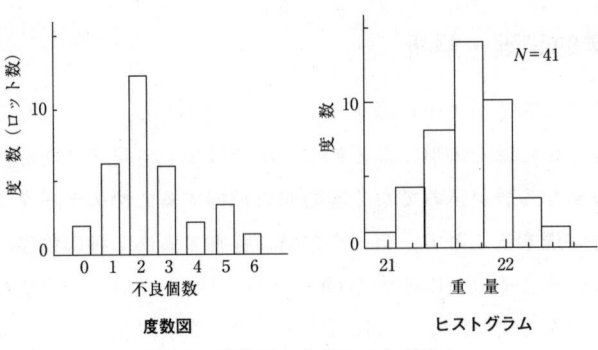

図 3.8 度数図およびヒストグラム

③ パレート図

どんな問題が，どこに，どんな場合に，どれくらい発生するか，頻度，件数，量の多い順に示した棒グラフ．

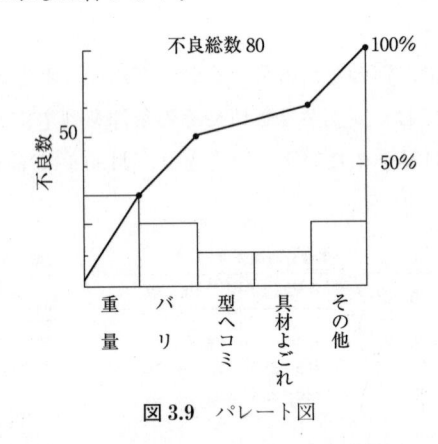

図 3.9 パレート図

④ 特性要因図

結果として発生している特性に対して，その原因として考えられる要因をまとめたものをいう．

⑤ 層　別

何らかの特徴に目を付けて，同じ特徴を持つ物だけにデータや物を分けること．

⑥ 散布図

層別したデータの相関図．

3. 品質管理技術

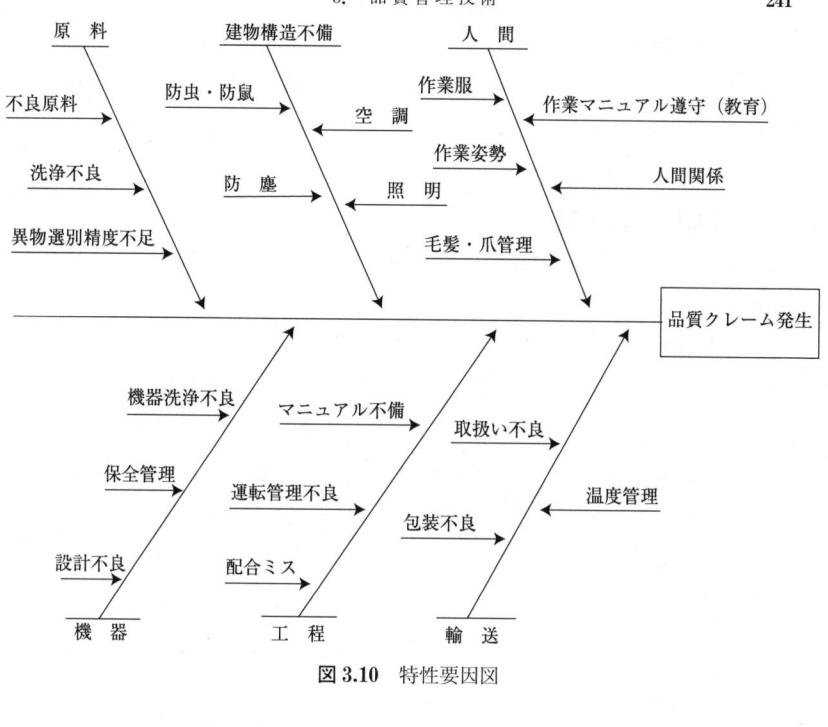

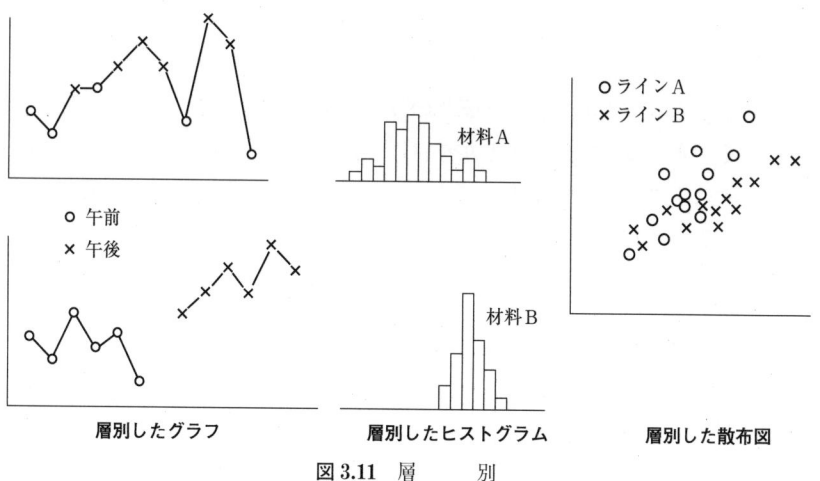

図 3.10 特性要因図

図 3.11 層別

⑦ 管理図

特性の動きが単なるばらつきなのか,それとも異常値なのかを区別するための判定基準を入れたグラフ.

3.2.2 新QC7つ道具[10]

数値化できない複雑な内容を文字に表し,客観的に整理することで内容が把握しやすくなる.

① 親和図法

基本的にはKJ法.KJ法とは川喜多二郎によって始められた,問題の構造化を行う方法.問題の正体がはっきりしない時にそれを明確化するのに効果がある.1人でも良いが,グループを組んで行う場合,そのチームの相互理解ができてチーム作りの効果が期待できるという副次的なメリットもある.その手順の概略は

1) ブレーンストーミングなどで出されたアイデア,意見など,あるいは各種の調査などで出され,あるいは観察などで得た種々の情報の断片を1つずつ小さなカードに記入する.
2) それを机の上に展開して,各カードの内容を読みとる.
3) 次に全体を眺め,近い感じのするカードを数枚ずつ集めてグループ化しまとめる.この時に違う感じのカードは無理にグループには入れない.
4) その各グループにタイトルを付ける.
5) 次に小グループを集め中グループ,さらに中グループを集め大グループを作って行く.
6) 模造紙などにこのグループのカードの束を,内容の近いものを近くにしながら配置して,あたかも図解するようにして並べる.
7) 決定したら全部のカードを貼り付けてしまう.
8) これをもとに内容を文章化する.

② 連関図法

要因間の因果関係を論理的につなぎ図示する.

③ 系統図法

目的を達成するための手段を系統的に展開し図示する.

3. 品質管理技術

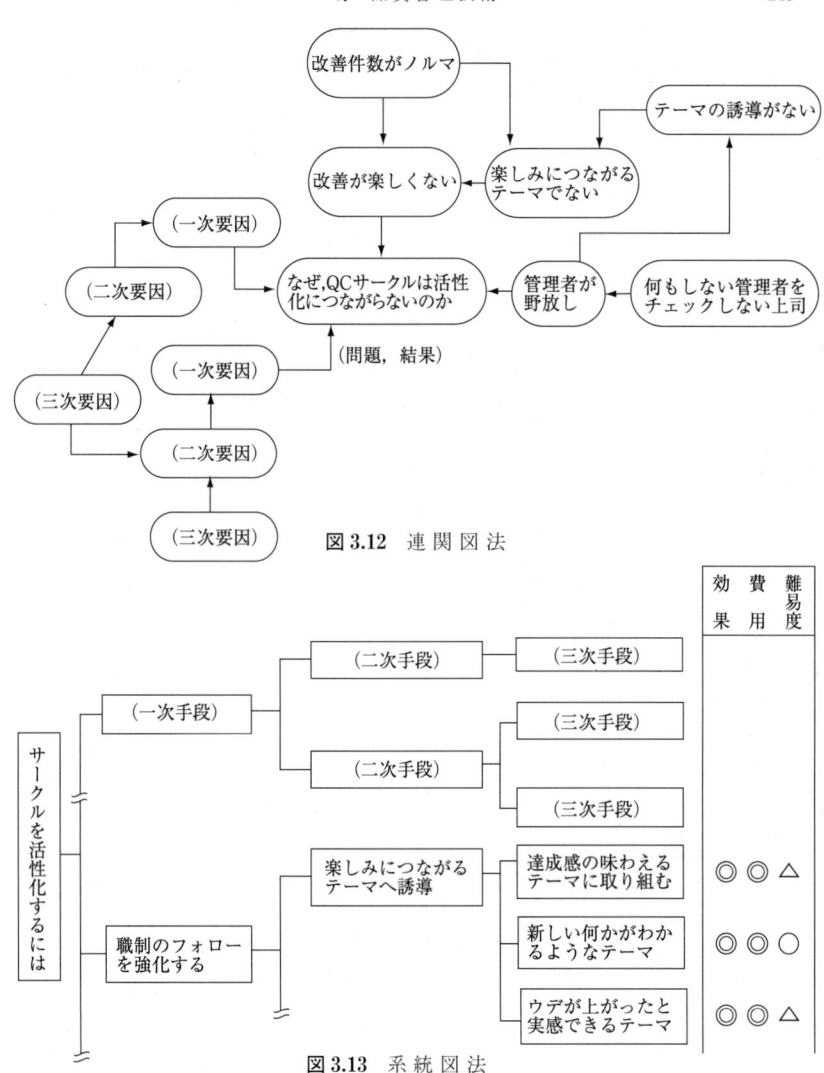

図 3.12 連 関 図 法

図 3.13 系 統 図 法

④ マトリックス図法

目的と手段，問題と要因，現象と要因など2元的に整理し，相互の関連を見る，あるいは抜け漏れのチェックを行う．

⑤ アローダイヤグラム

PERT 手法のうち，作業間の関連を図解により明らかにする．

244   V. 品質と安全性

項目＼項目	Y_1	Y_2	Y_3
X_1	○	◎	
X_2		△	○
X_3	◎		
⋮			

◎ 強い対応
○ 対応有
△ 弱い対応

図 3.14 マトリックス図法

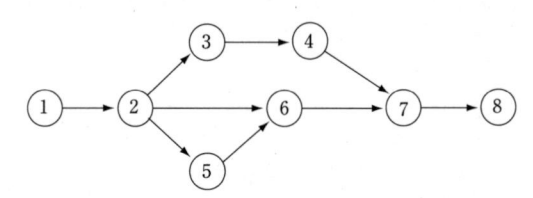

図 3.15 アローダイヤグラム

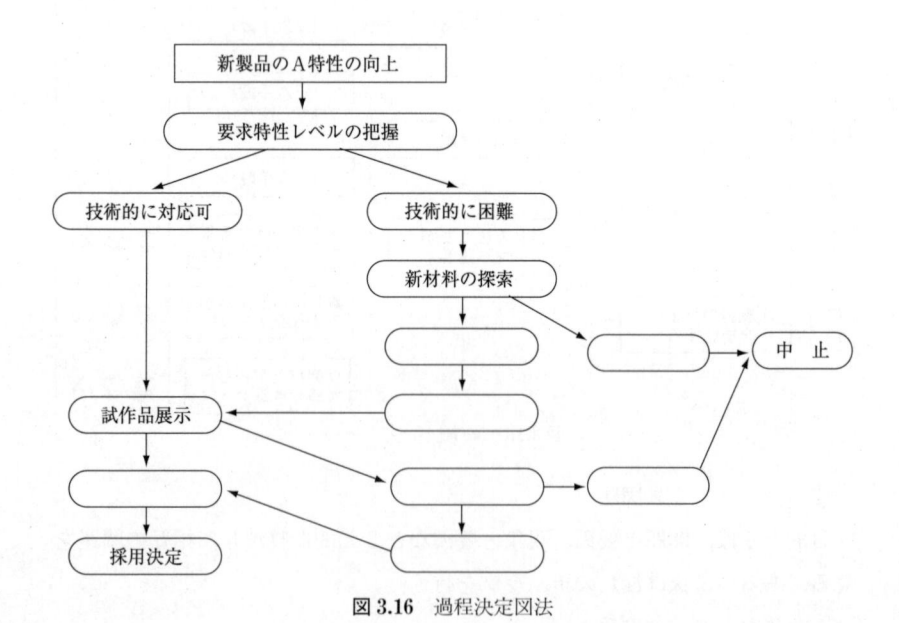

図 3.16 過程決定図法

⑥　過程決定図法（PDPC：process decision program chart）

技術検討プロセスを検討する際などに使用する．現在の状況から一番望ましい結果に至るまでの途中の主要な過程を書き出し矢印で結ぶ．

⑦　マトリックス・データ解析法

マトリックスの各升目において評価された対応を，主成分分析を行って対応する．

3.2.3　その他の解析法

①　実験計画法

品質特性の要因と考えられるものを複数取り上げ，その水準を積極的に動かして特性の動きを見て，どの要因の寄与率が高いのかを統計的に判断する．

②　多変量解析

目的とする変数（外的基準）との因果関係を明らかにしたい，あるいは変数間の関連を利用してその背後に潜在する因子をつきとめたい場合などに使う分析法．重回帰分析，主成分分析，因子分析，クラスター分析などを使用する．

3.3　改善活動（カイゼン，KAIZEN）

日本の物づくりを支えてきた手段として，各種の改善活動があげられる．改善活動により，生産が安定し，品質のばらつきが少なくなり，ひいては生産コストが低減される．**5 S，TQC，JIT，TPM** などは代表的なものである．

改善活動は，科学的な解析により把握した状況をもとに，どのように改善してゆくかを考えるのであるが，これもただ漫然と行うのではなく，改善の目標，スケジュールなどを明確に立てて行う必要がある．そこで改善活動には実際にはトヨタ生産方式など幾つかの手法があるが，これを実施することで成果を上げている．

これらの**改善活動は，組織の体質が変わらなければ成果がでない**．したがって少なくとも数年にわたって，"継続は力なり"を実感できるまで根気強く行わねばならない．

このためには組織のトップから末端まで一丸となって活動する強力な組織体制と実行力が必須である．

3.3.1 5S

5Sとは，下記の項目の頭文字をとったものである．誰もが現場の状態を一目で把握できるように目で見る管理を軸にする．

① 整理（SEIRI）：要る物と，要らない物とを区別し，要る物以外は一切置かない→捨てる．
② 整頓（SEITON）：要る物が，誰にでもすぐ取り出せる状態にしておく．
③ 清掃（SEISOU）：ゴミ無し，汚れ無しの状態にしておく．
④ 清潔（SEIKETSU）：整理，整頓，清掃を徹底する．
⑤ しつけ（躾）（SHITSUKE）：決められたことが決められたとおり正しく実行できるように習慣づける．

5Sは種々の改善活動の原点になる重要なもので，これができていなければ TQC，TPM などの活動には入るべきでない．

実際に行う場合にはトップが推進リーダーとなる推進体制を作り，組織全体でこれが業務であることをはっきり認識して取り組む．最低でも1年程度の期間の実行スケジュールを作り，整理，整頓の順で順次手がける．

整理だけでも，まず大物，次に小物，さらに備品などと数か月掛けて行う．現場の規模にもよるが，最初はトラックで搬出する程度の大量の不要物が出てくる．いかに同じ物が使われずに死蔵されていたかが実感できるだろう．現場担当者が必要と言うものでも，赤い荷札（赤札）を付けて置き，使用状況が見えるようにすると，実は全く使用されない不要物であることが判明することもある．

整頓では，誰でもわかるように，必要な物について常時ストック量を定め掲示（看板）しておき，それを下回ったときに決められた量を補充するようにする．

清掃も一気に全部取り組まず，建物，配管・配線，機器などと時期を分けて行う．見えにくい所が問題で，大きな機器の下，裏などは機器をどけて清

掃することが必要である．このようなところが，虫やネズミの巣になりやすい．問題は清掃してもこぼれなどで，すぐまた汚れる所である．汚れる原因を取り除く改善を行わなければ清掃する気がなくなってしまう．

清潔を維持するためには定期的な点検の実施が必要である．

躾ができるまでには1年では十分でなく，繰り返し活動を行うことが肝要である．長く続けるには飽きないような，競争意識や楽しさを感じさせるような施策も考える必要がある．

3.3.2 TQC (Total Quality Control)

品質保証を軸に，全社の総合的な改善活動として，全員参加により，品質の保証，技術レベルの向上，全社・全部門の仕事の質の向上を，システマチックに行うことをねらう．日本科学技術連盟が主催する．最近はISOをも包含したマネジメントレベルとして，TQMが提唱されている．

3.3.3 JIT (Just In Time)

トヨタ自動車において，工程間在庫ゼロを軸に，独自の生産方式を発展させたもので「必要なものを，必要なときに，必要な量だけ生産する」と定義される．カンバン方式．

3.3.4 TPM (Total Productive Maintenance)

設備の保全管理を軸にした活動．日本プラントメンテナンス協会が主催する．同協会の標準コースによれば，所要期間は3年を目途に第1期を達成する．

3.3.5 活動の方法

これら改善活動の実施は，自主的なサークル活動で行われることが多い．身の回りの困っている問題を見つけだし，先に述べた科学的管理・解析法を駆使しながら，それを仲間と一緒に，知恵を出し合い改善を行うことによって，達成感，生きがい，やりがいを味わい，自分たちの仕事は自分たちでレベルアップする活動を展開する．活動によって職場が生き生きとしてくるこ

とが主なねらいであり，改善の効果はむしろ副次的なものと考えて推進する．

このような活動は，従来はサービス残業でカバーしてきたことが多いが，むしろ適切な活動の時間を取る配慮をした方が良い．活動期間は区切り，だらだらしない方がよい．

管理者は，サークルの自主的な運営に全てまかせるのではなく，サークル活動を通じて，職場が活性化するように，適切なアドバイスをして指導支援することが大事である．リーダー層への理解のため，リーダー格の人には研修なども行い，従業員への動機付けをするべく，よく説明をして理解をしてもらうようにする．

成果発表会，表彰，新聞，歌などでのPR，行事化を企画する．

しかしながら，従来日本の生産現場を支えてきた小集団活動は，パート化あるいは外国人労働者の導入，外部委託化が進み，さらには合併など企業構造の変化が激しい今の時代には，その実施には困難さもあり，職場に合った工夫がいる．

改善活動に際して有用な，熊谷智徳（元放送大学教授）の述べるいくつかの**着眼点**を紹介する．

① 落ちこぼれに着目する．

工程に何らかの欠陥があるから落ちこぼれが発生するので，まず落ちこぼれを出さないように改善をする．どうしても落ちこぼれが出るなら，落ちこぼれ処理工程を設けて，製品ラインの1つの工程と考え落ちこぼれを手厚く処理する．そうしないと落ちこぼれが工程に悪さをする原因になる．落ちこぼれとして粉塵，漏れなどがこの例である．

② 主作業は何か？

その工程の主作業が何かを見極める．よくある例で，長々と立派なコンベアーが走っているが，この上では品質的に何の付加価値も付与されていない．つまり運搬は加工作業ではないからである．その上，コンベアー間の乗り移り箇所などでロスが発生するようなら，その設備は無いにこしたことはない．

③ 持ったら離すな，行き先はどこだ．

手作業において，物を取り上げるということは，神経のいる作業である．したがって一度手に取り上げたらそのまま離さず，できるだけ作業を完結さ

せ，最終の行き先点で離してやる1人完結作業にするのがよい．

どこにでもあるような一寸した作業でも，このような視点で見直すと結果は大きな成果につながる．手作業の例だけでなく，工程を組む場合も同じ考えで見直すと，コンベアー，配管，ホッパーなどを節減することが可能になる．

④　客先への品物納入納期

改善はあるスピードを持って進めること．お客の注文に必死で作業して納期に間に合わせるように，一定の締め切り期限を設けることが有効である．

⑤　進度管理板

日々の進歩が誰の目にも見えるように工夫する．

3.4　基本の実践

基本の実践を行うことが品質管理においても全ての原点であり，これに尽きるとも言える．具体的には，PDCA を回す（Plan, Do, Check, Action＝反省とその活用），事実に基づく判断，原因追及の重視，再発防止と未然防止，重点志向，後工程（＝顧客）の尊重など，実施プロセスの重視により，確実な効率よい仕事の実施とその改善を行う．

[例] 客先クレームの減少に努める．納期遅れ，品種・数量違いなど営業サイドのクレームは，物流整備を図る．品質異常については，例えば表3.6のような項目別の対策をとる．

万一起きたクレームについては，とにかく**迅速な対応と，適切な処理**が大

表3.6　クレームの原因対象別対策例

内　容	原因対象	対　　策
異物混入	原　料 人　間 設　備 建物・環境	不良原料排除，異物選別・洗浄の徹底 衛生チェック……毛髪・爪，作業服，教育の徹底 機器保全，洗浄 防虫・防鼠・防塵・空調
品質異常	工　程 輸送時	配合，運転条件 HACCP 破損，温度

事である．またクレーム情報の活用により，今後の発生の予防対策をとるクレーム対策委員会，現場の診断チェックを行うためのクレーム対策現場パトロールを設置するなどの組織の整備を行う．

しかしながら，これらを「**実践するのは人であり，とどのつまりはそれにかかわる1人1人の人の問題**」に帰着するといえる．

参考文献

1) 山田友紀子：2004年版　食料白書「食品安全性の確保」, p.70, 食料・農業政策研究センター (2003)
2) 品質・コスト・環境の調和, 日立プラントカタログ, p.7, 日立プラント建設 (2002)
3) 鴨居郁三監修：食品工業技術概説, p.318, 恒星社厚生閣 (1997)
4) 同上書, p.327.
5) 農水省食品流通局食品表示対策室監修：有機食品の検査認証制度．
6) JAS協会：11月14日 (2003)
7) 日本経済新聞, 3月17日 (2003)
8) 朝日新聞, 6月24日 (2003)
9) 唐津　一：QCからの発想, PHP研究所 (1991)
10) 日本経営工学会編：経営工学ハンドブック, p.761, 丸善 (1994)

VI. 工場施設

1. 施設を考えるにあたり

1.1 工場の使命

　工場の使命は，社会的な責任を果たしながら，生産の機能を通して企業の業績向上を図ることにある．生産企業（製造業）の基本機能を図1.1に示す．

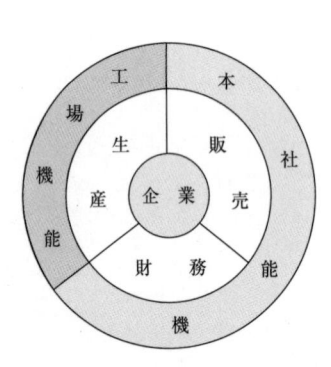

　図1.1　生産企業（製造業）の基本機能[1]

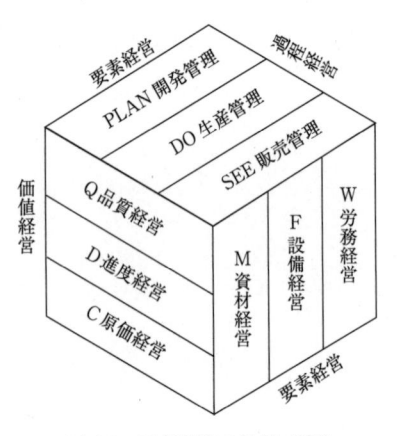

　図1.2　設備経営の位置づけ[2]

　生産機能は"何をいかにしてつくるか"に集約され，**製品に対しては質（Q：quality），量（D：delivery），コスト（C：cost）が3大管理対象**であり，さらに外部的には**環境管理への配慮**が重要である．

　生産においては，物を作るための資材，設備および，そこに携わる人についての労務の3つが要素であり，これをいかに上手く経営してゆくかがポイントになる．これは，開発，製造，販売のそれぞれの過程に組み込まれ，繰り返されてゆく（図1.2）．

1.2 レイアウト

工場を建設するときに，まず考慮すべきことはレイアウトである．工程を構成している要素すなわち資材（原料→製品），設備，人を，位置的にどのように結びつけるかという配置がレイアウトである．したがって，このレイアウトの善し悪しは，

① 建物の大きさおよび設備費用
② 物の搬送，人や車の動きなどにおいて発生する作業性の良否，ひいては運転費ロス
③ コミュニケーションや情報の流れやすさ
④ 環境を含めた社会的な面での外部との係わり
⑤ 増設・改造の可否

などに後々まで大きく影響するので重要である．

後に悔いを残さないように，加工に直接係わることだけでなく，生産管理，品質管理，機械保守，災害予防，空調はじめその他サービス施設，周囲環境への影響なども考慮に入れた，多面的な事前の検討が必要である．ある地域に工場が出来たことが，その地域にとってもプラスになることが望ましい．そのような視点で，工場の諸施設が設置・整備されることが望ましい．

まず環境面からレイアウトを考慮する（図1.3）．

工場施設とそれに対する人の動きの関係を図1.4に示す．

物の流れから見たレイアウト例を図1.5に示す．

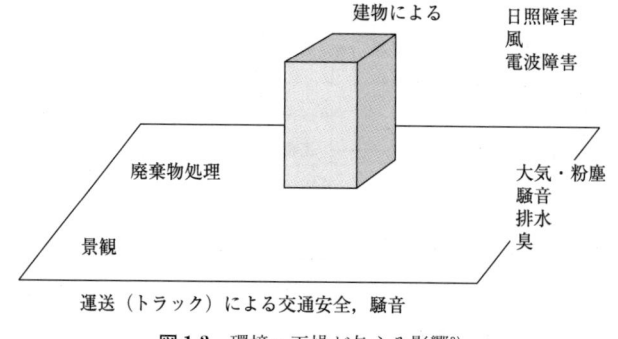

図1.3 環境へ工場が与える影響[3]

VI. 工場施設

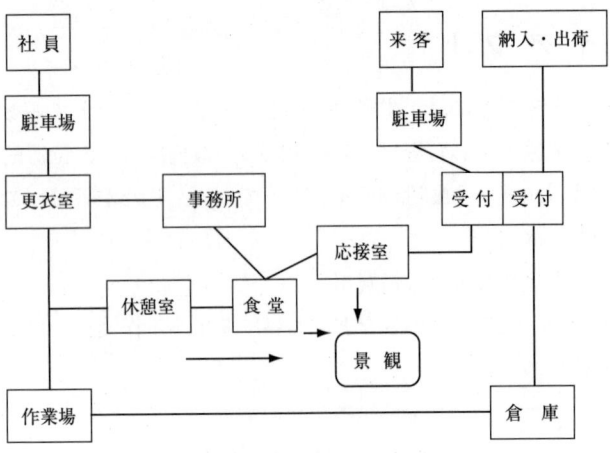

図 1.4 工場施設と人の動き[3]

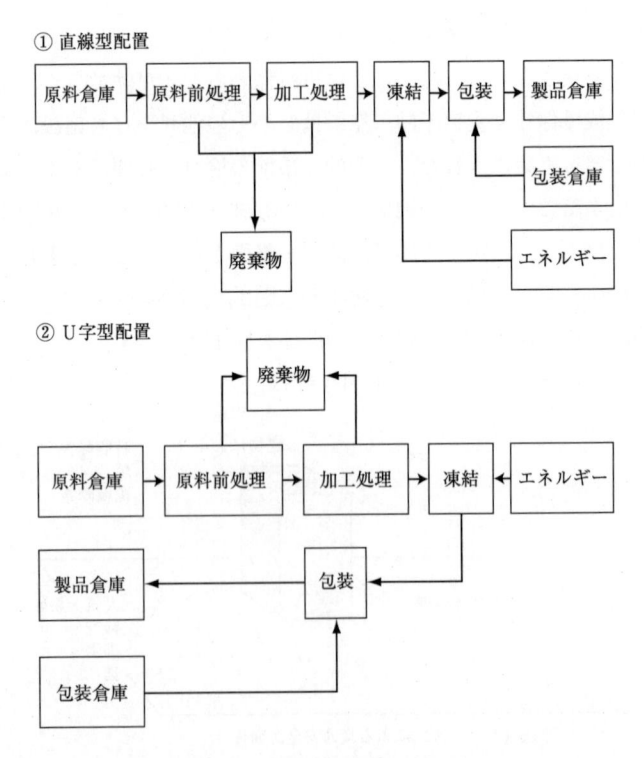

① 直線型配置

② U字型配置

図 1.5 工場における物の流れ[3]

1. 施設を考えるにあたり

③ 上下立体配置

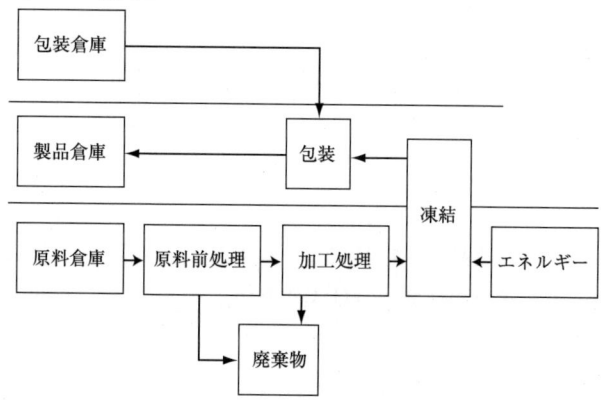

図1.5 工場における物の流れ[3]

参 考 文 献

1) 梅田政夫：幹部のための工場管理の実務 第2刷, p.1, 日科技連出版社 (1978)
2) 熊谷智徳：生産経営論, 改訂版, p.132, 放送大学教育振興会 (1997)
3) 熊谷義光他編：冷凍食品製造ハンドブック, p.102, 103, 光琳 (1994)

2. 工場建物

衛生性が必要な，薬品，化粧品あるいは半導体生産などと同様に，食品生産施設においても**建物の位置づけは大変高い**．

食品工場での建物全体の仕様要件として

① 工場周辺の環境から受ける影響，与える影響に共に十分配慮するように努めること
② 必要な諸設備の収容と作業に支障のない広さを確保すること
③ 建築基準法，消防法，食品衛生法など関連の法的基準に合致すること
④ 塵埃，土砂，臭気，虫，動物などが入らない構造とすること
⑤ 建物配置，区画および間仕切りはシンプルで，管理監督しやすい工夫をする
⑥ 増産・増設など将来の生産計画も見込んだスペースの確保と建物配置とする

などが考慮されなくてはならない．

2.1 建築物の区分と作業区域の衛生規範

製造所とそれ以外の施設で人が居る所，例えば事務所，食堂，休憩室などとは隔壁で区分することが必要である．さらに外部から納入される原材料・包材の検収や保管場所，原料と加工作業が共存する前処理工程，調理および加工工程，半製品の放冷あるいは保管場所，包装工程，製品保管および搬出，試験・検査などの各作業所もそれぞれ隔壁で区分する．

各作業所は取り扱う物量と操作に応じて十分な面積（機械設備を多用する場所では機械設備面積の3.5倍以上）を確保する．

それぞれの区分は，それぞれの作業に応じた衛生的な雰囲気にすることが

2. 工場建物

重要であり，動線がその区分を越えてクロスしないように計画する．

作業区域は衛生規範上その清浄度によって次のように区分される[1]．

汚染作業区域：原料・包材の開梱……落下細菌数100以下
準清潔作業区域：食品原料の前処理…落下細菌数50以下
清潔作業区域：調理・加工・包装……落下細菌数30以下，真菌数10以下
付帯区域：便所，更衣室，清掃用具・洗剤および殺菌剤・防寒具などの保
　　　　　管庫……製造所と隔離し衛生管理上支障がないこと

図2.1に示すように，単に衛生区分に限らず工程ごとに独立した小部屋（アイランド）にすれば，メンテナンス，品種切替えなどにさらにフレキシブルに対応できる．

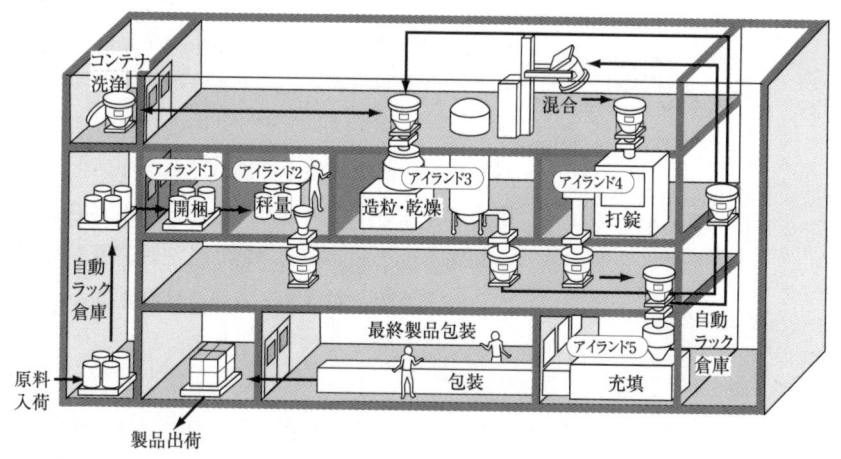

図2.1　固形製剤製造工場の例[2]

注：◀── は製品の動き，アイランド1〜5はクリーンルームエリア，その他はテクニカルエリア

2.2　建物各部の構造

① 腰壁，壁

床と壁の接合部は，清掃がしやすいようにRをとり，埃(ほこり)，塵(ちり)がたまらないようにする．洗浄を考慮し防水性が必要である．特に床から1m位の高さまではタイル張りなどで洗浄耐水性を持たせる．壁の小さな隙間にも注意

をして内部がゴキブリなどの巣にならない配慮をする．

② 窓

加工室は気密性・防塵性からすると排煙窓を含め最少とし無窓式が好ましいが，採光を考慮して設置する場合アルミサッシなど気密性の良い構造にする．加工室内の窓ガラスは，網入りもしくは樹脂板など万一破損したときの飛散防止に対する配慮も行う．冬季における窓ガラスの結露水対策として二重ガラスの使用が好ましい．窓下の膳板部には埃がたまらないように傾斜を設けることが好ましい．

③ 出入口

ネズミ，昆虫，塵埃などの外部からの汚染防止対策のため，前室または暗室通路を設ける．ドアは自動開閉式とし，気密性の高いものが好ましい．工事・メンテナンス時の機材の搬入に対しても，防虫対策を考慮しておかないと，工事中の不注意で侵入した虫のために工事終了後に問題を生じる．必要に応じて洗靴装置を設置する．また靴を履き替える場合は乱雑にならないように十分なスペースを取る．

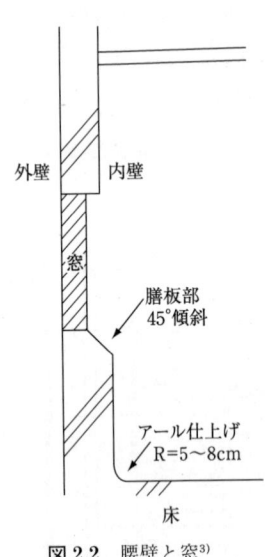

図 2.2 腰壁と窓[3]

④ 床

洗浄作業が多いので耐水性を持たせ，排水性を良くするためには，平滑性と必要な勾配（水勾配100分の1.5〜2）を取ること．常時はドライ状態に保つように心がける．機器を移動したりしても，ひび割れが起こらないような強度を取り，また作業安全上，作業員が滑って転倒しないように，ノンスリップ性であることが好ましい．床は一見簡単に思いがちであるが建物の基盤であり，それなりに問題もあり難しいものだという認識を持たねばならない．

⑤ 排水溝

掃除がしやすいことが必要で，幅は30cm程度，深さは15cm以上，溝底部はRをとる．材料はステンレスなどで，ゴミ除き装置を必ず設ける．

2. 工場建物

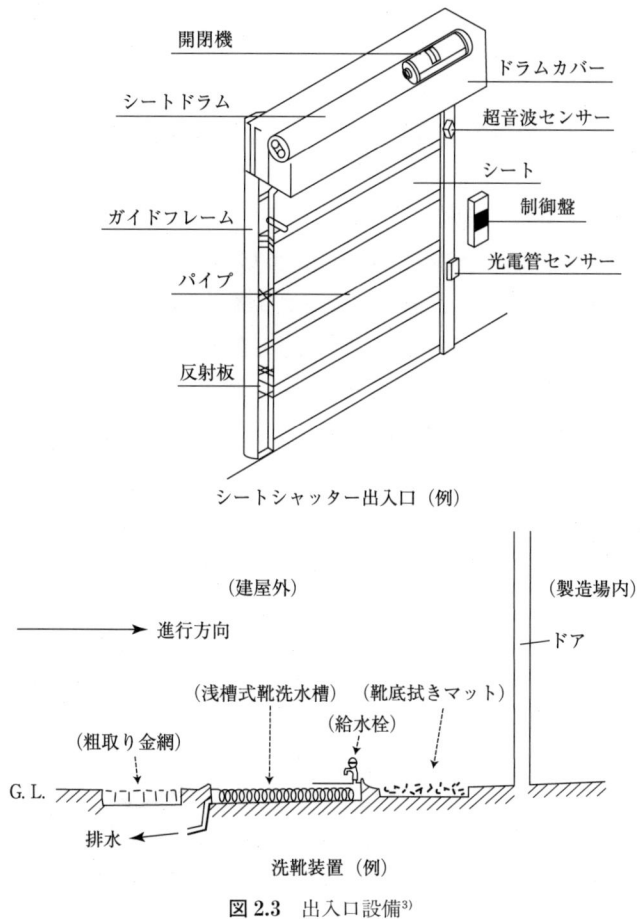

シートシャッター出入口（例）

ラベル: 開閉機、ドラムカバー、シートドラム、超音波センサー、シート、ガイドフレーム、制御盤、パイプ、光電管センサー、反射板

洗靴装置（例）

ラベル: （建屋外）、（製造場内）、進行方向、ドア、（浅槽式靴洗水槽）、（靴底拭きマット）、（粗取り金網）、（給水栓）、G.L.、排水

図 2.3　出入口設備[3]

水が流れやすいように，100分の2～3程度の適切な勾配を取るが，距離が長いと結果的にピットの深さが深くなり掃除がしにくくなるので，建物が大きいときは，設計の最初に排水溝の位置をよく検討しておく必要がある．外部と通じる箇所は防虫・防鼠（ぼうそ）用の仕切りを設置するなど工夫を要する．

⑥ 天　井

高さは床から 2.4 m 以上[4]で，不浸透性材料で隙間なく平滑な仕上げにする．結露，防カビに留意する．配管・配線・照明器具は非露出で埃，塵がた

まらないようにする．

⑦ 間仕切り

微生物管理上，陽性と陰性の区域に分離する．また温度・湿度などの空調条件の異なる所，外部の人間と内部の人間を分ける所は，別の部屋としての間仕切りをする．

⑧ 換気・空気調和設備

対象加工室の気積（空間の容積）1 m²当たり20～30 m³/h の換気設備を設ける[5]．また廃ガス，油，蒸気を発生する機器からの排気はフードを設け，機械的な排気を行う．空気調和設備を設ける際には，上記の排気量を加味した十分な能力のものを設置する必要がある．ダクトはダクト上部の掃除やメンテナンスが行いやすいように作る．

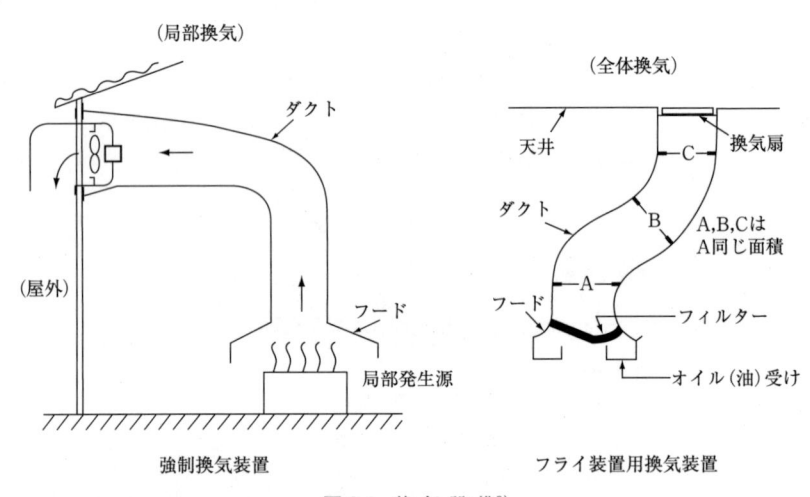

図2.4 換気設備[3]

⑨ 照明設備

照度の基準が JIS で定められている．照明に使用する器具，スイッチなどは，取付け環境に応じて屋内用・屋外用，あるいは防水・耐熱・耐食，取付け方法により直付け・埋め込み・つり下げなどのタイプを使用する．構造および取付け方法は清掃しやすいようにする．

⑩ 各種保管場所

衛生的な雰囲気が保持できて，衛生管理上支障がないこと．

⑪ 便　　所

製造所より隔離した位置で，脱靴方式とする．労働安全衛生法により，男子と女子は区別し，男子用大便所は同時に就業する男子労働者60人以内に1個以上，小便所は30人に1個以上，また女子は同様に女子労働者20人以内に1個以上の設置が定められている．

⑫ 更　衣　室

製造所より隔離した位置で，脱靴場は部屋に入る前に設置する．

参 考 文 献

1) 施設における衛生管理，第22回食品衛生管理者資格認定講習会資料，p.46，日本食品衛生協会（2001）
2) 日立プラント建設カタログ，品質・コスト・環境の調和，p.6（2002）
3) 施設における衛生管理，資格認定講習会資料，p.51，日本食品衛生協会（2001）
4) 同上資料，p.49．
5) 熊谷義光他編：冷凍食品製造ハンドブック，p.46，光琳（1994）

3. 生産設備

3.1 食品生産設備の特徴

　食品工業は，手作りから機械化へと進んできた．食品生産設備が品質管理の上で他の業種に比し特に配慮をしているのは，**微生物制御と異物混入対策**である．

　微生物制御の見地から，機器類は，サニタリー仕様で作られる．その点でサニタリー仕様の酪農機械も多くの業種で使用される．業種業態に応じて多くの機種の機械設備が使用され，専用機以外の一般汎用機械の活用もなされるが，この場合，機構・構造や仕様・材質，操作面で衛生上望ましくないものも見られる．

　多品種の製品を生産するには，ラインの機械部品を交換して切り替えて行うとか，また小型の機械であれば，機器ごと入れ替えができるように，可動設備にしておく．しかしながら最近のように製品動向の変化が激しくなると，時間的，採算的に機械設備の設置が必ずしも有利ではなく，人手による生産の比重も再び増加しつつある．

　設備は，目的とする製品を作るのに必要な機能を満たすことはもちろんであるが，安全・衛生などの見地から，各種法律で定められた基準を満たす必要がある．

　安全上の配慮としては，回転機械や可動機械には，カバーを付け稼働中に人の手が入れられないようにする，カバーを開く場合は自動的に停止するようにするなどの注意がいる．

　安全・衛生に関する法律には次のようなものがある．

　　食品衛生法　　　　　　　労働安全衛生法
　　消防法　　　　　　　　　ボイラー及び圧力容器安全規則

高圧ガス取締法　　　　　クレーン等安全規則
毒物及び劇物取締法　　　エネルギー管理法
特定化学物質傷害予防規則　電気事業法
計量法

3.2 機器設備の洗浄

　微生物管理あるいは異物混入の防止の上から，設備を衛生的に保つには洗浄が重要である．**菌汚染を防止するために設備の殺菌を行う場合，まず事前に設備の洗浄をよく行い，初発菌数を最低限に押さえることが，殺菌効果を高める上でも大変重要である．**

　しかし設備洗浄は，作業そのものを人手に頼ることが多く，いわゆる3K（きつい，きたない，きけん）作業に類するもので，大変な作業である．そして一見誰でもできるように見えるが，その作業の善し悪し（品質）は洗浄の直後には分からない．微生物汚染により製品が不良になると損害が大きいので，これを避けるためにどうしても過剰な洗浄になりがちである．したがって洗浄作業は，その機械の分解・組立ても含めたマニュアル化を行い，それによる訓練が必要である．

　最近は設備の自動化・機械化などが進められ，今まで人手で行ってきた作業が機械に置き換わったことで，機械設備が増加し，反面作業要員は減少してきた．しかし導入される機器は設計段階での洗浄性の検討が不十分で，洗浄の作業性の悪いものも多く，洗浄の作業量の増大が加速される．そのような中で，製品の多品種化が進み，生産ラインの品種切替頻度が増加すると，洗浄頻度も増える．以上のような理由で洗浄に要する時間が長くなり，ひいては洗浄による排水量も増加する．

　そこで，洗浄作業の方法を研究・改善し，製品の品質を維持するとともに，洗浄の省人化，生産時間の増加，歩留りの向上を図ることが必要である．

　高い洗浄効果を上げる設備とするには下記の点に留意が必要である．

　　材　　料………耐食・不錆性，撥水性（はっすい）
　　仕上げ………表面の平滑性（バフ，コーティング仕上げ），ピンホール・

　　　　　　　割れ目なし
　構　造………隅々，支柱，架台などに丸みを持たせる．手の届く構造，
　　　　　　　分解組立てが容易（ワンタッチ，無工具作業）
無分解洗浄（CIP）
点検容易……表面チェックや分解点検が容易．専用工具，ボルトなど使
　　　　　　　用後の数量確認

機器設備の洗浄に際しては，洗い残し箇所をつくらないことが必須で，特に，① 隅，② 裏，③ 隙間の部分に注意することが肝要である．この点に留意して，機器設備と作業の設計をする必要がある．

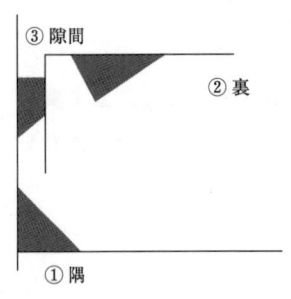

図 3.1　洗浄での注意箇所

3.3 異物混入対策

食品中の異物としては
① 目視判別可能な異物として，人毛・獣毛，虫，砂礫(されき)類，金属・ガラス片，ビニール・木片，油かす（機械と食品の摩擦かす），ダマ（含む昆虫排泄物，エビ背わた），たわし・ブラシの毛など
② 難可視型の異物，すなわち内部に入っていて表面に見えないもの，あるいは色などでの区別ができにくい状態のガラス粉末，獣骨粉，さび粉末，花粉，砂礫

などがあげられる．

外部よりの混入対策として，機器を混入防止構造とし，原料などは事前に選別する．②の難可視型の異物の選別には，その対象物とその大きさによってはX線による検知器が適用できる．また内部で発生する摩擦かす，マシン油などが混入しないよう，パッキンや軸受部分などの機器構造に配慮する．

3.4 バイオ関連施設の安全性

バイオ関連施設，実験設備に対しても，扱う宿主，組換えDNA分子および組換え体の性質に応じて封じ込めのレベルがP1〜P4の4段階に定められている．「組換えDNA技術工業化指針」のカテゴリー1，2，3はそれぞれレベルP1，P2，P3に対応している．

表3.1 遺伝子組換え体の取扱い設備・装置の安全評価基準[1]

評価項目 \ 組換え体の取扱い分類	GLSP*1	カテゴリー1	カテゴリー2	カテゴリー3
〔設備・装置の密閉度〕				
・開放系か密閉系か	準閉鎖系*2	閉鎖系	閉鎖系	閉鎖系
・排気中の組換え体の取扱い	漏出を最小限にする*3	漏出を最小限にする	漏出を防止する	漏出を防止する
・シールの性能	漏出を最小限にする	漏出を最小限にする	漏出を防止する	漏出を防止する
〔設備・装置を設置する作業区域の条件〕				
・作業区域設定の有無	場合による	場合による	有	有
・バイオハザード標識の有無	無	場合による	有	有
・出入口のエアロックの有無	無	無	無	有
・生産業務従事者の除染・洗浄設備の有無	場合による	有	有	有
・シャワー設備の有無	無	無	場合による	有
・除染・洗浄設備からの汚染水処理設備の有無	無	無	場合による	有
・強制換気の有無	場合による	場合による	場合による	有
・作業区域内陰圧保持の必要性	不要	不要	場合による	要
・強制換気装置の除菌フィルターとしての高性能除塵フィルターの採用の必要性	不要	不要	場合による	要
・設備・装置内全液量の漏出を作業区域内に保持する必要性	不要	不要	場合による	要
・くん蒸消毒の必要性	不要	不要	場合による	要

*1：Good Industrial Large-Scale Practice；優良工業製品規範．
*2：よく整備された設備・装置を使い，閉鎖系に準じていること．
*3：漏出を組換え体の安全性のレベルに応じたレベルまで減少させること．
〔産業技術会議：バイオサイエンス，p.202（1988）〕

表 3.2 遺伝子組換え体を用いる実験規模 20 L 以下の物理的封じ込めのレベル[2]

封じ込めレベル\項目	構　造	実験台	高圧滅菌器	更衣室・シャワー
P 1	整備された通常の微生物学的実験室と同程度	通常の実験台	特になし	特になし
P 2		開口型安全キャビネット	実験室のある建物内に設置	
P 3	空気の流れが前室から実験室内に向かうようにする	実験室内の床, 壁および天井の表面は洗浄およびくん蒸可能とする			更衣室を前室として設置
P 4	室内を陰圧に保つようにする		グローブボックス（陽圧実験着着用の場合は, 開口型安全キャビネットでも可）	実験室内に設置（物品搬出用の高圧滅菌器も設置）	更衣室・シャワーを前室として設置

参 考 文 献

1) 海野　肇他：生物化学工学, p.211, 講談社サイエンティフィク（2000）
2) 同上書, p.212.

4. 付帯設備

4.1 エネルギー設備

　工場内に必要なエネルギーを供給するための施設で，給水，ボイラー，冷凍設備，電気設備などがあげられる．設置場所は製造所から隔壁で区分し，昆虫・ネズミ対策を行い，衛生上製造設備に影響しないようにする．

　能力は蒸気量・蒸気圧，用水の量，殺菌性能，電力など最大負荷に対応できることが求められる．高圧，高温，高電圧などの安全保持上から，設備の設置，保全，運転方法など，適切な保安管理を行うために，いずれも一定規模を超えると，法律で定められた保安技術者を置くことが義務づけられている．

　従来は集中化，大型化して原単位が安くなる設備を設置することが多かったが，近年ボイラーや冷凍機などはユニット化された小型で高性能の機器が開発されたために，むしろ分散化して使用現場に近接して設置されることも多くなった．分散小型化することで，現場への配管長さが短くなり設備費やエネルギーロスが低減する，ピークロードなど負荷変動に対応し易くなる．また保安技術者が不要またはより低級化出来るなどのメリットがある．

　従来ともすれば，エネルギー設備は縁の下の力持ち的存在で，生産設備に比し，従的に考えられる傾向があった．しかし，これらの設備の故障は，全工場的に影響を及ぼすことも多く，また大きな事故の素にもなりかねないので，常に万全の整備を行うことが工場運営では大変重要である．電気設備の漏電による火災事故や，雪が「つらら」になり気温上昇で電気室に落下したことで停電事故が発生し，それがもとで大きな事故に至ったといわれる雪印乳業の品質事故の例もある．

4.2 保安設備

火災報知器，スプリンクラーなどの設置はじめ，さまざまな危機管理を想定した各種警報装置の設置が必要である．設置するだけでなく日頃の管理が重要である．

4.3 倉　　庫

原料・製品保管倉庫，あるいは流通センターを兼ねたものが工場に直結または隣接して置かれる．近年は全自動のラック倉庫なども増加している．

保管温度については，保管物に従って，冷凍，低温，定温，常温などに区別される．

4.4 廃棄物処理施設

4.4.1 廃棄物集積所

廃棄物集積所は製造所より 3 m 以上隔離し，隔壁を施した水洗可能な構造とする．

ゴミは種類ごとに大別し，それぞれ汚液，汚臭の漏れない構造の収蔵庫を設ける．生ものなど腐敗しやすいものはキャスター付き有蓋足踏み開閉式容器や冷蔵庫に入れる．油かすは，自然発火の恐れがあるので冷蔵保管する．

焼却場は製造所より 5.6 m 以上隔離し，清掃・洗浄がしやすく，排煙や焼却物などによる衛生面での支障が生じない構造とする．一言で言えば，**環境施設は清潔第一**に心がけ，虫や悪臭の発生源にしないことである．

4.4.2 廃水処理設備

廃水処理は，その内容により，沈降などの物理的処理，石灰を用いた中和または凝集剤などを用いる化学的処理，好気性微生物による生物化学的な処理，あるいはこれらの併用により行われている．特に有機物成分を多く含む食品工場の廃水処理は微生物処理が多用されている．生物化学的酸素要求量

(biochemical oxygen demand：BOD)/化学的酸素要求量（chemical oxygen demand：COD）の比が0.6以上であれば生物化学的処理法が適しており，この比が0.2程度以下であれば生物化学的処理法は困難であるという[1]．

　生物化学的処理法は，水中の有機汚濁物質を多様な自然発生的な微生物が自分のえさとすることで取り込み濃縮・分解し，結果として廃水の浄化をしてくれることによる．酸素を要求する微生物による活性汚泥法（activated sludge），散水ろ床法（trickling bed），回転円板法（rotating disc contactor）などの好気的処理法（aerobic treatment）と，酸素を要求しない微生物による嫌気的処理法（anaerobic treatment）とに分類される．

　図4.1に示すように，廃液は最初沈殿池で，比較的大きな固形状浮遊物などを重力沈降により分離する．この上澄み液と最終沈殿池で分離された汚泥の一部は曝気槽に送られる．曝気槽内では底部の散気管から微細な空気泡が吹き出されており，種々のバクテリア，原生動物などは，原液中の有機物質を取り込み増殖する．増殖したバクテリアとそれをさらに食べる原生動物などによる食物連鎖が形成されており，廃水中の有機物質は代謝によりCO_2，H_2Oに分解されるとともに，これらが凝集した汚泥フロックに変化して蓄積される．この汚泥フロックを最終沈殿池で分離し上澄み液を放流，あるいはさらに高度な処理に掛けることで廃水処理が行われる．

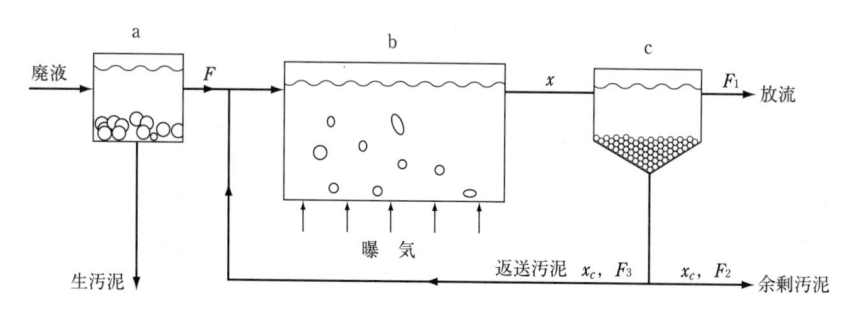

a：最初沈殿池，b：曝気槽，c：最終沈殿池

図 4.1　標準活性汚泥模式図[1]

　活性汚泥廃水処理では，曝気槽に蓄積される汚泥の処理が課題で，焼却，肥料化などが必要である．ラグーン法など嫌気性処理では，汚泥の発生量は

少ないが処理に時間が掛かるので広いスペースが必要になる．

汚泥は生き物であるから，生育のためのえさ，栄養分，ミネラルなどが必要なことは言を待たない．また負荷の変動には強くない．生産が止まる時期や気温の低い冬季などは特に注意がいる．管理が十分できていないと，運転が不調になり規制値をクリアーできなくなることもある．排水の規制値はppm（parts per million, 100万分の1）オーダーであり，万一廃水処理装置にトラブルがあると，容易に規制値をオーバーしてしまい，工場の停止にも繋がりかねない．したがって常日頃，設備保全，運転管理には細心の注意を払っておく必要がある．

廃水処理，廃棄物処理などはエネルギー設備と同様に，集中化して大型の設備が設置されることが多い．いずれも一定規模を超えると，法律で定められた保安技術者（管理者）を置くことが義務づけられている．今後，環境問題の高まりに対して，工場から廃棄物を出さない，ゼロエミッション化などに対応して，廃棄物処理設備の工場における位置づけは大きく変わるものと思われる．

なお，公害関連の法規としては次のものがある．

  水質汚濁防止法　　特定工場における公害防止組織に関する法律
  海洋汚染防止法　　下水道法
  大気汚染防止法　　悪臭防止法
  騒音規制法　　　　振動規制法
  廃棄物の処理及び清掃に関する法律
  その他公害防止条例

4.4.3　その他の施設

上記の付帯設備のほかに事務所，食堂，休憩室，トイレなど人に係わる施設，検査室，技術試験室，機器保全室など技術サービスに必要な施設，駐車場，来客および見学者対応施設などがある．

道路，駐車場，荷受場，製品出荷場などは埃の立たぬように舗装し，雨水対策として水たまりのできないように水勾配をとる．

これら施設は，従来は生産施設に対して従的に見られてきたが，最近はそ

の機能に対して十分配慮した設計がなされるようになってきた．

参考文献

1) 海野　肇他：生物化学工学, p.152, 講談社サイエンティフィク (2000)

5. 設 備 管 理

5.1 設 備 保 全

　設備はその一生において色々な変化にさらされる．
　まず設備自身の機械的・構造的な劣化が起こり，その持っている性能が低下し，使用が不可能か，故障などでの損失が大きくなる．原因としては摩耗・損耗，汚れなどによる原型の変形劣化と，材質の変化による変質劣化があり，いわゆる**機械的な寿命**といわれるものである．
　もう1つは企業の外に起こる環境変化により，設備の構造は問題ないのにもかかわらず使えなくなるという事態が発生する．最近はこれが多い．市場での製品の売れ行きの変化，競合設備が進歩し比較すると性能が劣り競争力がなくなる，あるいは労働者がより新しい設備を欲するなど，設備を取り巻く外部環境の変化が激しく，本来の寿命を待たずして不適当な設備になってしまう「**外変劣化**」が起こる[1]．
　製品に対する Q, D, C を確保するために，このような設備に起こる変化に対しても必要で十分な設備の性能の確保を期してゆくのが保全の役目である．
　保全は3段階に分けて考えられる[1]．重点設備は常にベストコンディションに保ち，持てる性能を最大限に発現させる発現保全（ability maintenance）が必要である．通常はこれを保全と言っていることが多い．
　「外変劣化」を受けている設備を改造により生き返らす目的で行うのが改良保全（adapt maintenance）である．この改良保全がどの位できるかが企業の競争力に大きな影響を与える．
　発現保全，改良保全ともに，もはや適応できなくなった場合の新鋭との交代が更新保全（renewal maintenance）である．

5. 設備管理

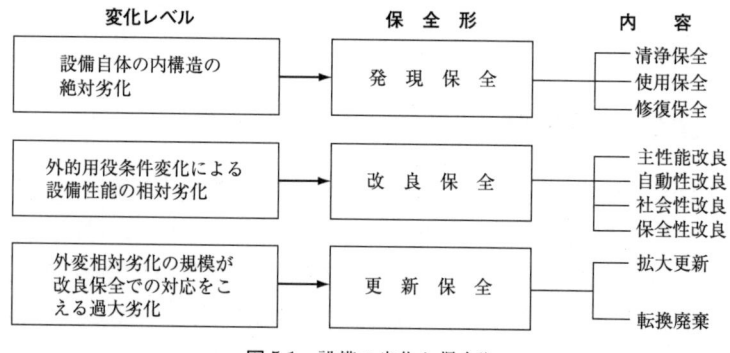

```
変化レベル              保全形           内容
┌──────────────┐   ┌──────────┐    ┌─ 清浄保全
│設備自体の内構造の│ → │発 現 保 全│ ──┼─ 使用保全
│絶対劣化      │   │          │    └─ 修復保全
└──────────────┘   └──────────┘

┌──────────────┐   ┌──────────┐    ┌─ 主性能改良
│外的用役条件変化による│→ │改 良 保 全│ ──┼─ 自動性改良
│設備性能の相対劣化│   │          │    ├─ 社会性改良
└──────────────┘   └──────────┘    └─ 保全性改良

┌──────────────┐   ┌──────────┐    ┌─ 拡大更新
│外変相対劣化の規模が│ → │更 新 保 全│ ──┤
│改良保全での対応をこ│   │          │    └─ 転換廃棄
│える過大劣化    │   │          │
└──────────────┘   └──────────┘
```

図 5.1 設備の劣化と保全[1]

これら設備保全を中心軸として経営の改善を図る手法として TPM (Total Productive Maintenance) が多くの企業で実施されている．しかしながら近年は，固定費節減と，急激な環境変化による経営へのインパクトを減少させるために自社で工場生産設備を持たずに，生産の外注委託化を行う企業も多く出てきた．

5.2 修復保全作業

発現保全の中で修復保全が必要になる．この特徴は，不確実性，現地作業性，人依存性に要約される．

① 不確実性

故障の発生が突発的である．したがって生産の損失と修理費は大きくなる．これを少しでも減らすために予防保全により保全時期を計画化するが，その保全処置が適時・的確であったかには不確実性が伴う．

② 現地作業性

設備のある場所は，置かれた環境や作業性が悪く，作業には危険を伴うことも多い．

③ 人依存性

設備化が進むと共に，人依存性の高い保全作業は増大するという皮肉な結果になる．さらには設備の高度化と共に，この保全技能の高度化が要求され

る．

5.3 設備資産管理

　設備は固定資産の中でも多くの部分を占める．建物，生産施設それぞれについて，その価値は，法定の基準で毎年償却減額されてゆく．設備資産全体の価値が明確に把握できるように，しっかりした台帳管理が求められる．

　問題は企業の環境変化によって起こる外変劣化への対応である．見掛け構造上は立派なものでも，役割上は遊休資産となったものについては，そのまま償却を続けるのではなく，可能な限り処分してしまう必要がある．

参 考 文 献

 1) 熊谷智徳：生産の設備化と経営，p.133，放送大学教育振興会（1998）

VII. プロセスシステムと環境対応

1. プロセスとその評価

1.1 事業計画企画段階

　工業的規模で生産を行うために，そのプロセスの構造を定め，設計を行う．このためには，具体的に製品仕様を作成し，設備能力・寿命，安全の保持，環境・廃棄物対策など考慮すべき条件を満たした上で，その設備が幾らで出来るかを試算する．そして，それに基づく利益計画はどうなるかをチェックする．所定の利益が出るまで試算を繰り返す．

　この時に注意すべき点として

　① **使う数字がどのようにして作られたのか，数字の裏にある意味を読みとらなければいけない**．その数字を鵜呑みしてはならない．場合によると，計画を推進したいがための根拠の薄い無理な数字を使ったり，単なる願望的な目標だったりすることは避けねばならない．

　② **「予測がどの位の確かさを持っているか，その妥当性はどうか」**という点に対する配慮が大変重要である．

　私たちが考える予測は，常に現在までの経験に基づいたものに過ぎないので，いかに完全を期した予測の積もりでも，未知の，あるいは未経験の要因によって，予期しない事態が発生しないという保証はない．

　予期しない事態が発生という点では，過去に発生した公害問題の幾つかはそのような経緯をたどっている．例えば，生産する化学物質（各種汎用プラスチック，農薬，医薬品など）により，その環境適合性が後になって問題になったものはいくらでもあげられる．

　③ **新技術を採用する場合，その技術に対してしっかりした評価をする必要がある**．好ましくない影響をもたらす可能性の有無を事前によく点検すること，そして危険と考えられるようなものは設計を変更するか取り止めにす

1. プロセスとその評価

べきである．

従来は右上がり経済成長を前提にした経済性評価に偏っていたが，今やこれは成り立たない．これからは消費者指向の変化，品質安全・環境，国際的な競争など，社会的な側面を重視した評価が最も大事になる．

プロセスの規模が大きくなるとともに，単なる個々の操作にとどまらず，生産プロセス全体，ひいては工場，企業，地域とその影響する対象が拡大してきた．特に，環境，エネルギーなどは，地球の環境問題にまでその枠が広がっている．したがって意思決定に際しては，常に上位への影響も配慮しながら行う必要がある．

評価の判断は，独善的でなく，情報をオープンにし民主的に行われる必要がある． 企業競争の中で，ノウ・ハウと言われているものなど技術に関する機密がたくさんある．そのため，競争企業と社会に対して，企業は常に高い塀を設けてきた．

しかし，見えない所では不明瞭な措置がとられやすい．情報をオープンにしても，他社から直ちに追いつかれないような，個性ある高い技術を開発すること，他社の技術や製品の個性を認めて尊厳を相互に守り合うことが必要である．

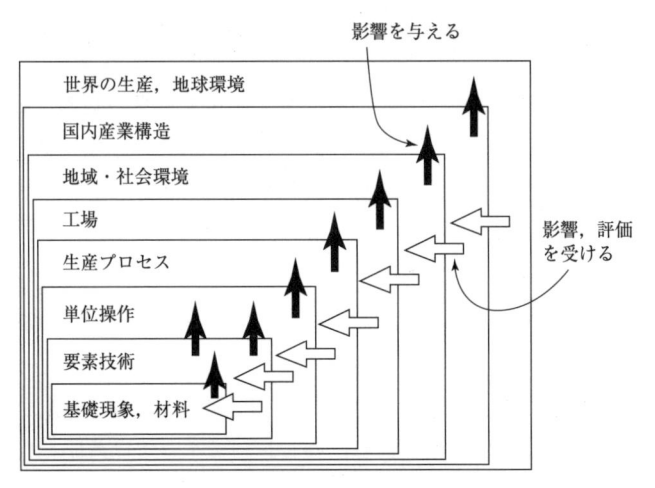

図 1.1 プロセス規模とその影響範囲[1]

1.2 プロセス設計段階

1.2.1 設計の手順

今までの検討を経て，実際のプロセス設計を行うに当たっての手順の概念を図1.2に示す．

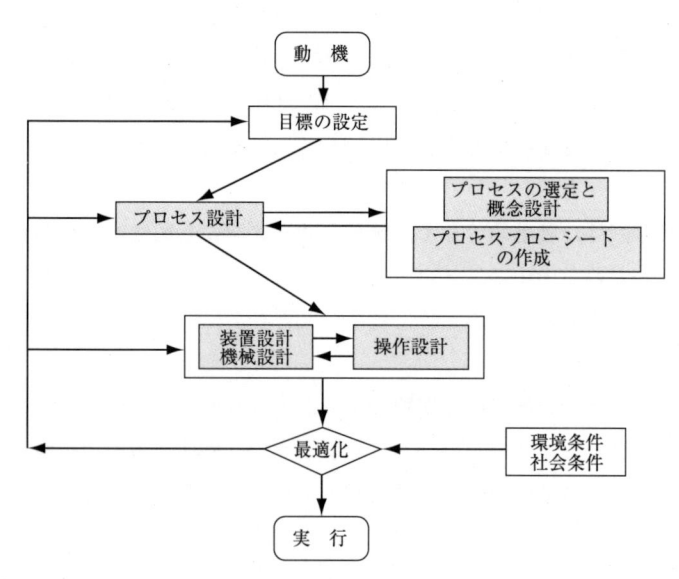

図1.2 プロセス設計の手順[2)]

実験室で開発されたプロセスは一般に**スケールアップ**の必要がある（最近はミクロの世界の発展とともにスケールダウンも必要になっている）．実際にスケールアップを行う際には，各部分が所期の条件を満たすように慎重な検討を行わないと，全く目的を果たせなくなる．

装置の大きさ V [m³]
　＝処理能力 Q [m³/s] × 小型装置の大きさ v [m³] / 小型装置の処理能力 q [m³/s]

装置の大きさは上の式で表すことができ，このとき，V/v はスケール比と呼ばれ，この比が大きいほど設計は難しい．スケール比の拡大をするための工夫をスケールアップ（scale up）という．タンクなどの装置機器類の製

作コストは,スケール比の 0.6〜0.7 乗に比例することが多い.

固定費は,規模が大きくなるとともに生産物単価当たりでみると小さくなる.このことをスケールメリット (scale merit) とよぶ.

システム設計に際して非常時の**バックアップシステム**を組み込んでおくことは重要である.系のある部分がダウンすると,全体に支障が出る.そこでその支障の程度に応じて,何らかの対応策を講じておく.例えば停電時の対策として,自家発電,あるいはバッテリーによる保護をする,また機器故障対策として二重に機器を備え支障が起こったら切り替えるなどである.

1.2.2 生産システム

製品がどのような性格のものか,それに対しどのような生産システムをとるかによって,工場の運営形態は大きく異なってくる.

工場がどの程度自動化・FA化されているかによって,人と設備との係わり合い,すなわち作業形態,ひいてはそこに働く従業員に必要な要求資質も大きく異なったものとなる.現在の市場は大量生産大量消費から,多品種(少量)生産へと変化し,それに対応するために生産方式も変化している.

組立型の大量生産工場では,コンベアーの上で製品が次々と加工されて行く,いわゆる「フォードシステム」が採用されてきたが,製品の多品種化とともに,トヨタの「カンバン方式」,さらにはコンベアーを使わず,1人で複数の仕事をこなす「セル方式」の導入が盛んになっている.

また液体や粉体は従来パイプにより輸送されたが,パイプを使わず,代わりに原料や中間製品を入れた容器を動かす「パイプレス」方式の導入も検討されている.このやり方は食品工場の原料配合工程などで以前から採用されていたが,より大幅に取り入れようということである.

細胞を意味する「セル」による生産は,流れ作業でなく,全工程を数人から1人の小単位でこなす.1人の工程は数分程度から数時間に及ぶ.

コンベアーシステムによる流れ作業方式は専門知識や経験が浅くても対応できたのに比し,セル方式は作業についての知識と経験が無ければできず,個人の責任が重い1人請負制ともいえる.

従来のコンベアー方式だと,製品を作り始めると流れ作業の各工程にその

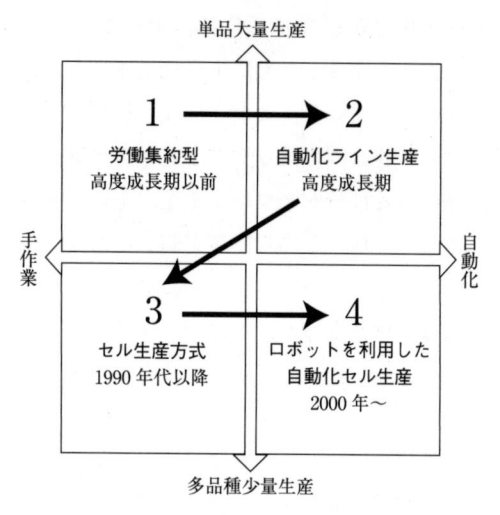

```
           単品大量生産
                ↑
    ┌───────────┼───────────┐
    │     1     │     2     │
    │           →           │
    │  労働集約型 │ 自動化ライン生産│
    │高度成長期以前│  高度成長期   │
手   │           │           │ 自
作 ←─┼───────────┼───────────┼─→ 動
業   │           ↙           │ 化
    │     3     │     4     │
    │           →           │
    │ セル生産方式 │ロボットを利用した│
    │1990 年代以降│ 自動化セル生産 │
    │           │  2000 年～   │
    └───────────┼───────────┘
                ↓
           多品種少量生産
```

図 1.3 生産システムの変遷[3]

機種向けの部品や仕掛品があるために，別の機種への切替えは最後の1個が最終工程を終えるまで待たねばならなかった．一方，セル方式ならセルごとに別の機種を平行生産することが可能で，セルの数を増減することで受注量に自在に対応できる利点がある．コンベアー方式とセル方式の違いは，連続式反応槽と回分式反応槽の違いに似た関係にある．

製品の特性とそれに対応した工場の運営形態を表 1.1 に示す．

表 1.1 製品の特性と工場の運営形態の例

製品の特性		対応運営形態
生 産 量	多量生産	原料から製品までの一貫生産ライン
	少量多品種	切替え生産型の生産体制，セル方式
ユーザー	一般家庭用	大量生産（マスマーケティング）
	業務用	特定需要家用の特注製品生産
製品寿命	短期的	設備投資せず人手生産，セル方式など
	長期的	専用連続化設備
生産の季節性	通年	正規社員
	季節性	季節臨時工
運転時間	昼間	断続運転，女子労働可
	24 時間	連続運転

1.3 ITの活用

1.3.1 情報化社会

1万年前に農業の発明とともに起こった第一の波，産業革命と共に始まった第二の波を経て，今第三の波[4]を向かえつつあるといわれるが，その中で情報体系は大きな役割を担う．過去，情報は1つのヒエラルキーのもとに分配されながら，情報源の川上から川下に流されて行くものであった．

ところがインターネットのネットワークは，川上・川下の区別なく，多方向に情報を瞬時に流すことが可能になった．そこでは情報源が多様化し，いつでも世界中どこへでも，知らない人へも瞬時に情報が流されて行く．その結果マス（画一化）産業社会が崩壊し，大衆・量産の社会から個人・個々の社会に変化して行く．そして，ただ大きいだけでは評価されず，適正規模で大と小を巧みに嚙み合わせるのが最も美しい，「small is beautiful」といった視点が生まれ，今までの種々の組織・仕組みが変わって行くことが想定される．

1.3.2 個人対応生産システム

ITの進歩は，1人1人の個人の意見を汲み取ることが可能となる．「医療食の宅配」などに見られる，完全な全く個人レベルの要求への対応の実現も望まれるようになってきた．それらの要求に対しては，製品のシェルフライフの短縮化，つまり商品の時間軸の短縮化で，嗜好変化に対応させるようになった．

コンビニの弁当事業の方法は，基本的にはマス広告による大量販売とそれをサポートする大量生産方式であるが，決定的なのは，開発期間と販売期間が大変短いことである．そのためにある規模に押さえた規格化した生産工場を，分散化して配置して，変化への対応性・互換性を大幅に高めるように工夫している．

すなわち個人の需要それぞれに対応できるような，一部または完全な注文製品を，短期操業によって製造する，今まで以上の多品種少量生産システムが確立され，多様化したエネルギー源，技術基盤により，マス生産と非マス

生産を複雑に折衷した方式へ変わる．部品だけは大量生産されている場合が多いが，それらの部品は共通化され，多くの異なった最終製品に使用されることによって，必要量・賞味期限に対応した少量生産につながっている．

しかし生産・物流・販売のいずれも細分化すればするほど，コストアップに繋がってしまいがちであり，これを解決するような事業形態が求められてくる．

この動きをさらに加速度的に変えてゆくのが，インターネットを中心とする情報技術の進歩発展である．

1.3.3 卸・流通

物流機能と情報機能が合体したシステムが，新しい形の流通センターを構成する．単に製品を工場から倉庫に運ぶなどの運送や保管のイメージから，原材料の調達，工場内の搬送，消費者への配達までの全体を分析管理して，在庫の適正化を実現する戦略的なマネジメント＝ロジスティクス（logistics）が一層重要になる．

ある乳業会社では，受発注から物流までの全面IT化で，小売店への配送までの時間を短縮し，大規模工場への集約が可能となり，全国の工場数を4割削減しても売上げ，利益ともに向上したという．

1.4 プロセスの経済性評価

バイオプロセスを例にとると実用化されるためには，その開発に当たってまず次のような開発目標が満たされねばならない．

① プロセス経済性が十分に高いこと

プロセスは，安価で安定供給が保証されている原料を使い，製品への転換収率が高い値で維持でき，出来た製品の分離精製プロセスも単純で迅速であること．

② プロセスの信頼性が高いこと

同一品質で所定量の製品をトラブルがなく生産でき，プロセスの稼働率を最大に維持できること．

③ 設備は安価であり，エネルギーの利用効率を最大にできること．
④ 排水量を最小限にし得るなど環境面での問題が生じないこと．

しかし，これらの開発要件は互いに相反する項目もあり，全てを項目どおりに満足させることは不可能で，部分的に犠牲にする項目があっても，プロセス全体としての経済性が最大となるように最適化を行う必要がある．

1.5　工　場　立　地

1.5.1　立　地　要　件

工場をどこに立地するかは重要な問題である．原料取得，労働力確保，技術支援態勢，環境保全，物流配送，工場建設費などで問題がなければ，広義には**コストの問題**に帰着するといえる．

候補地についての検討すべき項目を幾つかあげる．

① 必要な面積・形状の土地が安価に得られるか．
② 水害などの災害の恐れがなく，また地盤が良い土地であるか．
③ 原料・用水の取得が有利か．
④ 製品，技術内容に応じた必要な労働力が得られるか．
⑤ 原料，製品などの搬送のための交通が便利か．
⑥ 地域周辺の環境が工場として適切か．
⑦ 開発支援，設備などに対する技術サポートを容易に得ることが可能か．
⑧ 工場立地に関連した法的規制に支障がないか．

なお法的な規制を幾つかあげると，工場立地法，都市計画法，工場等規制法，建築基準法，港湾法，海岸法，道路法，河川法，農地法，電波法，航空法などその立地に対応した多くの規制がある．例えば，工場立地法では，工場の総面積に対して一定割合の緑地など環境施設の設置が義務づけられている．

1985年のプラザ合意以降，多くの原料は輸入に頼ることになった．加工畜産関係では種や飼料をも海外に依存するようになり，大量の原料の処理に便利な臨海食品コンビナート（パナマ運河航行可能で最大の5万トン級貨物船

が接岸可能な岸壁を持ついわゆる海工場）が，千葉，名古屋，神戸，門司などに作られた．

土地の直接利用による農業一次生産物，水産物を主原料とする，特に伝統的，地場産業的な食品は，過去の立地を踏襲しているものも多い．しかし希少価値など地域特性を生かせる場合は良いが，例えば規模の拡大など，量をより多く求めることが必要になると，輸送手段を始め，必ずしも適切な立地とは言えなくなる．また原料の原産地表示は，他地域の原料を使用することに対して制約ともなる．

一方，後進性の強い農家保護のための，シイタケ，ネギなどのセーフガード措置が国際問題化しているが，これらは日本の農畜産・水産業の動向に密接に絡んでいる問題である．

ビールなど業種によっては，水の確保も大切な要因になることが多い．水量だけでなく，特に水質も問題になる場合が多く，適切な水処理装置の設置が必要になることもある．ビールなどのような重量物，冷凍品など物流コストの掛かるもの，あるいは鮮度の要求されるものなどは，消費地に近い立地が求められる．

手作業に頼ることの多い三次食品工業型では，労働力のコストに占める割合が増えるので，必然的にパートなどの安い労働力を求めることになり，人口密度の高い地域が選ばれるが，都会地など，宅地化などの開発による周囲の環境の変化に対応するために，環境対応の投資が求められる．また廃棄物の量が多いと，その処理が立地の制約になる．

これらを総合的に判断して「コスト・品質面で有利な製品が作れるか」で工場の立地が決められる．しかし立地の適性は，製品のライフサイクルや

表1.2 製品と立地例

製　品	工場立地地域	立地理由
飲料・ビール	群馬県利根川流域	水
ビール	東京周辺	消費地（製品搬送）
米製品	新潟県魚沼郡	原料（コシヒカリ産地），水
コンビニ弁当	消費地周辺	消費地（製品搬送）
小麦粉製品・油	千葉，名古屋	港（原料輸入）
冷凍食品	中国東部，タイ	安価な原料・労働力・土地

種々の環境変化に伴い刻々変化するので，結果として**立地にも寿命が存在する**ことになる．

各種製品とその工場立地例を表1.2に示す．

1.5.2 海外立地

1985年のプラザ合意後の円高を契機に，日本も本格的な海外生産に乗り出した．当初は日本で作った部品や中間製品を海外に持ち込み最終製品に仕上げるケースが多かったが，近年は海外の技術水準が上がり，日本製の製品との品質差が少なくなった．中国などは，日本の1/20と言われる人件費の安さにより，「安かろう，悪かろう」から「安かろう，良かろう」と言われるようになり，世界の工場として台頭してきた．

農産品における農薬の使用管理などの問題，添加物などの規制の差異などはあるものの，鮮度が高く安い原料が得られ，その加工処理を人手でする場合や，細かい手作業に頼る商品などにおいては，日本国内の人件費を初めとする高コストと，日本企業の指導などによる品質向上が行われたため，費用的に有利な海外への工場進出が近年増大傾向にあり，国内の空洞化が懸念される状況にある．海外でのバルク生産品を輸入し，国内の包装工場で最終包装を行うこともある．

海外では，人件費以外の様々なコストも非常に安いのが現実である．ある会社が2001年にある製品を対象に調査したが，タイなど東南アジアでは，国内工場でのコストを100とした場合に，電力料金は50～68％，主原料費は58～73％，土地代は5％以下であったといわれる．建物の建築費，法人課税なども遙かに安い．

日本も，他国に対抗してコスト削減を進めるには，素材から高付加価値品に至るまで様々な製品の生産拠点の海外移転は避けられない情勢となった．多くの原料を海外に依存し，また人手に頼ることの多い食品産業においてはこの傾向は避けがたい．その結果，日本国内では工場の空洞化が起こり，国内の生産量や雇用，設備投資などが縮小するため経済全体にマイナスの影響を与え，大変に大きな社会問題となってきた．また，これは結果的に**「物づくり」の技術の空洞化**を招くこととなる．

国際収支が黒字の間はともかくとしても，これが赤字体質になったときには，海外に依存する食料の供給も不自由になる恐れがある．今後，**日本での生産はどうすれば生き残ることができるか，日本の高コスト構造を変えるにはどうすればよいのか**を検討をすることは大変に重要な問題である．

　海外の立地についても検討すべき基本的な項目は国内と同様であるが，電気などのエネルギー供給や，廃棄物の処理，また税制その他種々の規制なども日本国内と大きく異なることは当然である．

　さらに当該国の政治情勢，国民感情，宗教など含めた**風土・慣習**などによく注意を払う必要がある．A社の製品が，使用した原料について宗教上の理由から問題ありと指摘され，相当な期間生産停止に追い込まれた例などもある．

参 考 文 献

1) 梅田富雄編：次世代の化学プラント，p.13，培風館（1995）
2) 海野　肇他：補訂「化学の原理を応用するための工学的アプローチ」入門，p.124，信山社サイテック（1999）
3) 廣松隆志他：日経ビジネス，(6/17)，39（2002）
4) A. トフラー，徳岡孝夫監訳：第三の波，中央公論社（1997）

2. 環境対応・廃棄物

2.1 国際的な視点からの地球環境をめぐる取り組み

人口やエネルギー消費量が増加の一途をたどり，食料・燃料・資源確保のために自然破壊が進み「貧困と環境破壊の悪循環」が進み出した．このような見地から国際的な視点での地球環境をめぐる取り組みが開始され，表2.1に示すような各種の提言，宣言，あるいは条約などが出来てきた．

表2.1 地球環境をめぐる国際的な取り組み

1973年	ワシントン条約（絶滅のおそれがある野生動植物の種の国際取引に関する条約）
1987年	モントリオール議定書(オゾン層保護基本条約によるフロンガス規制)
1989年	バーゼル条約（有害廃棄物の国境を越える移動を規制）
1992年	国連環境開発会議（リオ地球環境サミット） 環境と発展に関するリオ宣言，気候変動枠組み条約による地球温暖化への取り組み，21世紀までの行動計画（アジェンダ21）
1997年	京都会議　京都議定書による二酸化炭素ガス排出削減目標
2000年	生物多様性条約カルタヘナ議定書採択される 遺伝子組換え生物の移送手続きを規定
2002年	ヨハネスブルク　環境開発サミットが開催

2.2 二酸化炭素排出規制

世界全体で年間65億トンの二酸化炭素が発生する（1998年度，炭素換算）．このうち日本では3.2億トン発生し，発電所からの発生がこの内25％を占める．

この先進国全体の温暖化ガスの排出量を2008年から2012年の平均で，1990年より約5％減らすのが京都議定書における目標である．日本ではこれに対応するため，1999年に改正省エネ法が施行され，産業，民生，運輸

の各部門で様々な省エネ対策が進んでいる．

例えば二酸化炭素排出量を半減することに対して，各ビール会社では目標が立てられている．そして，この目標達成のために具体的には

① 燃料・電力，用水の削減
② 瓶詰め工程で使う二酸化炭素を社内で発生するもので賄う
③ 副産物の大麦殻を発酵させメタンガスを取り出し，工場内の発電などに有効利用する
④ 風力発電の設備導入

などが検討されている．

2.3 ISO 14000

環境の管理システムとして，ISO 14000 が提唱されている．ISO 14000 シリーズは，環境管理全般を対象にする国際規格で，**「環境管理システムと環境監査」** からなる．

環境管理システムは，「企業活動によって生じる環境負荷に対して，企業自らが目標を設定し低減するための努力をすること」を特徴としている．環境監査は環境管理システムが，実際に整備され機能しているかを検証する仕組みである．アプローチの方法は強制でなく，企業側の自主的な取り組みである．公害防止法の排出基準値のような絶対値による規制でなく，システムの有無を問うていることが，従来の日本で行われてきたものと違っている．

企業での ISO 14000 取得の取り組みも進み，廃棄物ゼロエミッション工場も実現している．一方，廃棄物対応の技術開発も盛んに行われ，例えば，難しいといわれるダイオキシンの処理が超臨界水の利用で可能になる技術なども発表されている．

2.4 生産フローと廃棄物

廃棄物がなぜ出るかというと，一般に物を作る場合において，原料が100％欲しい製品に転換されるということはないからである．つまり何らかの副

生物の発生を伴う．この副生物がその当事者にとって有用とみなされるときは副製品であり，不要とみなされるときは廃棄物となる．

こうした中，廃棄物が多いほど，原料は無駄に使用される分が多いことになり，ひいては生産コストが高くなる．そこで何とかこの副生物を有用に使用することを考える．あるいは，環境保全コストとコスト削減を両立できる「マテリアルフローコスト会計」という，廃棄物も製品同様に発生量，コストを明確にして分析する手法により，環境対策が企業経営の重荷ではなく，利益を出すことに貢献する対象に転換させようとする試みも始まっている．

生産のフローについても，従来の製品主体で書かれたフローの他に，**廃棄物を中心にしたフロー**も必要である．

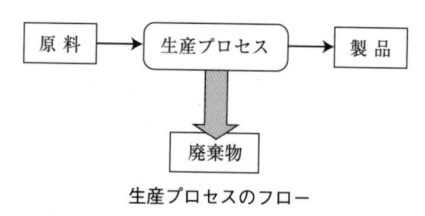

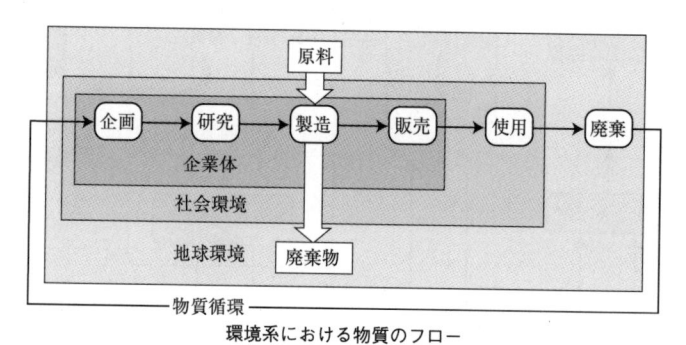

生産プロセスのフロー

環境系における物質のフロー

図 2.1 廃棄物を考えたフロー[1]

「味の素」の生産を例にとると，当初小麦タンパク（含有量 12 %）を酸で分解して作られていたが，この時にはデンプン（含有量 67 %）と酸分解液が副生した．そこでこのデンプンおよび酸分解液を，それぞれデンプン，アミノ酸液として商品化，販売することにした．さらに原料を小麦から大豆のタンパクに転換すると，そこに発生する油脂（含有量 18 %）が天ぷら油として

商品化された．製法を発酵法に転換すると，このタンパク分すなわち脱脂大豆は飼料として商品化された．つまり「味の素」の副生物の有効活用にともない会社の多角化が進んだ．

発酵法の原料である糖蜜は，精糖工業で副生するものを使用している．精糖工業では，サトウキビを絞り，煮詰めて，砂糖を製造しているが，この絞り汁（糖蜜）を発酵原料に用いている．サトウキビは茎部に繊維質が多く，絞り粕（バガス）の有効活用が重要なポイントになる．この位置づけを図2.2に示すが，1つの資源循環系を形成している．

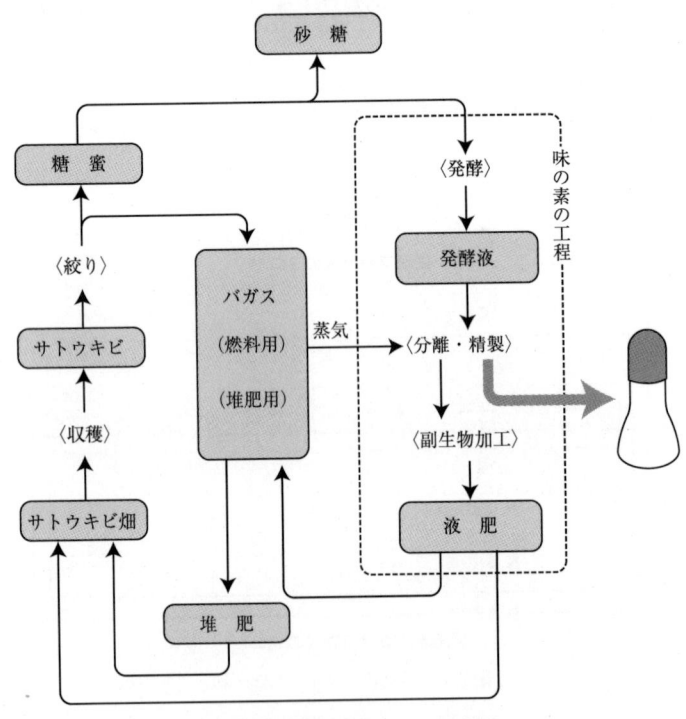

図 2.2 資源循環サイクルの例[2]

資源循環プロセスで重要なことは，**系全体が常にバランス良く動く**ことである．系内のどこかが止まる，あるいは動きが悪くなると，その影響が全体に及ぶことになる．例えば製品化した副製品が売れすぎれば，これを別の方法で供給しなければならないし，製法が変わればまた別の方法でこれを作ら

ねばならない.

プロセスは単純なほど変化に対してはフレキシブルで強いが,循環サイクルが大きければ大きいほど,プロセス全体は複雑で大きくなり,フレキシブルでなくなることに注意がいる.

リサイクルプロセスで目的とするものが1段の分離操作では不十分の場合は図2.3のように,一部を元に戻し再度分離操作を行う.この場合,再度分離操作を行う費用と行わない場合のロスを比較検討して判断する.つまり得られる目的物の価格により,判断が変わることを意味している.

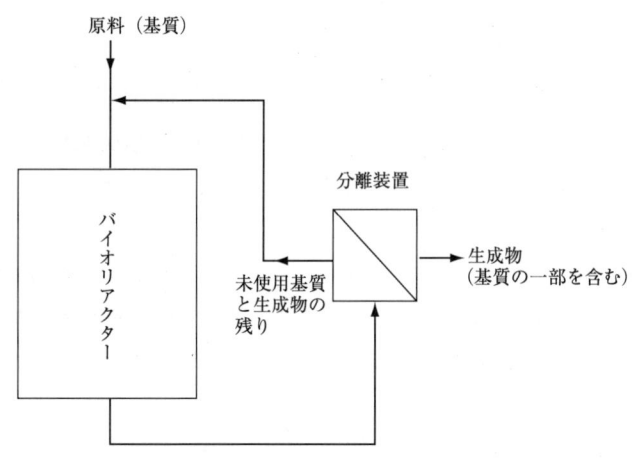

図2.3 リサイクルプロセス[3]

2.5 廃棄物への対応

ものの流れは,生産,流通,消費,廃棄の経路をたどる.そして大量生産,大量流通,大量消費の社会システムは,大量のゴミを廃棄することになった.ゴミはその行き場所が無くなると共に,その処分に際して,有害物の発生が起こるなど問題が大きくなり,その都度廃棄物関連法規の改正が行われるなどしてきた.

廃棄物の外部委託処理にはマニフェスト(積荷目録)が義務づけられるが,単なる廃棄物処理の流れの管理強化だけでなく,製品の開発から始まり,原料の前処理から廃棄物の処理までが一貫した工程として管理される,トータ

ルプロセスとしての体系にしてゆく必要がある．

さらにリサイクルの推進を図るために，循環型社会形成基本法（循環法）が2002年には制定された．

リサイクル制度の歴史を見ると

 1995年 容器包装リサイクル法
 1997年 廃棄物処理法改正，廃棄物の再生認定制度の新設
 1998年 家電リサイクル法
 2000年 循環型社会形成推進基本法，建設リサイクル法，食品リサイクル法

などが順次制定されてきた．

これらの法整備により天然資源の消費を抑制し，環境への負荷ができる限り低減される社会を目指すことになった．そして**廃棄物の処理についての優先順序**が，① 発生抑制，② 再使用，③ 再生利用，④ 熱回収，⑤ 適正処分と明確化された．

ここで廃棄物の処理に関して一番大事なことは，**出てきた廃棄物の処理法検討の前に，廃棄物を出さないことであり**，ひたすら効率，便利さを追い求めてきた，我々の生活習慣も変えてゆく必要がある時代に入ったといえる．これらの法制整備のもと，ビール工場はじめ多くの工場ではゼロエミッション，すなわちいわゆる廃棄物は一切出さない工場が次々と出現してきた．また家庭用品では詰め替え用パック商品が出始めている．

2.6　食品リサイクル法

食品は食べ残しが多く，これがそのまま廃棄物になっていることが問題である．製造・流通・消費の各段階で，売れ残りや食べ残しなどの食品廃棄物は，年間2000万トン程度が排出されており，一般廃棄物全体の3割を占めている．そして，これはまた可食物の3割を占めているといわれる．

このうち事業者が排出しているのは940万トン，スーパーやコンビニエンスストアなどで賞味期限が切れたり，品質が劣化したりした食材は，多くが埋め立てや焼却の形で処分されている．

このような現状を踏まえ，農水省は，食品リサイクル法（食品循環資源の再生利用等の促進に関する法律）が2001年4月に施行されたのを機に，年間100トン以上の食品廃棄物を排出している，大手の食品加工メーカーや外食・流通企業に，食品廃棄物の排出量をリサイクルなどで5年以内に20％削減するよう義務づける方針を決めた．

2.7 ゴミ・廃棄物の活用例

農水省は新法施行で，食品廃棄物を肥料や飼料として畑作や畜産に再利用する仕組みの構築を目指す．しかしながら，肥料化の技術的な課題はさておき，都会の廃棄物を農村に押しつけるといった姿勢は好ましくないし，さらに廃棄物の量が圧倒的に肥料の必要量を上回る可能性が強いなどの問題点がある．そこで，単に農業的なリサイクルでなく，発酵作用でメタンガスなどを作り，燃料電池などのエネルギー源にする研究なども開始されているので，幾つかの話題を紹介する．

① 神戸市内の複数のホテルから，生ゴミを回収し，ゴミ袋や割り箸などの異物を除去したのちに，水で薄め液状にして，発酵槽に投入，微生物で発酵させ，発生したメタンガスから水素を作り，燃料電池で酸素と反応させ電気を起こす，生ゴミ発電施設を環境省の実証試験設備として神戸市に設置した．1日6トンの生ゴミを原料に出力100 kWhの発電をする．建設費は5億円強．

② 農水省が長崎総合科学大学，三菱重工業との産官学連携で，初のバイオマスエネルギープロジェクトをスタートさせた[4]．稲わらやサトウキビの絞りかすなどをメタノールに変え，自動車燃料や燃料電池用の水素を量産するのがねらいである．

バイオマスから作ったメタノールの単価計算が1 ℓ 当たり100〜200円と高いために，安価に供給できるシステム作りを実験的に進める．米国ではバイオマスのメタノールが1 ℓ 当たり40円で供給されており，プロジェクトでは，米国並みの価格を達成するのが最終目標である．

現在メタノールは天然ガスから作られ，1 ℓ 当たり45円前後で販売され

ている．しかし天然ガスから生産した場合は，温室効果ガスの排出量にカウントされる（バイオマスはカウントされない）．

③ 米国では，南部のルイジアナ州ジェニングスで，ベンチャー企業BCインターナショナル社（BCI）がサトウキビの絞りかすを大腸菌を使って発酵させ，年間76 000 klのエタノールを作る生産工場を計画している[5]．BCI微生物工場には，米国エネルギー省が1 100万ドル（約12億円）の研究開発費を提供しており，この資金で，エタノールを作る遺伝子を大腸菌に組み込む技術が開発され，効率よくエタノールを放出する大腸菌がつくられたという．

④ 農水省と雪国まいたけは，マイタケ栽培で使った後のおがくず（廃菌床）から，アルコール燃料を作る研究を共同で始める[6]．現在1日に約200トンのおがくずが出ており，焼却したり肥料にしたりしているが，このおがくずを，微生物を使って糖に変え，さらに酵母によって発酵させエタノールに変える技術を開発する．約10億円をかけて技術開発を進め，5年後の実用化を目指す．

⑤ 焼酎製造工場で発生する粕を分解して家畜の飼料や肥料として再利用するプラントを，石川島播磨重工業が開発した[7]．鹿児島県の焼酎メーカー15社で作るグリーン協同組合に納入する．総事業費18億円，処理能力日量500トン，2002年春稼働．食品リサイクルプラントでは，初めて汚泥を出さないのが特徴である．

プラントは焼酎粕を液体と固体に分離する遠心脱水機や，液体をメタン発酵させる装置，汚泥を高温高圧の水で液状化する装置などで構成される．処理段階で発生するメタンガスでボイラーを稼働させ，乾燥飼料を作るなど，プラント内で焼酎粕をほぼ完全に分解リサイクルできる．

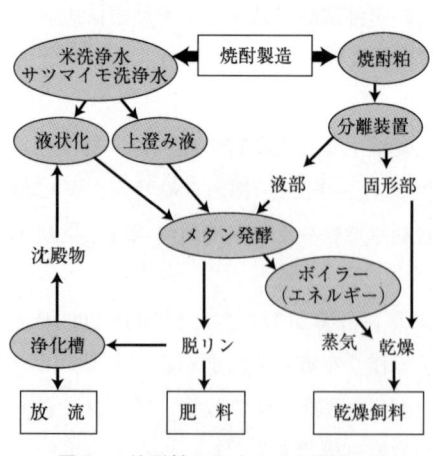

図2.4 焼酎粕リサイクルの仕組み[7]

2.8 燃料電池

1999年度の日本のエネルギー源は,石油52％,石炭17％,天然ガス13％である.しかし地球環境維持の点から,化石燃料に代わる新エネルギーの開発が期待されている.

表2.2に示すように,新エネルギーといわれるものの実績はまだ少ないが,それだけに今後の研究の余地が大きいといえる.バイオマスをガス化して得る水素や,それをさらにメタノールに転換し,それぞれ燃料電池の燃料とすることも,技術的には可能である.

表2.2 新エネルギー源利用の実績と目標[8]

		1999年度実績		2010年度目標案	
		原油換算	設備容量	原油換算	設備容量
発電分野	太陽光	5.2万kℓ	20.5万kW	118万kℓ	482万kW
	風力	3.5	8.3	134	300
	廃棄物	115	90	552	417
	バイオマス	5.4	8	34	33
熱利用分野	太陽熱	98	—	439	—
	黒液・廃材	457	—	494	—
	その他	8.5	—	139	—
合計		692.6		1910	
エネルギー総供給に占める割合		1.2％		3.2％	

(資源エネルギー庁資料から作成)

燃料電池は水素と酸素を燃料とし,その化学反応で電気を生み出す発電装置で,原理は1839年,英国の物理学者ウィリアム・グローブが考案した.エネルギー効率は40〜60％と,ガソリンエンジンの2倍以上であり,また排出ガスに含まれるのは水だけで,二酸化炭素や窒素酸化物を含まず,クリーンな動力源として期待されている.

原理は,水を電気分解すれば,水素と酸素を発生するが,逆に水素と酸素を反応させれば,電気が取り出せることを利用する.

H_2極 $H_2(gas) \longrightarrow 2H^+ + 2e^-$

O_2極 $(1/2)O_2(gas) + 2H^+ + 2e^- \longrightarrow H_2O(liquid)$

$H_2(g) + (1/2)O_2(g) = H_2O(l)$ の反応の標準自由エネルギー変化 $\Delta G° = -237 \text{ kJ/mol}$ であり，酸素と水素が水になる反応が，自然の方向である．$-\Delta G° = nFE$（$n=2$，F：ファラデー定数（電子1 molの電荷）$= 96493$ [C/mol]，E：発生電圧）より，理論発生電圧は1.23 Vとなる．

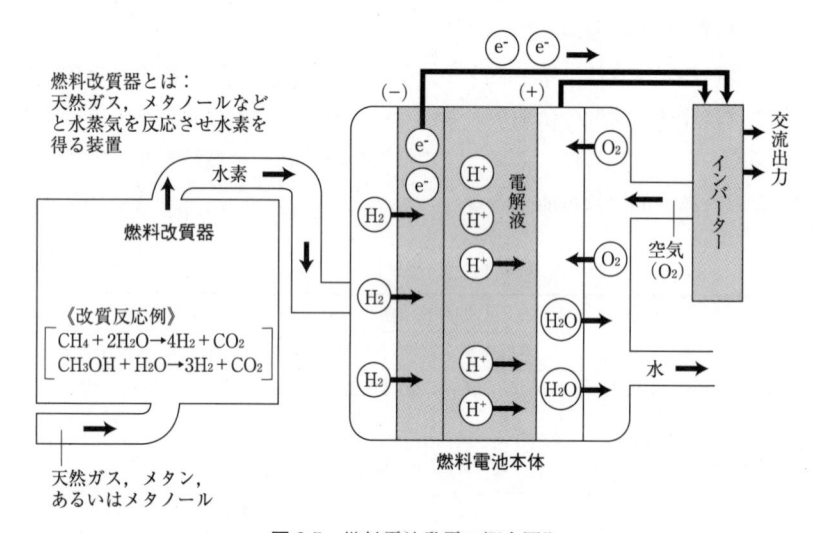

図2.5 燃料電池発電の概念図[9]
資料：資源エネルギー庁「エネルギー 2001」

燃料電池は使用する電解質の種類により，次の4種類に分けられる．

① リン酸型（PAFC）

作動温度は130～200℃．既に実用段階に入り，ホテル，病院，商業施設，スポーツセンターなどで，100～数100 kW級あるいはMW級の容量を持つコジェネレーションシステムとして稼働している．例えば名古屋栄ワシントンホテルプラザでは，1999年3月から出力100 kWのPAFCが稼働，照明やテレビなど館内電力の8割をまかない，排熱を空調や給湯に回している．問題は発電効率が低いことである．

② 固体高分子型（PEFC）

メタノールが白金に触れて分解，発生した水素が高分子膜を通り抜け，反対側の電極に達し空気中の酸素と結びついて水となる．作動温度が70～90℃と比較的低温で働き，また装置を小型化でき，起動時間も少ないな

どの特徴がある．携帯電話，ノートパソコン用の小型のものも試作品が2002年に発表された．

カナダのバラード・パワーシステムズ社が，民生用の高出力PEFCを開発したことがきっかけとなり，ドイツ，米国，日本の自動車メーカーが燃料電池自動車の開発を競っている．効率，耐久性ひいてはコストなどに問題がある．

③　溶融炭酸塩型（MCFC）

溶融した炭酸塩を電解質として用いるので作動温度500～750℃である．この熱をさらに利用して水蒸気を作り発電を行い効率向上をねらう．火力発電代替を目標とする．

④　固体電解質（固体酸化物）型（SOFC）

電解質にセラミックス製の膜を使う．在来火力代替の大容量発電などでの実用化が期待されているが，火力発電に対抗するには発電効率を60％程度にする必要がある．また作動温度は800～1 000℃であるが，安価な材料を使うためにも作動温度の低温化が望まれる．

表2.3　燃料電池の種類と特徴[10]

種　別	リン酸型	固体高分子型	溶融炭酸塩型	固体酸化物型
作動温度	約200℃	100℃以下	約650℃	約1 000℃
発電効率	35～40％	35～45％	45～55％	50％以上
用　途	小型分散電源	自動車など	○分散電源 ○火力発電代替 （大規模）	○分散電源 ○火力発電代替 （中規模）

特に各自動車メーカーが，燃料電池で走る自動車の開発に力を入れて走行試験なども開始しているほか，家庭や工場などの電源として普及が期待されている．燃料電池による自動車が実現すると，自動車産業そのものが激変する．課題は水素の供給方法と燃料電池本体の製造コストを安くすることである．

2.9 容器包装リサイクル法

廃棄物の半分以上を包材が占めると言われており,過大包装は問題である.包材はその処理時のダイオキシン対策など環境面からの種々な制約が出る.包装設計と材料の選定は,食品安全性の面も含め,今まで以上に慎重に進める必要がある.

表2.4 包装材料の設計の基本的な考え方[11]

項 目	方　　法	内　　容
再資源化	ⅰ) リサイクル	・材料のコード化 ・包材,容器を分離再生しやすい材質に変更 ・回収システム化
	ⅱ) リユース	・回収システム化
易処理化	ⅰ) 減容積化 　　(埋立処理)	・かさばらない構造 ・分解しやすい素材
	ⅱ) 易焼却 　　(焼却処理)	・燃焼カロリーの低い素材 ・有害物質を出さない素材
総量削減	ⅰ) ソースリダクション	・パッケージの合理化 ・脱過剰包装 ・省資源化 ・大型容器化 ・商品の複合小型化

包材について,1995年6月には事業者に,包装廃棄物のリサイクルの負担を求める「容器包装リサイクル法」が成立,施行となり,1998年4月から,ガラス瓶,PETボトルが負担金制度の対象となり,さらに2001年4月からは飲料用紙製容器包装や,PETボトル以外のプラスチック製の容器包装が対象となった.

コンビニ弁当のプラスチックや,段ボール箱など紙箱の分別収集もスタートした.使用済みPETボトルを粉砕・精製して再びPETボトル用原料を作る世界最初のリサイクル工場が2003年から稼働を始めるなど,完全リサイクル技術も実用化が始まった.

しかしながらリサイクルについては,費用を負担すべきであるにもかかわらず,負担をしていない事業者がかなりあると見られるなど,ゴミの分別お

よび回収の方法や費用負担にも問題がある．デンマークでは紙コップ，紙皿など使い捨て製品には，購入時33％もの環境税が上乗せになるという．

2.10 生分解性プラスチック

　分解せず安定なプラスチックは廃棄物として残るので，その欠点を補うべく，最近生分解性プラスチックが開発，実用化されつつある．使用中は従来のプラスチックと同程度の機能を保ちながら，使用後は自然界に存在する微生物の働きによって，低分子化合物に分解され，最終的に水や炭酸ガスなどの無機物に分解される高分子素材である．

　大きく分けて，微生物生産樹脂，デンプンを原料とするもの，化学合成樹脂の3つがある．デンプンを用いているものは，デンプンと他の樹脂との混合のことが多く，細かくなるだけで完全に分解しないものもある．これらのものを生分解性プラスチックとは分けて，自然崩壊性プラスチックと呼ぶこともある．

　2001年末，米国カーギル・ダウ社が年産14万トンの乳酸系生分解性樹脂の大型工場を新設し，日本では提携先の三井化学が拡販に力を入

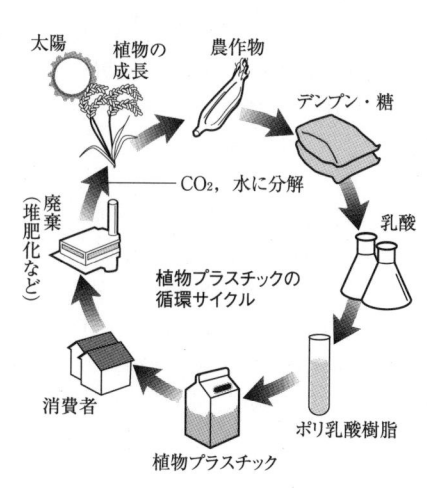

図2.6　生分解性プラスチック[12]

れる予定である．トウモロコシなど植物を発酵させて作った乳酸が原料となる．課題は，コストが600〜800円/kgと高いこと（ポリエチレンなどの6〜7倍），他のプラスチックと識別して分別回収する必要があることである．

　生分解性プラスチックは分解することにより，どんな新しい影響が起こるのか二次的な評価ができていない．今までの環境容量を超えると，新しい現象が生じることを常に念頭に置く必要がある．

　生ゴミから，生分解性プラスチックを製造する実証実験の検討が行われた．

(財)北九州市産業学術推進機構が主体となり，総事業費7億円で，北九州市に実験施設を完成した[13]．北九州市のレストラン，ホテルを指定し，1日当たり4トンの生ゴミを集める．これに発酵，アルコール処理，蒸留などの加工をしてプラスチックの材料となるポリ乳酸を取り出す．

参考文献

1) 海野　肇他：補訂「化学の原理を応用するための工学的アプローチ」入門，p.133，信山社サイテック（1999）
2) 味の素(株)環境部：味の素グループ環境報告書2000，p.15，味の素(株)（2000）
3) 海野　肇他：生物化学工学，p.116，講談社サイエンティフィク（2000）
4) 毎日新聞，3月21日（2001）
5) 朝日新聞，1月6日（2001）
6) 同紙，1月31日（2001）
7) 日本経済新聞，6月26日（2001）
8) 同紙，6月27日（2001）
9) 同紙，4月4日（2003）
10) 同紙，8月16日（2001）
11) 芝崎　勲他：新版・食品包装講座，p.344，日報（1999）
12) 朝日新聞，10月13日（2003）
13) 同紙，8月15日（2001）

索　引

和　文

ア　行

ISO認証の仕組み　233
ICタグ　238
赤札　246
亜急性毒性　221
アクリルアミド　93
アフィニティクロマトグラフィー　127
アミノ酸　89
α-アミラーゼ　71
L-アラニン　92
アルミ缶　193
アレニウスの式　64
アローダイヤグラム　42,243
アンモニア　178

イオン交換クロマトグラフィー　126
イオン交換透析　122
イオン交換膜　121
イージーオープン性　193
異性化糖　71
炒め器　58
一次遅れ　98
一般的衛生管理基準　225
遺伝子組換え　218
遺伝子組換え食品　219
遺伝子組換え体の取扱い設備・装置の安全
　評価基準　265
移動界面法　123
異物　264
インターネット　281
インターフェロン　94
インナーシール　206
インラインフリーザー　178

牛海面状脳症　213
海工場　284

エアブラスト　179
衛生規範　226,257
栄養表示制度　224
液液抽出　130
液化酵素　71
液体浸漬凍結装置　180
SI単位　43
エチレン　172,182
エチレン・ビニルアルコール共重合物
　197
エネルギー　154
　——収支　156
　——障壁　63
　——設備　267
　——損失　49
F_0値　146
F値　146
エマルション　58
エンゲル係数　9,11
遠心分離　116
エンタルピー　155

汚泥フロック　269
オンオフ制御　101
オンレーター　57

カ　行

海外生産　285
改善活動　245
外装　187
回転乾燥機　168
解凍　180
回分式　67

索引

回分反応器　67
外変劣化　272
改良保全　272
価格差異値　37
化学的酸素要求量　269
撹拌型通気培養槽　82
撹拌機　83
撹拌所要動力　67
華氏温度　146
ガス吸収　136
ガス散布式凍結装置　180
活性汚泥廃水処理　269
活性化エネルギー　63,65,171
活性点（触媒）　64
カッター　55
カップヌードル　188
過程決定図法　244,245
可動設備　262
稼働率　39
カートン包装機　206
加熱死減時間　146
加熱致死時間　146
壁　257
ガラス瓶　194
カロリー　44
缶入り食品　149
管型反応器　69
環境ホルモン　217
完全押出し流れ　70
完全混合状態　67,70
乾燥　166
缶詰　149
乾熱（殺菌）法　147
看板　246
カンバン方式　20,247,279
管理者　270
管理図　242

気圧　44
危害　228
危害分析・重要管理点方式　228
擬似移動層型吸着装置　125

擬似移動層型吸着塔　91
気体定数　65,171
気泡塔　71
逆浸透圧　121
逆浸透膜　120
　──分離法　121
虐待保存条件　234
キャッパー　206
ギヤポンプ　55
急性毒性　221
急速凍結　173
吸着　124
吸着剤　124
吸着平衡　124
牛乳　117
牛乳の加工乳化　216
QC 7つ道具　239
共押出し　198
供給純食料　7
供給熱量と供給源　8
強制対流　159
京都議定書　287
境膜伝熱係数　157
金属容器　192

空気調和設備　260
空気凍結室　179
組換え DNA 技術工業化指針　222,265
組換え DNA 分子　222
グリオキシル酸回路　89
クリーンルーム　202
グルコアミラーゼ　71
グルコースイソメラーゼ　71,91
グルタミン酸発酵法　89
グレーズ処理　175
クレブス回路　89
クレーム　249
クロマトグラフ　126
クロマトグラフィー　126

形質転換細胞　221
形質転換処理　222

索引

系統図法　242
ケーサー　206
KJ法　241
結合水　141
α-ケトグルタル酸　89
ゲルクロマトグラフィー　127
限界利益　40
限外ろ過法　119
原価計算　36
減価償却費　34
原単位　35
減農薬栽培農産物　236
減率乾燥期　166

更衣室　261
高温細菌　143
高温殺菌　148
高温短時間殺菌　148
公害関連法規　270
工場管理費　35
工場の使命　252
工場立地関連の法的規制　283
更新保全　272
工数　35
酵素　76
　――の固定化　77
口蹄疫　22
工程図　30
高密度ポリエチレン　196
5S　246
国際標準化機構　231
コスト　19,33
個装　186
固定層型反応器　70
コロイド　57
コンカレントエンジニアリグ　27
コンドラチェフの波　2
コンピュータースケール　205
コンピューター制御　105

サ　行

サイクロン　52

差異分析　37
細胞の破壊　114
サイレントカッター　55
サイロ　53
作業区域　257
サークル活動　247
サニタリー仕様　262
サニタリーパイプ　54
サービス　19
3K　263
散布図　240
残留農薬　215

CA貯蔵　182
GM作物　218
紫外線　182
識別表示　191
資源循環プロセス　290
シーケンス制御　105
資源有効利用促進法　191
自己熱交換式反応器　69
指数関数　65
自然対数　65,159
自然崩壊性プラスチック　299
失活（酵素）　76
実験計画法　245
湿式造粒法　51
湿熱（殺菌）法　147
シフター　53
シミュレーション　25
JAS規格制度　224
邪魔板　84
自由水　141
充填機　204
修復保全　273
重要管理点　228
重力　44
宿主　222
出生率　12
ジュール熱　123
循環型社会形成基本法（循環法）　292
昇華　169

索　引

蒸気圧縮蒸発　165
償却　274
商業的無菌性　150
小集団活動　248
晶析　128
照度の基準　260
消費期限　234
賞味期限　234
照明設備　260
蒸留　133
蒸留の原理　133
除菌フィルター　88
触媒　63
食品安全委員会　210, 224
食品安全基本法　224
食品衛生管理　225
食品衛生管理者　231
食品衛生法　224
食品健康影響評価　225
食品産業の規模　17
食品事故例　213
食品添加物　214
食品の変質　140
食品包装技法　201
食品リサイクル法　292
食糧　21
食糧自給率　22
ジルチアゼム　94
新エネルギー　295
真空蒸着　198
人口動向（日本）　13
浸透　119
親和図法　241

水分活性　140, 142
スケジュール管理　41
スケールアップ　25, 60, 83, 88, 278
スケールダウン　278
スケール比　278
スケールメリット　37, 279
スターリンク　219
ステップ応答　98

ストークスの式　115
スネークポンプ　55
スパージャー　86
スライサー　55
3ピース缶　192

成型機　59
生産機能　252
生残曲線　145
生産工程　28
生産システム　279
生産情報公表牛肉JAS規格　237
生産性　38
生産設備　262
生産総価値　32
清浄度　257
製造原価　33
製造固定費　34
製造人件費　34
製造設備費　34
製造変動費　34
製造流通基準　226
生体触媒　75
静特性　98
生物化学的酸素要求量　268
生物化学的処理法　269
生分解性プラスチック　299
積分　66
接触凍結装置　179
Z値　146
設備投資　39
セファデックス　127
セル方式　279
ゼロエミッション　292
洗靴装置　259
線形　97
センサー　97, 106
洗浄　263
洗浄作業　263

槽型反応器　70
総括伝熱係数　157

索　引

総括物質移動係数　137
倉庫　268
総合衛生管理製造過程　230
総コスト表（総原価表）　33
相平衡　112
相平衡図　132
層別　240
層流　48
造粒　51
ソフトフリーズ　182
損益分岐点売上高　40
ゾーン電気泳動法　123

タ　行

第一次食品工業　15
第三次食品工業　16
第三の波　281
対数平均温度差　161
台帳管理　274
第二次食品工業　16
ダイヤフラムバルブ　87
対流伝熱　159
多管式熱交換器　160
多管熱交換式反応器　69
卓上醬油瓶　188
ダクト　260
多重効用蒸発　165
多段断熱式反応器　69
多段連続槽型反応器　67
脱酸素剤　201
建物の区分　256
棚段塔　134
多品種少量生産システム　281
多変量解析　245
単位原価　35
単蒸留　134
担体結合法　79
段塔　134
断熱圧縮　177
断熱膨張　177

チェックシート　239

チセリウス型電気泳動装置　123
中温細菌　143
中間水分食品　143
抽出　130
超高温瞬間殺菌　149
調理冷凍食品　7,181
超臨界状態　131
超臨界水　133
超臨界抽出　131
チルド食品　171
沈降分離　115

通気管　86
通気設備　88
通気箱型乾燥機　168
2ピース缶　192
積荷目録　291

低温細菌　143
低温殺菌　148
低温障害　173
低温長時間殺菌　148
TCAサイクル　89
D値　144,145
低密度ポリエチレン　195
出入口　258
出入口設備　259
定率乾燥期　166
ティンフリースチール（TFS）缶　192
適正製造基準　226
デフロスト操作　178
転化率　73
電気泳動　122
電子荷札　238
天井　259
伝達の時間遅れ　98
伝導伝熱　156
伝熱面積　156

糖化酵素　71
塔型反応装置　71
凍結乾燥　169

305

凍結濃縮　166
投資回収期間法　39
投資利益率法　39
透析　119
動線　257
動特性　98
毒性試験　220,221
特性要因図　240
特定保健用食品　9
特別栽培農産物　236
ドリップ　173,175,180
トレーサビリティ　236

ナ　行

内装　187
内分泌撹乱化学物質　199,217
ナイロン　197
納豆生成菌　92

二酸化炭素排出量　288
二次遅れ　98
(財)日本適合性認定協会　233
乳化機　57
乳化食品　58
乳酸系生分解性樹脂　299
ニュートン流体　47

ヌセルト数　49

熱交換器　57,160
熱死減速度定数　144
熱的濃縮　164
熱伝導率　156
熱放射線　159
熱力学第一法則　154
熱力学第二法則　177
粘度　47
燃料電池　293,295

農業　15
濃縮　164

ハ　行

バイオセンサー　108
バイオマス　295
バイオリアクター　75
排気設備　260
廃棄物　289
廃棄物集積所　268
廃棄物ゼロエミッション工場　288
排水溝　258
廃水処理　268
パイプレス方式　279
ハザード（危害）　225
橋かけ法　79
HACCP認証制度　230
曝気槽　269
バックアップシステム　279
発現保全　272
発酵熱の除去　83
バッチ式　67
バラ凍結　178
バリデーション　227
パレート図　240
半回分反応器　67
ハンチング動作　101
半透膜　120
反応速度　171
反応率　73

PID制御　101
PID動作　101
ビオチン　89
　　──添加量の制御　90
ヒストグラム　239
ピストンフロー　70
ビスフェノールA　217
微生物制御（法）　141,262
微生物生産樹脂　299
微生物の耐熱性　144
非線形　97
ピッキング　19
ピッティング　173

索　　引

ヒートポンプ　177
非ニュートン流体　47
微分　66
氷温　182
評価因子　27
氷結点　173
表示　190
表示基準　190
表示制度　234
氷点降下　173
平羽根タービン翼　84
ピロー包装機　206
瓶入り食品　149
品質管理　224, 239
品質構造　211
品質事故　212
品質システム　232
品質表示制度　224
品質保持期限　234
瓶詰　149

ファジィ制御　102
ファラデー定数　296
フィードバック　101
　──制御　101
フォードシステム　279
複合フィルム　195, 198
副作用試験　221
副生成物　73
副生物　288
付帯区域　257
物質移動係数　136
物質移動速度　136
物質収支　72
沸点上昇　164
フードシステム　14
フードチェーン　237
歩留り率　39
フードミキサー　56
プライベートブランド　20
フライヤー　60
ブライン　179

プラザ合意　15
プラスチック　195
ブランクの式　174
ブランチング　175
フーリエの法則　156
ブリキ缶　192
ブルドン管式圧力計　86
プレート式多重効用濃縮管　164
プレート式熱交換器　160
フローシート　30
プロセス設計　278
ブロック線図　100
ブロック凍結　178
フロン　178
分散小型化　267
粉塵爆発　53
粉体　50
噴霧乾燥　167
噴霧乾燥機　168
粉粒体　50

平衡含水率　167
平衡状態　112
べき乗を表す接頭語　44
PETボトル　298
ペニシリン　91
偏差　102
便所　261
ベンダー　8
ヘンリーの法則　136

保安技術者　267, 270
保安設備　268
ポイズ　47
包括法　79
包材の規定（食品衛生法）　200
放射線　183
包装　186
包装機械　204
包装システム　203
包装容器　191
飽和溶解度　128

保全　272
ホットパック　203
ホッパー　53
ボツリヌス菌　143,151
ポテーター　57
ポリアミド　197
ポリエステル　197
ポリエチレン　195
ポリエチレンテレフタレート　197
ポリ塩化ビニリデン　197
ポリ塩化ビニル　197
ポリスチレン　197
ポリプロピレン　197
ボルツマン定数　159
ボールバルブ　87

マ　行

膜分離　119
マテリアルバランス　72
窓　258
マトリックス図法　243
マトリックス・データ解析法　244,245
マニフェスト　291
慢性毒性　221

ミカエリス定数　80
ミカエリス・メンテンの式　80
ミキサー　56

無菌化包装　202
無菌充填包装　149,202
蒸し器　59
無次元数　49,142
むだ時間　98
無農薬栽培農産物　236
無分解洗浄　264

メカニカルシール　84
メンバーシップ関数　104

目視分離　115

ヤ　行

焼き器　58
薬品事故例　213
薬局等構造設備規則　227

有機 JAS マーク　235
有機農産物　234,236
有機農産物加工食品　236
遊休資産　274
床　258
輸送費　20
ユニット化　267
油熱乾燥法　60

溶解度曲線　129
容器包装詰加圧加熱食品　150
容器包装リサイクル法　298

ラ　行

Lineweaver-Burk プロット　81
ラグーン法　269
ラベラー　206
ラミネート　195
ラミネート法複合フィルム　198
乱流　48

リサイクル　129
リサイクル操作　111
リサイクルプロセス　291
リスク　225
リスク評価　225
リスク分析手法　225
リターナル瓶　194
リニアーモデル　25
リパーゼ　94
流体　46
粒体　50
流体境膜　157
流通過程　18
流通センター　268
流動式凍結装置　180

流動層　70, 71
流動層反応器　71
良品率　39
臨界点　131

レイアウト　253
冷蔵　172
冷凍　173
冷凍やけ　175
レイノルズ数　48
冷媒　177, 178, 179, 180
レオロジー　48
レトルト殺菌装置　151
レトルト食品　150
レトルトパウチ食品　150
連関図法　242
連続蒸留装置　134, 135
連続槽反応器　66

労働生産性　38
ろ過　118
ロジスティクス　282
ロータリーポンプ　55
ロール粉砕機　52

ワ　行

ワルドホフ撹拌　84
ワンウェイ瓶　194

欧　　文

A

ability maintenance　272
adapt maintenance　272
air blast freezer　179
air freezing room　179
aseptic packaging　202

B

Bacillus natto Sawamura　92

BOD　269
bound water　141
BQF　178
brine immersion freezer　180
BSE　22, 210, 213

C

CA (controlled atmosphere)　182
CCP (Critical Control Point)　228
CIP　264
co-extrusion　198
COD　269
contact freezer　179
Corynebacterium glutamicum　89
CPM (Critical Pass Method)　42
customers satisfaction　32
CVS　7

D

decimal reduction time　145
drip　173

E

EDCs　217
energy balance　156
EVOH　197

F

free water　142

G

GMP　226
GRAS　220

H

HACCP　11, 216, 228
HDPE　196
HTST　148

I

ILF　178
IQF　178

ISO 11, 231
ISO 14000 288
ISO 22000 233
ISO 9000 231
ISO 9000 s 232

J

JAB 233
JIT (Just In Time) 247
just in time 18

L

LDPE 195
linear model 25
logistics 282
LTLT 148

M

MSG 89

N

NASA 12
Ny (nylon) 197

P

pasteurization 148
PB (private brand) 20
PDCA 249
PDPC (process decision program chart) 245
PERT 41
PET 197
POS 19
PP (payout period) 39
PP (polypropylene) 197
PP (Pre-requisite Programs) 225
ppm (parts per million) 270
PS (polystyrene) 197
Pseudomonas dacunhae 92
PVC 197
PVDC 197

Q

QC (Quality Control) 239

R

renewal maintenance 272
ROI (return on investment) 39

S

scale merit 279
scale up 25, 278
simulation 25
sterilization 148
supply chain 18
survivor curve 145

T

T.T.T. 176
TDT (thermal death time) 146
TPM (Total Productive Maintenance) 247, 273
TQC 247
TQM 247

U

UHT 149

V

VE (value engineering) 27
VRE 22

W

water activity 142

著者紹介

浅田　和夫（あさだ　かずお）
　昭和36年3月　東京工業大学　理工学部　化学工学課程卒業
　昭和36年4月　味の素株式会社入社
　　　　　　　　川崎工場，本社開発企画室，中央研究所，味の素ゼネラルフーズ（株），
　　　　　　　　味の素冷凍食品(株)など歴任
　　　　　　　〈この間の主な職歴〉
　　　　　　　　味の素ゼネラルフーズ（株）鈴鹿工場　工場次長
　　　　　　　　味の素（株）中央研究所食品開発研究所食品工学センター　センター長
　　　　　　　　味の素冷凍食品（株）　取締役社長
　　　　　　　　味の素フレッシュフーズ（株）　常務取締役
　平成11年6月　退社
　現　在　東京農業大学非常勤講師
　　　　　　現在に至る．
　　　　　　「食品工学」「バイオプロセスエンジニアリング」
　　　　　　「生産経営論」担当．

食品 ものづくり学 講座

2004年10月20日　初版第1刷発行

著　者　浅　田　和　夫
発行者　桑　野　知　章
発行所　株式会社　幸　書　房

〒101-0051　東京都千代田区神田神保町 1-25
Tel 03-3292-3061　Fax 03-3292-3064
URT : http://www.saiwaishobo.co.jp

Printed in Japan
2004 ©

平文社

本書を引用または転載する場合は必ず出所を明記してください．
万一，乱丁，落丁がございましたらご連絡下さい．お取替えいたします．

ISBN 4-7821-0247-X C 3058